NUCLEAR POWER PLANT AND RADIOACTIVITY
KEY WORD ENCYCLOPEDIA

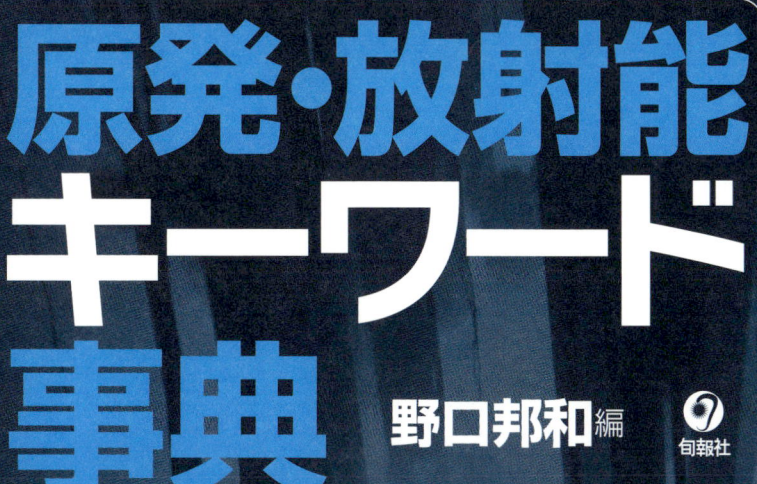

# 原発・放射能キーワード事典

野口邦和 編

旬報社

## はじめに

　2011年3月11日、三陸沖で起こった巨大地震とそれに続く巨大津波を契機に発生した福島第一原子力発電所の炉心溶融（メルトダウン）事故は、設計上対応できる事故をはるかに超えるシビアアクシデント（苛酷事故）に発展し、原子力開発史上最悪と呼ばれたチェルノブイリ原発事故に並ぶ深刻なものとなった。しかも政府が2011年12月に「収束宣言」をしたものの、国民の多数は「収束」とは無縁の状況にあるととらえている。1979年3月のスリーマイル島（TMI）事故と1986年4月のチェルノブイリ事故により崩壊した原発の「安全神話」は、2000年代に入って「原子力ルネサンス」として復活しかけていたものの、福島原発事故により粉々に砕け散った。

　私たちは福島原発事故の教訓を十分にくみとり、将来に禍根を残さないようにしなければならない。

　事故原因こそそれぞれ異なるものの、TMI、チェルノブイリ、福島原発事故は米国、ソ連（現ロシア）、日本という核エネルギーの平和利用分野で最も進んでいると考えられていた国において、加圧水型軽水炉（PWR）、RBMK炉、沸騰水型軽水炉（BWR）というそれぞれの国で最も信頼され実績のある原子炉でシビアアクシデントが発生したことを筆者は何よりも深

刻な事態であると考える。よもや日本で、事故から半年経ってもなお福島県内6万616人、福島県外5万1576人、計11万2192人もの人びとが避難を強いられる大事故が起こると、いったい誰が予想しただろうか。

巨大地震と巨大津波は、不幸な自然現象ではあった。しかし、たとえ危機一髪、紙一重の違いであったにせよ、シビアアクシデントにまで発展したのは福島第一原発だけであった。福島第二、女川、東海第二原発は無事だった。巨大地震の発生に始まり、揺れと液状化による送電鉄塔の倒壊と外部電源喪失、非常用ディーゼル発電機の稼働と巨大津波の襲来による同発電機の停止、全電源喪失による空焚きとメルトダウンへと突き進む事態を、いったい誰が予想できただろうか。

福島第一原発事故の経緯をたどると、設計上の不備、人間の錯誤などが複雑にからみあう、予想外の原因の連鎖によりシビアアクシデントを起こしたことに気づく。これこそが同事故の最大の教訓ではないだろうか。

①自主的なエネルギー開発か。②経済優先か、安全優先か。③自主的民主的な地域開発を損なわないか。④軍事利用転用の歯止めは保障されているか。⑤労働者と地域住民の安全、周辺環境の保全は確保されているか。⑥民主的な原子力行政が実態として保障されているか。これは1970年代初頭に筆者の所属する科学者NGOの日本科学者会議が提起した「六項目の点検基準」であるが、福島第一原発事故の反省と教訓に立ち、

「六項目の点検基準」にもとづいて原子力開発のあり方と改革の方向を問うことが今こそ求められている。

　本書の構成は、「原発と放射能」の問題について、第Ⅰ部基礎知識、第Ⅱ部キーワードの部分から成り立っている。第Ⅰ部は原発と放射能問題の基礎知識編である。原子力発電のしくみと原発事故、放射線と放射能、放射線の人体影響について概説している。つづく第Ⅱ部は本書の主要内容をなす専門用語の解説集である（日本科学者会議編『環境事典』（2008年刊）の原発、放射能関連項目に新項目を加え最新情報を加筆した）。

　福島第一原発事故を契機に脱原発の動きが活発になる一方、原発の再稼働・海外輸出の巻き返しの動きも活発になろうとしている。

　本書が、原発・放射能問題を考え、知り、行動しようとする市民の方々に息長く利用していただけるよう、著者らは基本的事項の説明に重きをおいたつもりである。多くの人びとに長く利用されることを願ってやまない。

　2012年2月

野口邦和

## 主な目次 contents

はじめに ... 3
凡例 ... 8

# 第Ⅰ部 「原発と放射能」基礎知識 ... 9

## 第1章 原子力発電のしくみと原発事故 ... 11

1 原子力発電のしくみ ... 12
2 原子炉の種類 ... 13
3 原子炉内に蓄積する放射能 ... 16
　① 原子炉の潜在的危険性 ... 16
　② 福島第一原子力発電所の原子炉内放射能の量 ... 19
4 健康に影響を及ぼす核分裂生成物 ... 20
　① 放射性ヨウ素（ヨウ素131など） ... 20
　② 放射性セシウム（セシウム137とセシウム134） ... 21
　③ ストロンチウム90 ... 22
5 シビアアクシデント ... 22
　① 冷却材喪失事故 ... 23
　② 反応度事故 ... 23
　③ 福島第一原発事故 ... 24
6 プルサーマル計画 ... 31
　① プルサーマル ... 31
　② MOX燃料 ... 32
　③ プルトニウムの毒性 ... 34
7 アップストリームの放射線と放射能 ... 35
8 再処理工場の放射線と放射能 ... 36
9 放射性廃棄物施設の放射線と放射能 ... 37
　① 低レベル放射性廃棄物施設 ... 37
　② 高レベル放射性廃棄物施設 ... 38

## 第2章 放射線と放射能の基礎知識 ……… 39

1. 放射線とは——微小粒子の流れ ……… 39
2. 放射線の減弱の仕方——逆2乗の法則 ……… 39
3. 原子の種類——元素と核種 ……… 40
    ① 元素 ……… 40
    ② 核種 ……… 41
4. 放射能の種類——放射性壊変 ……… 42
    ① アルファ壊変 ……… 42
    ② ベータ壊変 ……… 42
    ③ ガンマ壊変 ……… 43
    ④ 自発核分裂 ……… 44
5. 放射能の強さの単位——ベクレル ……… 44
6. 放射能の減衰の仕方と速さ——半減期 ……… 45
7. 人体内での放射能の減衰の速さ——実効半減期 ……… 46
8. 人体内における放射能の変化——ふろおけ理論 ……… 47

## 第3章 放射線の人体影響の基礎知識 ……… 50

1. 電離と励起 ……… 50
2. 直接作用と間接作用 ……… 51
3. 放射線をあびた量——被曝線量 ……… 52
4. 実効線量とその実用量 ……… 53
5. 影響の受けやすさ——放射線感受性 ……… 56
6. 放射線障害の分類 ……… 60
7. 急性障害の全身型——急性放射線症 ……… 61
8. 外部被曝と内部被曝 ……… 63

# 第Ⅱ部
# 「原発と放射能」
# キーワード ……… 65

# 凡例

1. 第Ⅰ部「原発と放射能」基礎知識、第Ⅱ部「原発と放射能」キーワード、で構成されている。
2. 第Ⅰ部は、「原発と放射能」について知っておきたい基礎知識を3章、25項目に分けて紹介する。
3. 第Ⅱ部は、「原発と放射能」にかかわる320の見出し語を解説し、50音順で配置した。
   ① 和文・欧文・数を区別せず、50音とした。
   ② その際、アルファベット1字の読みは、下記のように読んで配列した。

   | | | | |
   |---|---|---|---|
   | A：エー | B：ビー | C：シー | D：ディー |
   | E：イー | F：エフ | G：ジー | H：エッチ |
   | I：アイ | J：ジェー | K：ケー | L：エル |
   | M：エム | N：エヌ | O：オー | P：ピー |
   | Q：キュー | R：アール | S：エス | T：ティー |
   | U：ユー | V：ブイ | W：ダブリュー | X：エックス |
   | Y：ワイ | Z：ゼット | | |

   ③ 音引き「ー」は、直前の母音をくり返すものと見なして配列した。
   　例　アー　→　アア、サー　→　サア
   ④ 清音・濁音、半濁音は配列上、無視したが、同一読みとなる場合はこの順とした。
   ⑤ 直音、促音、長音は配列上、無視したが、同一読みとなる場合にはこの順とした。
   ⑥ 中黒（・）、「　」などの記号は、読みおよび配列上、無視した。
   ⑦ 見出し語のうち、通称や同義語、欧文略語で他の見出し語として解説がある場合、見よ項目（➡）を付けて引きやすくした。
   　例　アイソトープ　➡　同位体
   　　　ラスムッセン報告　➡　WASH-1400
   ⑧ 見出し語に対応した欧文は原則として英語である。
   ⑨ 関連して読みすすめると理解が深まると思われる項目の見出し語を、記述の末尾に「☞」で示した。
   ⑩ 執筆者は記述の末尾に〔　　〕で示した。

# 第Ⅰ部 「原発と放射能」基礎知識

# 第1章 原子力発電のしくみと原発事故

　2011年3月11日午後2時46分、東北地方太平洋沖地震が三陸沖で発生したとき、東京電力㈱福島第一原子力発電所（以下「福島第一原発」という）では地震感知器が地震の揺れを感知し、原子炉内に制御棒が一斉に挿入され、全6基のうち運転中の3基の原子炉と福島第一原発の南12キロメートルにある福島第二原子力発電所（以下「福島第二原発」という）の運転中の全4基の原子炉が緊急停止した。しかし、福島第一原発では地震動と地盤の液状化で送電鉄塔が倒れ、外部から原発に電力供給する手段が断たれ、炉心冷却系が作動しなかった。さらに非常用ディーゼル発電機も津波によって機能しなくなり、備えのバッテリーもダウンし、全電源喪失の事態に陥り、原子炉の冷却ができなくなってしまった。

　冷却機能を失った大出力の発電用原子炉は無残である。福島第一原発の1～3号機は核燃料の温度が上昇した結果、冷却水が蒸発して水位が下がり、約1000℃で燃料被覆管のジルカロイ（ジルコニウム合金の一種）と水蒸気が反応して水素ガスが発生したことと相まって、原子炉内の圧力が高まった。約1800℃でジルカロイが溶融し、遂には2800℃に達してウラン燃料自体までが溶融した。溶融したジルカロイとウラン燃料は原子炉圧力容器の底に落ち（メルトダウン、炉心溶融）、さらには圧力容器をも貫通して一部は格納容器にまで漏れ出るメルトスルー状態になった。こうして格納容器内の圧力も高くなっていった。

　1～3号機は、高まった圧力によって格納容器が破裂して放射性物質が大気中に放出されるのを避けるため、ベント（弁開放による排気）をおこなった。しかし、既に原子炉建屋にまで漏れ出ていた水素が火花により爆発して1、3号機の原子炉建屋上部が相次いで吹き飛び、2号機では圧力抑制室プール付近で水素爆発が起こり損傷した。

　これらの結果、気体状の放射性物質が大気中に大量に放出された。放出量は事故直後の3月中に比べると格段に減っているとはいえ、放出は事故以来ずっと続いている。

　なお、3号機は、プルサーマル運転をしているときに地震が起きた。また、定期検査中であった4号機では、使用済燃料貯蔵プールの水温が上昇し続け、原子炉建屋上部で水素爆発が起こった。

　福島第一原発では、事故直後から1～3号機の原子炉と3、4号機の使用済燃料貯蔵プールを安定的に冷却するための緊急作業が昼夜続けられた。最大の課題

であった1〜3号機の注水循環冷却方式もどうにかこうにか2011年中に完成し、政府は冷温停止状態に達したと判断して2011年12月にステップ2の終了ばかりか原発事故の「収束」まで前倒しして宣言した。しかし、「収束」とは無縁の先の見えない予断を許さない状態が続いていると多くの国民は見ている。

なぜ、このような世界に類例のない大事故が起こってしまったのか。今後どのように事故の後始末をしていくのか。本章では、原子力発電のしくみとその危険性を知ることによって、それらの課題を考えるための基礎知識を提供したい。

## 1　原子力発電のしくみ

原子力発電とは、端的にいえば、ウラン235やプルトニウム239などの核分裂性核種の核分裂連鎖反応によって発生する核分裂エネルギーの一部を電力に変換する技術システムのことである。核分裂連鎖反応を制御しつつ持続させる装置が原子炉であり、発電用原子炉を運転して実際に核分裂エネルギーの一部を電力に変換する施設が原子力発電所である。

原子力発電をおこなうためには、図1-1のように、①ウランの採鉱・製錬→②ウラン燃料の製造→③発電用原子炉の運転→④使用済燃料の再処理→⑤放射性廃棄物の処理・貯蔵・処分、という全工程が必要である。

また、再処理によって分離したプルトニウムを核燃料としてリサイクルする場合には、④のあとが枝分かれして、⑤'プルトニウム燃料の製造→⑥'発電用原子炉の運転→⑦'使用済燃料の再処理→⑧'放射性廃棄物の処理・貯蔵・処分、という新たな工程が加わることになる。使用済燃料の再処理をおこなわない場合には、使用済燃料そのものが放射性廃棄物となる場合もある。

原子力発電における放射能と安全というと原子力発電所の放射能問題と安全問題にのみ関心が集まりやすいが、このような全工程のなかで原子力発電所は発電用原子炉の運転という役割を担っているにすぎず、原子力発電における放射能問題と安全問題を原子力発電所の放射能問題と安全問題に矮小化してはならない。これは筆者が所属する科学者のNGO（非政府組織）である日本科学者会議が一貫して主張してきたでもある。もちろん、福島第一原発事故などが示すように発電用原子炉の運転にともなって膨大な量の核分裂生成物が原子炉内に生成し蓄積することを軽視すべきではない。

本書では原子力発電所の放射線と放射能を中心にして、原子力発電の全工程の放射線と放射能について述べる。

**図 1-1　原子力発電の工程**

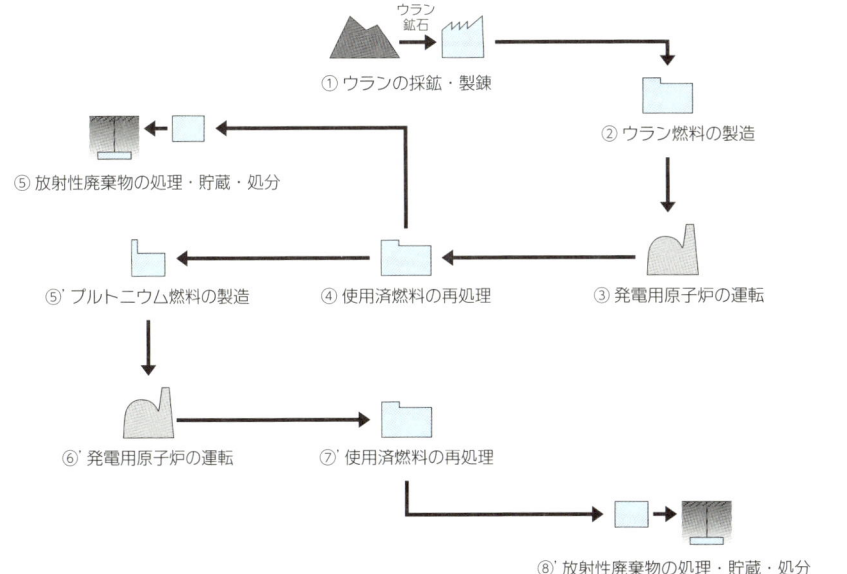

## 2　原子炉の種類

　核分裂連鎖反応を制御しつつ持続させる装置が原子炉であるが、原子炉の種類を表現する場合には、通常は「核燃料」「減速材」「冷却材」の3つで示すことが多い。
　核燃料には、ウランおよびウランとプルトニウムの混合酸化物（MOX(モックス)）がある。核燃料のウラン235の原子核は、核分裂中性子のような速い中性子ではなく熱中性子と呼ばれる遅い中性子と衝突すると、効率よく核分裂をする。減速材とは、核分裂のさいに放出される核分裂中性子の速度を遅くする物質をいい、軽水（通常の水 $^1H_2O$）や重水（$^2H_2O$。$D_2O$ と表記することも多い）、あるいは黒鉛（グラファイト）などが用いられている。また、冷却材とは、核燃料を冷却する物質をいい、軽水や炭酸ガスなどが用いられている。
　2012年1月現在、日本にある54基の商業用の発電用原子炉（図1-2、福島第一原発と福島第二原発を含む）はすべて、核燃料に低濃縮ウラン（一部にMOX燃料）、減速材と冷却材に軽水を用いた「軽水炉」である。このほか旧動力炉・核燃料開発事業団（その後、核燃料開発サイクル機構を経て現在の日本原子力研究開発機

### 図 1-2 日本の原子力発電所

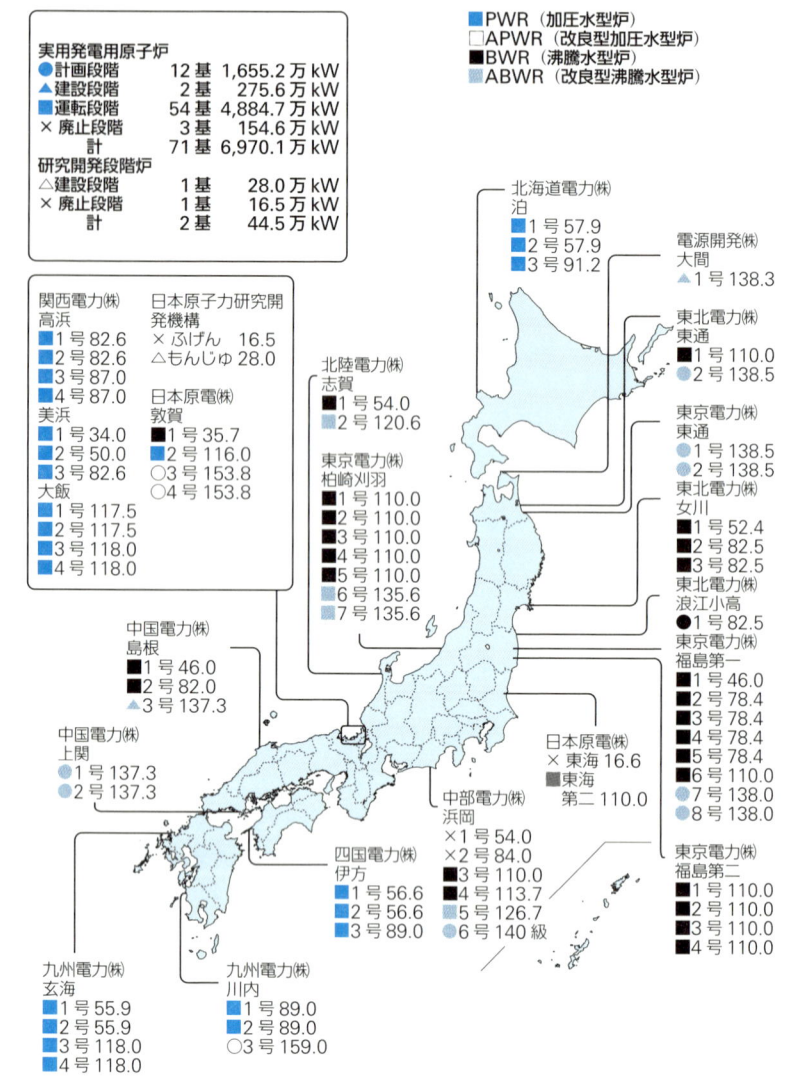

出所：経済産業省・資源エネルギー庁発行の「エネルギー白書2010」より作成。

構）が研究・開発中の発電用原子炉として、高速増殖原型炉「もんじゅ」がある。もんじゅは核燃料にウランとプルトニウムの混合酸化物（MOX）、減速材はなく、冷却材に液体金属ナトリウムが用いられている。また、1997年3月に寿命を迎え運転を停止したわが国最初の商業用原子力発電所として知られる日本原子力発

### 図 1-3 沸騰水型と加圧水型

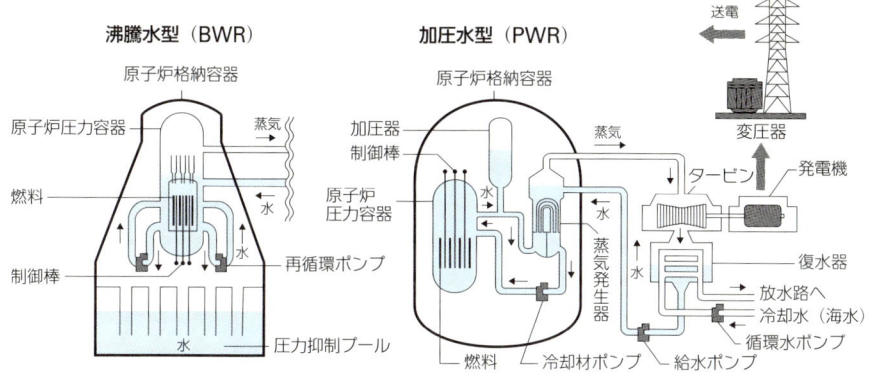

電㈱東海発電所の改良型コールダーホール炉は、核燃料に天然ウラン、減速材に黒鉛、冷却材に炭酸ガスが用いられていた。「黒鉛炉」または「ガス炉」と総称される原子炉の仲間である。さらに、経済的なコスト高を理由に 2003 年 3 月に運転を終了した旧動力炉・核燃料開発事業団（現在の日本原子力研究開発機構）の新型転換原型炉「ふげん」もある。ふげんは核燃料にウランとプルトニウムの混合酸化物（MOX）、減速材に重水、冷却材に軽水が用いられている。ふげんの廃炉計画によれば、2028 年に解体・撤去の全工程を終了する予定になっている。

なお、軽水炉は加圧水型軽水炉（PWR）と沸騰水型軽水炉（BWR）に分けられる（図1-3）。福島第一原発は沸騰水型軽水炉（BWR）である。原子炉の安全確保の基本は、放射性核分裂生成物等の放射性核種を原子炉内に閉じ込めることにある。電力会社によれば、そのために①ペレット、②燃料被覆管、③原子炉圧力容器、④原子炉格納容器、⑤原子炉建屋の 5 重の壁（図1-4）があり、このうち最強の壁が厚さ約 16 センチメートルのステンレス鋼でできている原子炉圧力容器であるという。しかし、沸騰水型原子炉（BWR）は、原子炉圧力容器の底部に穴を開け、そこから制御棒や中性子線モニターを通している。それらをカバーしている金属製の薄い鞘は、原子炉圧力容器に開けた穴と溶接されているが、溶接箇所の厚さは数センチメートルで薄く脆弱であり、溶融した核燃料が原子炉圧力容器の底部に落ちる（炉心溶融、メルトダウン）と高温で溶接箇所が溶け、溶融した核燃料の一部が原子炉格納容器の中にまで出てしまう。それをメルトスルーということもあるが、福島第一原発第 1～3 号炉は程度の差はあれ、すべてそのような状態にいたった。

図 1-4　放射性核種を閉じ込める5重の壁

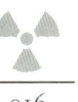

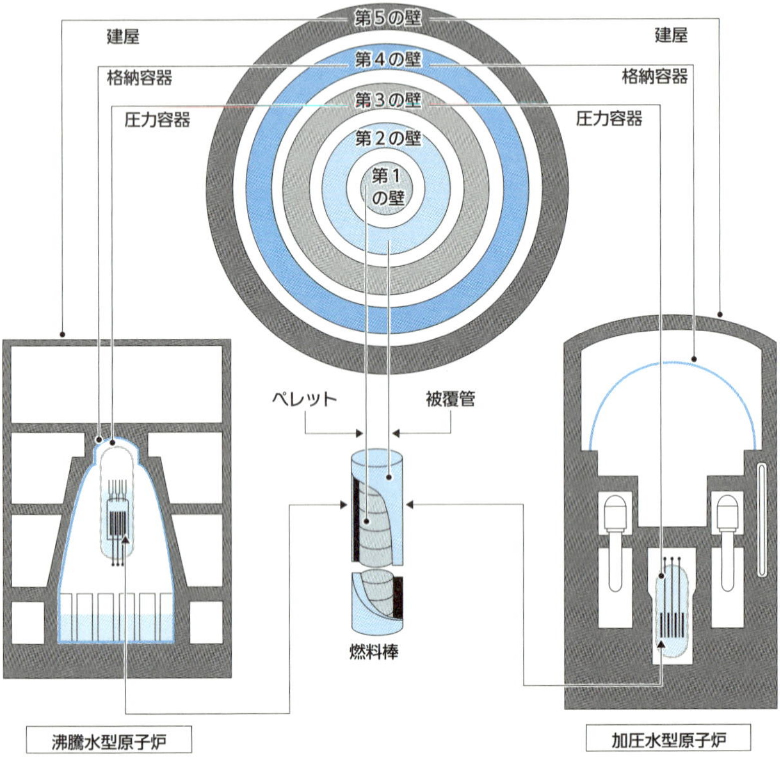

## 3　原子炉内に蓄積する放射能

### ① 原子炉の潜在的危険性

　このように日本国内に限っても原子炉にはさまざまな炉型があるが、いずれも熱出力と運転時間に依存して膨大な量の放射性核分裂生成物を生成し蓄積する。また、原子炉内の中性子が減速材や冷却材など周囲の物質の原子核と核反応を起こすことによって生成した、放射化生成物が熱出力、運転時間、周囲の物質の元素濃度などに依存して生成する。

　たとえば熱出力320万キロワットの原子炉を1年間運転した直後に原子炉内

表 1-1　熱出力 320 万キロワットの原子炉の中の放射能

| 核分裂生成物 | 記号 | 半減期 | 放射能（千兆ベクレル） | | | |
|---|---|---|---|---|---|---|
| | | | 半年運転 | 1 年運転 | 1 年半運転 | 2 年運転 |
| クリプトン 85 | $^{85}Kr$ | 10.76 年 | 42.5 | 83.7 | 124 | 162 |
| ストロンチウム 89 | $^{89}Sr$ | 50.53 日 | 4520 | 4890 | 4920 | 4920 |
| ストロンチウム 90 | $^{90}Sr$ | 28.79 年 | 72.1 | 143 | 214 | 283 |
| ジルコニウム 95 | $^{95}Zr$ | 64.03 日 | 5820 | 6630 | 6740 | 6760 |
| モリブデン 99 | $^{99}Mo$ | 65.94 時間 | 6350 | 6350 | 6350 | 6350 |
| ルテニウム 103 | $^{103}Ru$ | 39.26 日 | 3030 | 3150 | 3150 | 3150 |
| ルテニウム 106 | $^{106}Ru$ | 373.6 日 | 120 | 206 | 267 | 310 |
| テルル 132 | $^{132}Te$ | 3.204 日 | 4470 | 4470 | 4470 | 4470 |
| ヨウ素 131 | $^{131}I$ | 8.021 日 | 3010 | 3010 | 3010 | 3010 |
| キセノン 133 | $^{133}Xe$ | 5.248 日 | 6970 | 6970 | 6970 | 6970 |
| セシウム 137 | $^{137}Cs$ | 30.17 年 | 73.5 | 146 | 218 | 289 |
| バリウム 140 | $^{140}Ba$ | 12.75 日 | 6460 | 6460 | 6460 | 6460 |
| セリウム 141 | $^{141}Ce$ | 32.51 日 | 5960 | 6080 | 6080 | 6080 |
| セリウム 144 | $^{144}Ce$ | 284.9 日 | 2050 | 3370 | 4210 | 4750 |

　に蓄積する核分裂生成物の放射能の強さは表 1-1 のとおりである。発電用原子炉の発電効率はおよそ 30％であるので、熱出力 320 万キロワットの原子炉とは、電気出力に換算すると 100 万キロワットの原子炉にほぼ相当する。これは、わが国で運転中の平均的な発電用原子炉の出力である。現在、わが国で稼動中の商業用原子力発電所の原子炉数は 54 基（福島第一原発と福島第二原発を含む）、電気出力の合計は 4884.7 万キロワットで、平均すると原子炉 1 基当たり 90.5 万キロワットほどになる。

　一方、放射線職業人の実効線量限度（法令上の被曝線量の上限値のひとつで、表 1-2 を参照）を 1 年間当たり 20 ミリシーベルト（正しくは 5 年間当たり 100 ミリシーベルトかつ 1 年間当たり 50 ミリシーベルト）とすると、これに相当する核分裂生成物の摂取量はどのくらいになるのか。

　たとえば 20 ミリシーベルトの実効線量でみると、セシウム 137 の経口摂取量は、およそ 154 万ベクレルになる。これは 2 年間運転した直後の熱出力 320 万キロワットの原子炉内に蓄積しているセシウム 137 の放射能 29 京ベクレルのおよそ 1890 億分の 1 にすぎない。あるいはヨウ素 131 なら、蒸気の吸入摂取量はちょうど 100 万ベクレルになる。これはヨウ素 131 の放射能 301 京ベクレルのおよそ 3 兆分の 1 にすぎない。

表 1-2　日本の法令で定められている線量限度（放射線作業者の場合）

(1) 実効線量限度
① 100 ミリシーベルト／5 年
② 50 ミリシーベルト／年
③ 女子のみ
　5 ミリシーベルト／3 カ月（ただし、妊娠不能と診断された者、妊娠の意思のない旨を事業所長等に書面で申し出た者及び妊娠中の者を除く）
④ 妊娠中である女子のみ
　本人の申し出等により使用者等が妊娠の事実を知った時から出産までの間につき、内部被曝について 1 ミリシーベルト

(2) 等価線量限度
① 眼の水晶体　150 ミリシーベルト／年
② 皮膚　500 ミリシーベルト／年
③ 妊娠中である女子の腹部表面
　上記（1）の④に規定する期間につき 2 ミリシーベルト

　たった 1 基の原子炉内の、それもたった 1 種類の核分裂生成物でさえ、放射線職業人の実効線量の年限度に相当する放射能摂取量の数千億倍、数兆倍もの放射能に達するのである。およそ 300 種類といわれる核分裂生成物の放射能を考えると、あるいは半減期がおよそ 1 時間より長い 40 種類ほどの核分裂生成物の放射能を考えると、原子炉内にいかに膨大な量の放射性核種が蓄積しているかがわかるというものである。

　これこそが原子炉の潜在的危険性の本質である。したがって、原子炉の安全確保の基本はいかにして膨大な量の放射性核種を原子炉内に閉じ込めるかということにつきる。この閉じ込めに失敗すれば、それは即、原子炉の大事故であるといってよい。

　なお、表 1-3 には熱出力 320 万キロワットの原子炉をおよそ 300 日運転して停止したときの放射能と熱出力の推移を示した。これは原子炉の大きな特徴であるが、運転を停止しても熱出力が直ちにゼロにならないのである。なぜなら、原子炉内にある膨大な量の核分裂生成物などの放射性壊変エネルギーが放出され続けるからである。たとえば、運転停止後 10 年間が経過したとしても原子炉内には依然として 76 京 6000 兆ベクレルの放射能があり、65 キロワットもの発熱がある。この点もまた原子炉の潜在的危険性の一端であるといってよい。

表 1-3　熱出力 320 万キロワットの原子炉の運転停止後の放射能と熱出力

| 停止後の経過時間（日） | 放射能（千兆ベクレル） | 熱出力（キロワット） |
| --- | --- | --- |
| 0 | 619,000 | 218,000 |
| 1 | 152,000 | 16,900 |
| 5 | 82,900 | 9,430 |
| 15 | 47,800 | 5,430 |
| 30 | 34,500 | 3,940 |
| 60 | 23,900 | 2,280 |
| 120 | 14,700 | 1,690 |
| 210 | 8,960 | 1,070 |
| 365 | 5,450 | 639 |
| 1,097 | 1,870 | 197 |
| 3,653 | 766 | 65 |

## ② 福島第一原子力発電所の原子炉内放射能の量

　福島第一原発事故では、原子炉の安全確保の基本である放射性核種の原子炉内への封じ込めに失敗し、気体状および揮発性の放射性核分裂生成物を中心に大量の放射性核種を大気中および海洋へ放出してしまった。それでは、事故の時点で原子炉内にはどれくらいの放射能が蓄積されていたのであろうか。

　福島第一原発の 1 号機、2 号機、3 号機の熱出力（カッコ内は電気出力）は、それぞれ 138 万キロワット（46.0 万キロワット）、238 万キロワット（78.4 万キロワット）、238 万キロワット（78.4 万キロワット）である。1〜3 号機が、2 年間フル出力で運転した直後のストロンチウム 90、ヨウ素 131、セシウム 137 の原子炉内放射能、および半減期がおよそ 1 時間より長い 40 種類ほどの放射性核分裂生成物の原子炉内総放射能は表 1-4 のとおりである。ストロンチウム 90 とセシウム 137 の放射能の強さがほぼ同じ値になっているが、これはどのような種類の原子炉であれ、またどのような運転時間の長さであろうと、いつでも

表 1-4　福島第一原発の原子炉内放射能の量（ベクレル）

| 核種 | 福島第一・1 号 | 福島第一・2 号 | 福島第一・3 号 | 合計 |
| --- | --- | --- | --- | --- |
| ストロンチウム 90 | $1.17 \times 10^{17}$ | $1.99 \times 10^{17}$ | $1.99 \times 10^{17}$ | $5.16 \times 10^{17}$ |
| ヨウ素 131 | $1.24 \times 10^{18}$ | $2.12 \times 10^{18}$ | $2.12 \times 10^{18}$ | $5.49 \times 10^{18}$ |
| セシウム 137 | $1.20 \times 10^{17}$ | $2.04 \times 10^{17}$ | $2.04 \times 10^{17}$ | $5.28 \times 10^{17}$ |
| 原子炉内総放射能 | $6.86 \times 10^{19}$ | $1.17 \times 10^{20}$ | $1.17 \times 10^{20}$ | $3.02 \times 10^{20}$ |

成り立つ結果である。その理由は、ストロンチウム 90 とセシウム 137 の核分裂収率がそれぞれ 5.78% と 6.19% とほぼ同じ値であること、かつ半減期の長さがそれぞれ 28.79 年と 30.17 年とほぼ同じ値であることに起因する。

## 4 健康に影響を及ぼす核分裂生成物

　一般的にいって原子炉の大規模事故で必ず問題になる代表的な核分裂生成物はヨウ素 131、セシウム 137、ストロンチウム 90 である。しかし、事故の経過から、福島第一原発事故では、常温で気体状元素および常温では固体状であるが沸点が低いために気体状になりやすの揮発性元素の放射性核分裂生成物を中心に大気中に放射性核種が放出されたことが分かっている。キセノン 133、ヨウ素 131、セシウム 137 などの核分裂生成物がこれに該当する。また、不揮発性元素のうちストロンチウム 90 などは、原子炉の冷却のために使われた冷却水にバラバラに溶融した核燃料から溶出して高濃度汚染水となり、その一部が海洋中に放出された。先ずはこれらの核分裂生成物について、それらによる被曝が人体に及ぼす健康障害との関わりで特徴を簡単にまとめておこう。

### ① 放射性ヨウ素（ヨウ素 131 など）

　ウラン 235 に熱中性子を照射したさいの核分裂で生成する放射性ヨウ素は、核分裂収率が高いことから原子炉の運転にともなって生成しやすく、かつ揮発性元素であるために原子炉の損傷・破壊によって環境に放出されやすい。

　被曝との関係で最も問題になるのは、半減期が相対的に長いヨウ素 131（半減期 8.02 日）である。人体内に取り込まれたヨウ素 131 の 20 ～ 30% は甲状腺に集まる。その理由は、甲状腺は成長に関連する甲状腺ホルモン（サイロキシンとトリヨードサイロニン）を作っている臓器であり、甲状腺ホルモンは体内の新陳代謝を促進するようにはたらく。甲状腺は日本人成人でも 18 グラムほどで、表 1-5 に示したように子どもの甲状腺は成人よりはるかに小さいため、より深刻で非常に高い被曝線量となる。

　ヨウ素 131 が甲状腺に集まるのを阻止するのに有効なのが、ヨウ化カリウムやヨウ素酸カリウムなどからなる安定ヨウ素剤である。これをヨウ素 131 が人体内に取り込まれる直前または直後に服用し、あらかじめ甲状腺を安定ヨウ素で満たしておけば、ヨウ素 131 が甲状腺に集まるのを抑えることができるからである。

　福島第一原発事故との関連では、核分裂生成物のヨウ素 129（同 1570 万年）は問題にはならない。その理由は、筆者の推定によれば、2011 年 3 月 11 日の

表 1-5　日本人の甲状腺重量

| 年齢 | 甲状腺重量（グラム） |
|---|---|
| 0 | 1.8 |
| 1～2 | 2.6 |
| 3～4 | 4.1 |
| 14～16 | 12.0 |
| 20～50 | 18.4 |

運転直後に原子炉内に存在していたヨウ素 129 はヨウ素 131 のおよそ 6000 万分の 1 の放射能の強さに過ぎなかったと考えられるからである。今度の事故では原子炉内のおよそ 3％の放射性ヨウ素が大気中に放出されたと評価されているが、この程度のヨウ素 129 の放射能はそもそも問題にはならない。問題になるのはヨウ素 131 以外ではむしろ揮発性のテルル 132（同 3.20 日）と放射平衡状態にあるヨウ素 132（同 2.295 時間）、およびヨウ素 133（半減期 20.8 時間）である。放射性ヨウ素による甲状腺の被曝問題については、改めて後述する。なお、ヨウ素 131 に代表される放射性ヨウ素が問題になったのは事故当初の 1～2 カ月間であり、現在ではすでに消滅しており、まったく問題にはならない。

### ②　放射性セシウム（セシウム 137 とセシウム 134）

　ウラン 235 に熱中性子を照射したさいの核分裂で生成する放射性セシウムは、セシウム 135（半減期 230 万年）とセシウム 137（同 30.17 年）、安定セシウムはセシウム 133 がよく知られている。核分裂収率が高いことから放射性セシウムは原子炉の運転にともなって生成しやすく、かつ揮発性のために原子炉の損傷・破壊にともなって環境に放出されやすい。

　被曝との関係で問題になるのは半減期 30.17 年のセシウム 137 である。半減期が 230 万年と非常に長いセシウム 135 の放射能はセシウム 137 のおよそ 7 万分の 1 しかないため、通常は問題にならない。むしろ核分裂で生成する安定なセシウム 133 が原子炉の運転中に中性子と核反応を起こし、中性子を吸収して放射化生成物の仲間であるセシウム 134（半減期 2.065 年）を生成するため、原子炉事故や再処理工場の事故で問題になるのはセシウム 137 とセシウム 134 であるといってよい。福島第一原発事故でも、事故から 10 カ月以上経った現在、事故直後には野菜、原乳、表面土壌など環境試料中で放射能全体の 90％ほどを占めた放射性ヨウ素はすでに消滅しており、大地の汚染は主にセシウム 137 と

セシウム 134 によるものであるといってよい。今度の事故では、セシウム 137 とセシウム 134 の放射能比は 1：1 の割合で大気中に放出された。ちなみにチェルノブイリ原発事故では 2：1 の割合で大気中に放出された。大気中への放出割合は原子炉内の存在割合と同じであると考えてよい。なぜなら同じ元素の同位体であるから、物理化学的な放出挙動が異なるはずがないからである。福島第一原発の方がチェルノブイリ原発より相対的にセシウム 134 の放射能割合が高かったということは、長時間運転した核燃料であったことを意味する。

放射性セシウムは人体内に取り込まれると、骨と脂肪以外の全身にほぼ均等に分布し、年齢によっても異なるが実効半減期はそれぞれセシウム 137 が 70 日、セシウム 134 が 64 日である。

### ③ ストロンチウム 90

ウラン 235 に熱中性子を照射したさいの核分裂で生成する放射性ストロンチウムは、ストロンチウム 89（半減期 50.53 日）、ストロンチウム 90（同 28.79 年）、ストロンチウム 91（同 9.63 時間）、および安定なストロンチウム 88 がよく知られている。放射性ストロンチウムは核分裂収率が高いことから原子炉の運転にともなって生成しやすいが、不揮発性のため、揮発性のヨウ素 131 やセシウム 137 と比べると環境に放出されにくい。

被曝との関係で問題になるのはストロンチウム 90 とストロンチウム 89 で、ストロンチウム 91 は半減期が 9.63 時間と短いため、通常は問題になることはない。また、ストロンチウム 88 が原子炉の運転中に中性子と核反応を起こし、中性子を吸収して放射化生成物ストロンチウム 89 が生成する。しかし、生成量は核分裂生成物ストロンチウム 89 と比べるとはるかに少なく、問題にはならない。

ストロンチウム 89 とストロンチウム 90 の実効半減期は、それぞれ 50.4 日と 18 年である。したがって、人体内に取り込まれたストロンチウム 89 はストロンチウム 90 よりはるかに速く減少する。そのため、被曝との関係で最も重要なのはストロンチウム 90 である。ストロンチウム 90 は体内に取り込まれると骨に沈着し、長期間にわたって骨を照射するため、骨がんの発生確率を高くする。また、骨に沈着したストロンチウム 90 は骨髄も照射するため、白血病や骨髄障害の原因にもなるといわれている。

## 5　シビアアクシデント

福島第一原発事故はどのような事故なのであろうか。これまでにも日本国内

にとどまらず原子力発電所をかかえる国々で原子力発電所の事故が起こってきた。事故への適切な対応、これからの安全問題を考えるうえで、事故の経験を正確に理解することは重要である。

原子力発電所の大事故を考える場合、誰もが思い浮かべるのが「シビアアクシデント」（苛酷事故）と呼ばれる大規模事故であろう。原子炉の安全装置の設計にあたっては、一定の事故を想定しこれに対処しうるような設計をおこなう。そのさいに想定される事故が設計基準事故である。設計基準事故の範囲内にある事故は、原理的に安全装置によって安全に防護できることとなっている。設計基準事故は重大事故と仮想事故とからなり、重大事故は「技術的見地からみて最悪の場合起こりうる事故」、仮想事故は「技術的見地からは起こるとは考えられない事故」と定義されている。シビアアクシデントとは、安全審査で想定していた設計基準事故を大幅に超える事故のことである。シビアアクシデントでは原子炉の炉心や構造材が回復不能なまでに損傷・破壊し、原子炉内に蓄積していた膨大な量の核分裂生成物が環境に放出されて広大な地域が国境を越えて汚染し、また事故に関わった従業員も高い線量の放射線をあび、最悪の場合には周辺住民を含め多くの人びとが急性放射線障害で死亡する可能性がある。

シビアアクシデントに発展する可能性のある事故は、「冷却材喪失事故」と「反応度事故」の2つに限られる。

### ① 冷却材喪失事故

冷却材喪失事故とは、原子炉の炉心を冷却していた水などの冷却材が何らかの原因で破断した配管から漏れ出し、冷却材がなくなってしまう事故のことである。その結果、原子炉がいわゆる空焚き状態になり、最悪の場合には炉心損傷→炉心溶融事故（メルトダウン）に突きすすむことになる。

1979年3月28日に起こったアメリカのスリーマイル島（TMI）原子力発電所2号炉の事故は、炉心溶融事故まで突きすすんだ大事故であった。

### ② 反応度事故

反応度事故とは暴走事故とも呼ばれ、核分裂連鎖反応を制御している制御棒が何らかの原因で引き抜かれ、原子炉が制御不能な状態に陥ってしまう事故のことである。その結果、核分裂連鎖反応が急激に活発化して出力が急激に上昇し核燃料が破壊したり爆発したりするなど、いわゆる原子炉の暴走が起こる。

1986年4月26日に起こった旧ソ連のチェルノブイリ原子力発電所4号炉の事故は、典型的な原子炉の暴走事故であった。事故直後に発電所の半径30キロメ

ートル圏内の住民13万5000人が避難させられ、26年経った現在でもほとんどの避難住民は戻ることができないでいる。また、事故で爆発・炎上した建物の消火活動などをおこなった消防士など200人以上が急性放射線障害になり、うち29人が事故後4カ月以内に死亡した。

### ③　福島第一原発事故

　2011年3月11日に起こった福島第一原発事故は、冒頭で述べた事故の経緯からわかるように①の冷却材喪失事故である。この事故では1～3号機が、原発事故の最悪の場合である炉心溶融（メルトダウン）にまで事態は進行し、大量の核分裂生成物などが環境に放出された。2011年12月16日に同事故の「収束」が首相により宣言されたとはいえ、まだ事態はまだ収束とは遠い状況にある。現在までの事故の状況は以下のとおりである。

◇**運転停止時の原子炉内放射能量**：福島第一原発事故では、事故直後の3～4月に採取・測定された各種環境試料中のセシウム137とセシウム134の放射能濃度比は、ほぼ1対1の割合であることを示している。前者は核分裂生成物であり、後者は核分裂でも生成するが、それよりむしろ核分裂生成物である安定核種セシウム133が中性子捕獲反応により生成する放射化物であるといってよい。ちなみに1986年4月の旧ソ連チェルノブイリ原発事故では、事故直後に採取・測定された各種環境試料中のセシウム137とセシウム134の放射能濃度比は、ほぼ2対1の割合であった。このことは福島第一原発1～3号炉内の核燃料がかなり長期間にわたって運転された古いものであることを意味する。

　詳しい運転履歴が分からないため、仮に丸2年間フル出力で運転した直後の代表的な核分裂生成物であるストロンチウム90、ヨウ素131、セシウム137のそれぞれの原子炉内放射能、および半減期1時間超の41種類の核分裂生成物の原子炉内総放射能を表1-4に示した。福島第一原発事故により自然環境に放出された放射性核種による生物および人体への影響とその対応を考える場合、先ずもってどのような放射性物質がどれだけ放出されたかを知らなければならない。それによって生物および人体への影響もその対応も異なるからである。

◇**放出された放射能量**：福島第一原発では、どれだけの放射能が大気中や海洋へ放出されたのだろうか。事故により大気中に主に放出されたのは放射性希ガス（キセノン133など）、放射性ヨウ素（ヨウ素131、ヨウ素132、ヨウ素133など）、放射性セシウム（セシウム134、セシウム137など）、放射性テルル（テルル132）などの核分裂生成物である。事故の経過から見ても、常温で気体、あるいは沸点・融点が相対的に低い揮発性元素の一群が主に放出された。

2011年3月11日から4月5日までに大気中へ放出された放射能は、5月16日の原子力安全・保安院の発表では、ヨウ素131が $1.6 \times 10^{17}$ ベクレル、セシウム137が $1.5 \times 10^{16}$ ベクレル、原子力安全委員会の発表では、ヨウ素131が $1.5 \times 10^{17}$ ベクレル、セシウム137が $1.3 \times 10^{16}$ ベクレルである。これによるとヨウ素131は原子炉内の約3％、セシウム137は2〜3％という膨大な量が放出されたことになる。

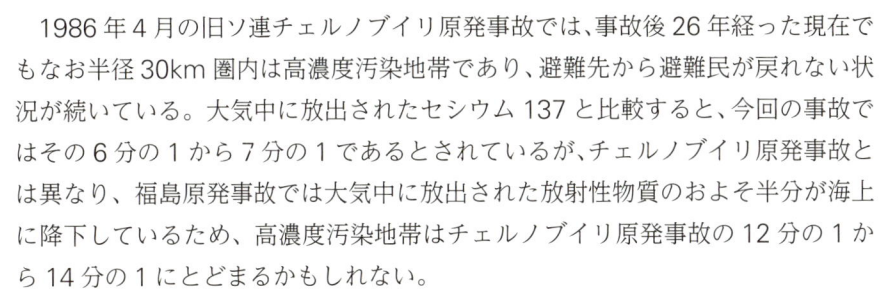

　1986年4月の旧ソ連チェルノブイリ原発事故では、事故後26年経った現在でもなお半径30km圏内は高濃度汚染地帯であり、避難先から避難民が戻れない状況が続いている。大気中に放出されたセシウム137と比較すると、今回の事故ではその6分の1から7分の1であるとされているが、チェルノブイリ原発事故とは異なり、福島原発事故では大気中に放出された放射性物質のおよそ半分が海上に降下しているため、高濃度汚染地帯はチェルノブイリ原発事故の12分の1から14分の1にとどまるかもしれない。

　海洋への放出量はどうだったのか。東京電力の発表では、2011年4月1日から6日までに2号機取水口付近のコンクリートピットのひび割れ箇所から海洋に放出された高レベル汚染水は約520トン、放射能は約 $4.7 \times 10^{15}$ ベクレル、その内訳はヨウ素131が $2.8 \times 10^{15}$ ベクレル、セシウム137とセシウム134がともに $9.4 \times 10^{14}$ ベクレルである。海洋の汚染は3月21日に発見されていることから、2号機取水口付近のひび割れ箇所以外の箇所からも汚染水は放出されていることは間違いない。一方、5月10日から11日までに3号機取水口付近から海洋に放出された高レベル汚染水は約250トン、放射能は約 $2.0 \times 10^{13}$ ベクレル、その内訳はヨウ素131が $9.8 \times 10^{12}$ ベクレル、セシウム137が $9.3 \times 10^{11}$ ベクレル、セシウム134が $8.5 \times 10^{11}$ ベクレルであるという。

　タービン建屋地下に溜まっていた高レベル汚染水の主要な移送先となる集中廃棄物処理施設に貯蔵されていた低レベル汚染水9070トンと5号機、6号機のサブドレンピットの汚染された地下水1323トン、計1万393トンの低レベル汚染水の海洋放出が4月4日から10日までにおこなわれた。4月15日の東京電力の発表によれば、低レベル汚染水の全放射能量は約 $1.5 \times 10^{11}$ ベクレルであるという。

　なお、前述のごとく政府と東京電力は大気中と海洋への放出量をそれぞれ発表しているが、大気中への放出量のうちおよそ半分は、その後海上に降下したはずである。その放射能はヨウ素131が $7.5 \sim 8 \times 10^{16}$ ベクレル、セシウム137が $6.5 \sim 7.5 \times 10^{15}$ ベクレルにもなる。これは高濃度汚染水として海洋に放出された放射能をはるかに上回る量である。その分、海洋の汚染は増加したことを忘れてはならない。

◇**避難と屋内退避**：原子力安全委員会は『原子力施設等の防災対策について』（原子力防災指針）の中で、「防災対策を重点的に充実すべき地域の範囲（EPZ）」のめやすを原発については約8～10キロメートルとしている。原発立地県および市町村の防災対策もこれをもとに作成されている。しかし、福島第一原発事故では事故の翌日の2011年3月12日に原発の半径20キロメートル圏内の住民に避難を指示し、屋内退避は同20～30キロメートル圏内にまで拡大した。3月25日には屋内退避の住民に対して、「積極的な自主的避難」を促すことまで政府としておこない、混乱を拡大させた。また、4月22日、半径20キロメートル圏内は「警戒区域」に設定され、原則として立ち入りが禁じられた。さらに20キロメートル圏外で年間累積線量が20ミリシーベルトを超える地域を「計画的避難区域」、放射性物質の大量放出に備えて屋内退避や圏外避難などを準備する地域を「緊急時避難準備区域」（2011年9月末に解除）とする新しい考え方が導入され、原子力安全委員会、原発立地県の従来までの防災対策は完全に崩壊した。そもそも風向きを無視した同心円でEPZを考えること事態が現実とかけ離れたものである。また、避難と屋内退避指示発出の根拠が現在に至るも明確に示されていないことも問題である。緊急時対策活動の生命線は実効性のはずだ。原発の大事故は日本では絶対に起こらないと信じて疑わないような者が作った緊急時対策活動は机上の計画の域を出ておらず、実際の緊急時に機能しなかったということである。このため従来のEPZに相当する避難場所の設置や放射線モニタリングを行う「緊急防護措置区域」（UPZ）を半径30キロメートル圏内に新設すること、安定ヨウ素剤を配備する「放射性ヨウ素対策地域」（PPA）を半径50キロメートル圏内に新設することなど、原子力防災指針の見直しが原子力安全委員会内部で行われている。

　なお、2011年12月26日、政府は警戒区域と計画的避難区域を見直し、新たに3区域に再編する「基本的考え方」を決定した。3区域とは、年間累積線量が20ミリシーベルト以下の「避難指示解除準備区域」、年間20～50ミリシーベルトの「居住制限区域」、年間50ミリシーベルト以上の「帰還困難区域」である。

◇**避難住民などの汚染状況**：原子力災害対策本部がIAEA（国際原子力機関）閣僚会議に提出した事故報告書（2011年6月）によれば、避難住民など周辺住民19万5345人が福島県内でスクリーニングを受けた。スクリーニングは適格審査を意味し、「健康な人も含めた集団から目的とする疾患に関する発症者や発症が予測される人を選別する医学的手法」をいう。今回の事故では、避難先などで汚染の有無をGMサーベイメータなどの放射線測定器で測定し、除染をしなければならない基準を超えた住民を選別したのである。除染をすべき基準は、避難所

により異なっていた。また、同じ避難所でも当初は6000cpm（注：cpmはGMサーベイメータによる1分間当たりのカウント数をいう）であったのが、その後に1万3000cpmに変更されるなど、若干の混乱が見られた。除染をすべき基準についても、あらかじめ統一しておくべきである。

除染の方法は、衣服が汚染されている場合は衣服を脱いで改めて汚染の有無を測定し、なお汚染が確認された場合は、シャワーなどで除染用の洗剤を使って洗浄する。これによりほぼ完全に除染できる。汚染された衣服はポリ袋などに入れて短半減期のヨウ素131などが減衰するまで安全に保管し、その後に洗濯をすれば、たいていの場合は問題なく使えるはずである。もちろん汚染がひどい場合は、衣服を洗浄せずに放射性廃棄物として廃棄することもある。

いずれにせよ福島県内の住民については今後、長期間にわたって健康影響調査を実施することになる。

◇**ヨウ素剤投与と配布**：2011年3月16日、原子力災害対策現地本部は、「避難区域（半径20キロメートル圏内）からの避難時における安定ヨウ素剤投与の指示」を福島県知事および対象の12市町村宛に発出した。しかし、前掲IAEA閣僚会議に提出した事故報告書によれば、安定ヨウ素剤を投与する必要はなく、投与されなかったという。

ヨウ素剤投与は放射性ヨウ素による甲状腺被曝線量を低減化する目的でおこなわれるものであるが、その効果は放射性ヨウ素を体内に取り込む直前または直後がよく、放射性ヨウ素を体内に取り込んでから24時間を過ぎるとほとんど効果がないとされている。ヨウ素剤投与は時間との勝負であり、放射性ヨウ素に関する事故情報が現地で的確に発信されていたか、検証される必要がある。

放射性ヨウ素は事故直後から大気中に放出されており、筆者は3月16日の安定ヨウ素剤投与の指示は遅かったのではないかと考えている。安定ヨウ素剤投与を指示しておきながら、なぜ実際には投与されなかったのか。この問題も事故収束後にしっかり検証されなければならない。

この問題に関連して8月27日付朝日新聞は、「原発周辺住民は『ヨウ素剤は飲むべきだった』識者が指摘」の記事を掲載した。記事によれば同日、埼玉県で開かれた放射線事故医療研究会で原子力安全委員会の助言組織メンバーである鈴木元・国際医療福祉大学クリニック院長が「当時の周辺住民の外部被ばくの検査結果を振り返ると、安定ヨウ素剤を最低1回は飲むべきだった」と指摘したのだという。3月17、18日に福島県で実施された住民の外部被曝検査の数値から甲状腺の内部被曝線量を計算すると、少なくとも4割が安定ヨウ素剤を飲む基準を超えていたおそれがあるという。放射性ヨウ素といえばヨウ素131を主に考えがち

だが、鈴木元・院長は3月17、18日頃には半減期2.3時間のヨウ素132も考慮されなければならないと主張しているようである。ヨウ素132は半減期こそ短いが、半減期3.2日のテルル132と放射平衡状態で存在し、3.2日の半減期で減衰する。同記事によれば、広島大学原爆放射線医科学研究所の細井義夫教授も「ヨウ素132も考慮が必要」と指摘しており、理化学研究所などが3月16日に原発30キロ圏外の大気を分析した結果、放射性物質の7割以上がヨウ素132やテルル132であったことも記されている。

さらにいえば、原発事故のもっと初期の段階では半減期20.8時間のヨウ素133も大量に放出されていた可能性があるのではないかと私は考えている。事故から7カ月が経ち放射性ヨウ素の放射能はほぼ消滅したとはいえ、放射性ヨウ素による甲状腺被曝をめぐる話題はまだまだ続くのではないだろうか。

◇**緊急作業者の被曝**：防災業務関係者のうち、事故現場において緊急作業を実施する者が災害の拡大の防止および人命救助等、緊急かつやむをえない作業を実施する場合の被曝線量は従来、全身で100ミリシーベルトを上限、眼の水晶体については300ミリシーベルト、皮膚については1シーベルトを上限としていた。しかし、である。2011年3月14日午後、首相官邸の要請を受け、全身の上限値を250ミリシーベルトに引き上げることについて厚労省と経産省が急遽検討に入り、経産省が原子炉等規正法に基づく新たな告示を定め、厚労省は労働安全衛生法の電離放射線障害防止規則を省令で改正した。翌3月15日、福島第一原発で緊急作業にあたる作業員の被曝線量の上限値は250ミリシーベルトに引き上げられた。1人当たりができる作業時間を長くすることで作業効率を上げることが狙いだという。しかし、十分な議論もなく、わずか半日でこのような法改正をしたことは、将来に禍根を残すことになるのではないだろうか。

労働者に対する東京電力の被曝管理もずさん極まりない。2011年3月24日にベータ線熱傷が疑われた2人の電気配線労働者がいた。3号機のタービン建屋地下のたまり水の中で足をくるぶしまで浸かりながら作業していたというが、全身で173〜180ミリシーベルト、当初2〜6シーベルトを超える皮膚の被曝をしていると伝えられた。その後、放射線医学総合研究所付属病院に入院し、28日に退院した。放医研付属病院の医師の診断によれば、緊急時の皮膚の被曝線量上限値の1シーベルトを超え、2〜3シーベルトと推定しているという。これは明確な法令違反である。

その後、1グループに1個しか警報付線量計（アラームメータ）を渡さず緊急時作業に従事させたこと、女性を従事させてはいけない緊急作業の現場に18歳から50歳代の19人の女性労働者がいたこと（5人は放射線業務従事者でもなか

った)、うち3人が3カ月に5ミリシーベルトという平常時における全身の線量上限値を超えて被曝していたことも判明した。東京電力は女性労働者を緊急作業には従事させていなかったというが、それならばそもそもその現場に女性労働者がいる必要はなかったはずである。問題点を指摘された東京電力は即刻、女性労働者を緊急作業の現場からはずしたという。

2011年6月にも8人の労働者が緊急時作業中に250ミリシーベルトを超える被曝をしていたことが判明したが、いずれも明確な法令違反である。今後、事故の後始末に向かって大量の労働者が人海戦術的に動員されることになるだけに、東京電力の労働者のずさんな被曝管理が懸念される。

なお、東京電力によれば2011年6月13日現在、被曝線量が100ミリシーベルトを超えた作業員は累計102人となったという。

◇**空間線量率の上昇**：茨城県、東京都、千葉県の空間線量率は2011年3月15日早朝までは通常のレベルであった。15日早朝に茨城県内では通常の十数倍から数十倍、東京都と千葉県では最高10倍ほどに急上昇した。その原因はキセノン133（半減期5.25日）、ヨウ素132（同2.30時間）、ヨウ素131などが北風により運ばれてきたからである。その後、漸減していたが21日早朝に再び空間線量率は急上昇した。これは降雨によって地上に降下・沈着したセシウム134、セシウム137、ヨウ素131などによる。現在は損傷箇所から放出される放射能量は極めて少なく、福島県内でも居住地域では放射性物質は空気中をただよっておらず、降雨により空間線量率が上昇することもない。今後、放射性物質が追加的に大量放出されない限り、放射性物質を含む雨はないと考えてよい。ただ、風の強い日には、地表面に降下・沈着した放射性セシウムが一部舞い上がる可能性があるため、降下量の多かった地域ではマスクをする、外出先から帰宅したらシャワーを浴びることは必要であるかもしれない。

◇**土壌中のストロンチウム90とプルトニウム**：大地の汚染では、ストロンチウム90やプルトニウムを心配する読者がいるかもしれない。しかし、避難地域の飯舘村、浪江町、大熊町、双葉町の土壌中のストロンチウム90の放射能濃度を見る限り、セシウム137の放射能濃度の4000分の1から2000分の1に過ぎない。ストロンチウム90に加えて半減期50.53日のストロンチウム89が検出されている地点は福島原発事故に起因するものであることは疑いようがないが、長期的に問題となる半減期28.79年のストロンチウム90による生物および人体への影響は、陸上ではほとんど問題にならないのではないだろうか。また、福島原発の敷地内外の土壌からはプルトニウムも検出されている。しかし、プルトニウム238/プルトニウム239＋240放射能比から、福島原発事故由来であるものの、

その放射能濃度は過去の大気圏内核実験により北半球全体にばらまかれたプルトニウムの放射能濃度と大差なく、決して問題になるものではない。

◇**食品の放射能汚染**：厚生労働省は事故後、原子力安全委員会の定めた緊急時における「飲食物摂取制限に関する指標」を暫定規制値として採用し、食品の放射能監視をおこなった。暫定規制値をメディアは「安全基準」と称することが多い。しかし、これは大規模な放射能放出を伴う原発事故時に甲状腺が年50ミリシーベルト（放射性ヨウ素に対して）、全身が年5ミリシーベルト（放射性セシウムに対して）を超えることのないように日本人の摂取する食品の品目や摂取量を考慮して逆算したものであり、性格づけとしては「安全基準」というより「がまん基準」と呼ぶべきものである。被曝線量は低ければ低いほど安全であり安心であるという姿勢を堅持したい。暫定規制値を超えた食品や水を摂取しないことは当然であるが、暫定規制値以下であっても可能な限り低い濃度のものを選択したい。また、行政は食品や飲料水の放射能監視体制を強化し、間違っても暫定規制値を超えたものを流通させないように努めなければならない。

2011年12月22日、厚生労働省の薬事・食品衛生審議会が食品の暫定規制値を見直し、原則として2012年4月1日から実施する新しい規制値を了承した。すでに放射性ヨウ素が消滅した現在、食品の放射能汚染を監視する必要があるのは放射性セシウムに限られる。新規制値は、全身が年1ミリシーベルト（放射性セシウムに対して）を超えることのないように食品を新たに4群に分類し設定したものである。事故直後の食品の主な汚染経路が放射性降下物による表面付着だったのに対し、現在の主な汚染経路は根、葉、樹皮からの吸収に変化しており、放射能濃度もかなり低くなっていることから、暫定規制値の見直しと新規制値への移行は当然のことである。

新規制値は、現行暫定規制値が500ベクレル/kgである「野菜類」「穀類」「肉・卵・魚・その他」を「一般食品」としてまとめて100ベクレル/kg、「牛乳・乳製品」を「牛乳」として50ベクレル/kg、飲料水をWHOの平常時における飲料水水質ガイドラインと同じ10ベクレル/kgとし、新設した粉ミルクやベビーフード等の「乳幼児用食品」を50ベクレル/kgとした。また、すでに現行暫定規制値をクリアした2011年産のコメと牛肉（輸入・加工食品を含む）については、市場や消費者に混乱が起きないように周知が必要であるとし、そのための経過措置として2012年9月末日まで、大豆（輸入・加工食品を含む）については同年12月末日まで暫定規制値を適用するという。さらに、現行暫定規制値の下で「野菜類」に分類されていた製茶については、原材料の茶葉から浸出した飲料する状態にしたうえで、飲料水の新規制値を適用する。乾燥キノコについても、原材料を水で

もどして食する状態にしたうえで、一般食品の新規制値を適用するという。

このように新規制値は実際に飲食する状態での食品群分類とその放射能濃度にもとづいて規制を実施しようとしており、現行暫定規制値にもとづく放射能監視態勢より現実的な対応であるといえる。また、食品中の放射性セシウムに起因する内部被曝線量を暫定規制値の年5ミリシーベルトから年1ミリシーベルトに厳しく引き下げた点も評価できる。ただ、市場や消費者に混乱が起きないように設けたコメ・牛肉・大豆の経過措置については、暫定規制値をクリアしたが新規制値をクリアできない食品と新規制値をクリアした食品が一時期であるとはいえ市場に一緒に出回ることになり、別の意味での混乱が市場と消費者に起こるかもしれない。

そもそも新規制値は、10ベクレル/kgの水を1日2リットル、1年間飲料した場合の内部被曝線量が0.1ミリシーベルトになることから、新規制値の前提となる1ミリシーベルト/年から0.1ミリシーベルト/年を引き算した0.9ミリシーベルト/年を「一般食品」に割り振った。そして市場に出回っている食品の50％（乳児用食品は100％）が放射性セシウムで汚染されていると仮定したうえで、「1歳未満」「1～6歳」「7～12歳」「13～18歳」「19歳以上」に分類した年齢群別線量係数（経口摂取した場合の実効線量換算係数）と男女別の食品摂取量を考慮して内部被曝線量を算出したものである。この結果、食品摂取量の少ない「1歳未満」が最大の460ベクレル/kg、最も食品摂取量の多い「13～18歳」の男性が最小の120ベクレル/kgとなったことから、さらなる安全を見込んで「一般食品」の規制値を100ベクレル/kgとしたのだという。

新規制値の前提となる内部被曝線量が現行暫定規制値の5分の1に引き下げられたとはいえ、食品の放射能汚染に起因する国民の被曝線量が自動的に低減化するわけでない。新規制値にもとづく食品の放射能監視を確実に実施する態勢を早急に構築しない限り、新規制値は絵に描いた餅にすぎない。放射能監視態勢のいっそうの強化を行政に求めたい。

## 6　プルサーマル計画

### ①　プルサーマル

プルサーマル計画とは、通常の原子力発電所でウラン・プルトニウム混合酸化物燃料いわゆるモックス（MOX）燃料を燃やす計画をいう。プルサーマルとは、「プルトニウム」と「サーマル・リアクター」（熱中性子炉の意味で、ここでは軽水炉を意味する）からなる和製英語である。

MOX燃料は、本来なら高速増殖炉(FBR)で燃やすのが最良の有効利用方法であるが、その原型炉であるもんじゅは1995年12月にナトリウム漏れ火災事故を起こし、運転停止の状態がずっと続いていた。2010年5月、14年半ぶりにようやく運転を再開したものの、3カ月後の8月、燃料交換装置が炉内に落下する事故が起こり、再び運転停止に至った。福島第一原発事故を受け、菅首相（当時）が脱原発依存ともんじゅ見直しを言及するなど、もんじゅの廃炉をめぐる動きが活発化している。一方、国内に唯一ある核燃料サイクル開発機構の東海再処理工場は1997年3月に施設の一部が火災爆発事故を起こし、これも運転停止の状態が続いている。しかし、フランスとイギリスに委託した再処理によって分離されたプルトニウムが国内に返還されている。

　なぜこのような計画が進められているのか。それは、日本政府が、使用済燃料を全量再処理してプルトニウムを燃やす"プルトニウム・リサイクル方式"を原子力政策の柱に据えており、1956年の原子力開発利用長期基本計画の策定以来一貫してこの政策を堅持してきたからである。再処理によって回収されたプルトニウムは高速増殖炉で利用するのが最良の有効利用方法であるが、原型炉もんじゅは事故で運転停止状態にあり、実証炉1号炉の計画は大幅に遅れている。しかし、核兵器不拡散の立場から必要量以上のプルトニウムをもたないことを原則とすると国内外に喧伝してきた手前、回収されたプルトニウムは消費せざるをえない。そこで、高速増殖炉がダメなら軽水炉で燃やすほかない、というのが実際である。

　国は、2015年までに16〜18基の原子力発電所でプルサーマルを実施するとの計画を発表している。今回事故を起こした福島第一原発の3号機もプルサーマル発電方式であるが、全国54の原子炉の3分の1までをMOX燃料と入れ替えて燃やすことなど、とんでもない話である。青森県大間市に電源開発株式会社が建設準備中の大間原子力発電所（電気出力138.3万キロワットの世界最大級の改良沸騰水型軽水炉）では全炉心をMOX燃料にすることが計画されているが、全炉心MOX燃料の導入計画は世界中のどの国も未経験な、乱暴きわまりないものである。

　プルサーマル計画は、使用済燃料の全量再処理という誤った政策を撤回しないために、次々に別の誤りを犯し続ける愚かな計画以外のなにものでもない。

## ② MOX燃料

　ウラン・プルトニウム混合酸化物（MOX）燃料とは、2酸化ウラン（$UO_2$）と2酸化プルトニウム（$PuO_2$）の混合体からなる、核燃料のことである。

原子炉には、核燃料のウラン235に熱中性子を衝突させて核分裂連鎖反応を維持する「熱中性子炉」と、核燃料のプルトニウム239に高速中性子を衝突させて核分裂連鎖反応を維持する「高速中性子炉」（高速炉）がある。熱中性子炉の場合、核燃料に吸収された1個の中性子が核分裂によって再生産される割合（中性子再生産率η）が2.0を少し上回る程度であるのに対し、高速炉の場合には中性子再生産率が2.5を上回っている。このように高速炉は、1個の中性子は核分裂連鎖反応を維持するために消費されるが、残り1.5個以上の中性子が十分な余裕をもってウラン238に吸収されプルトニウム239を生み出すことができるので、増殖するのに適している。

　高速増殖炉は、このような原理で消費した核燃料より多くの核燃料を生成することができるので、"夢の原子炉"あるいは"魔法の原子炉"と呼ばれたことがあった。なにしろ天然ウランに0.72％しか含まれないウラン235を核燃料として利用するのではなく、役に立たないと考えられていた天然ウランの99.2745％を占めるウラン238を使って核分裂性核種のプルトニウム239を生成できるのであるから、ウラン資源の利用効率を飛躍的に高めることは間違いない。しかし、現段階では技術的な実現可能性は低い。アメリカ、イギリス、旧西ドイツ、フランスなど高速増殖炉開発に乗り出した国々が次々に開発から撤退しているのも、冷却材の液体金属ナトリウムの取り扱いなどの技術的困難性と経済性がともに引き合わないからである。

　わが国でも、1994年6月に策定された原子力開発利用長期計画（旧長計）の中で、①原型炉もんじゅは1995年に本格運転をめざす、②実証炉1号炉は2000年代初頭着工を目標に計画をすすめる、などと言っていた。しかし前述のように、もんじゅは運転停止状態にあり、2000年末に策定された「新長計」では高速増殖炉計画は従来の「核燃料リサイクルの中核」から「非化石エネルギーの有力な技術的選択肢」と位置づけが後退したうえ、もんじゅの早期運転再開を求めるだけで、実証炉の実用化に向けた開発計画をまったく示せない状態にある。こうした状況と相前後して打ち出されたのがプルサーマル計画であり、ご都合主義の最たるものと批判せざるをえない。そして、2005年に今後10年の程度の原子力の基本方針として決定された原子力政策大綱では、「当面、プルサーマルを着実に推進する」としているが、高速増殖炉の商業ベースでの導入は2050年頃をめざすこととされた。福島第一原発事故を受け、政府内で今後の原子力政策の見直しのなかで、もんじゅの開発中止も含め検討していくのは間違いないのではないだろうか。

表1-6 原子炉で主に生成するプルトニウム同位体の特徴

| 同位体 | 記号 | 半減期 | 放出放射線 | 比放射能 (ベクレル／グラム) | 相対値 |
|---|---|---|---|---|---|
| プルトニウム238 | $^{238}Pu$ | 87.7年 | アルファ線 | 6340億 | 5110万倍 |
| プルトニウム239 | $^{239}Pu$ | 2万4110年 | アルファ線 | 23億 | 18万5000倍 |
| プルトニウム240 | $^{240}Pu$ | 6564年 | アルファ線 | 84億 | 67万7000倍 |
| プルトニウム241 | $^{241}Pu$ | 14.35年 | ベータ線 | 3兆8200億 | 3億800万倍 |
| プルトニウム242 | $^{242}Pu$ | 37万3300年 | アルファ線 | 1億4600万 | 1万1800倍 |
| ウラン235 | $^{235}U$ | 7億380万年 | アルファ線 | 8万 | 6.45倍 |
| ウラン238 | $^{238}U$ | 44億6800年 | アルファ線 | 1万2400 | 1倍 |

(注) プルトニウム同位体との比較の意味で、2種類のウラン同位体の特徴を記した。

### ③ プルトニウムの毒性

　MOX燃料と通常のウラン燃料の違いはプルトニウムがあるか否かの違いであるが、"猛毒"などと称されるプルトニウムの毒性は何に起因するのだろうか。

　毒性①：原子炉で生成する5種類のプルトニウム同位体（表1-6）のうち、4種類がアルファ線を放出すること。アルファ放射体を体内に取り込むと局所的に非常に大きな被曝をする。

　毒性②：これら5種類のプルトニウム同位体の比放射能（元素1グラム当たりの放射能の強さ）がウラン238やウラン235と比較して桁外れに強いこと。たとえば1グラムのウラン238の放射能と同じ放射能をもつプルトニウム239の質量は18万5000分の1グラム、わずか0.00000542グラムである。

　毒性③：これら5種類のプルトニウム同位体は非常に長い半減期をもっていること。

　毒性④：プルトニウムは、ひとたび体内に取り込まれて血液に入ると肝臓と骨に運ばれて沈着し、かつ実効半減期が非常に長いため、長期間にわたって放射線を放出して周辺細胞を被曝させ続けること。

　毒性⑤：プルトニウムは非常に反応性に富む金属で、空気中に置いておくと表面が酸化物の粉末となって剥がれ、新たに露出した金属表面も酸化物の粉末となって剥がれ、最後にはすべて酸化物の粉末粒子になること。細かい粉末粒子は吹き飛びやすいので、汚染した空気の吸入により肺の中に取り込まれやすい。吸入摂取された1マイクロメートル以下の最も微小な粒子は、気管支を通って肺の最深部にある肺胞にまで達して沈着し、長期間にわたって周辺細胞を被曝させ続け、肺がんの発生する確率を高くする。また、肺胞に沈着したプルトニウムの一

部は、毛細血管をとおして肝臓と骨に運ばれて沈着する。

　毒性⑥：①～⑤までの毒性をもつ超ウラン元素は、実験室規模で少量取り扱うのが常であったが、核燃料としてプルトニウムを取り扱う場合には、工業的規模で大量の取り扱いが要求されること。かつてこれほど放射線毒性の強い物質をトン、数十トンの桁で取り扱ったことは1回もなかった。プルトニウムの取り扱いが慎重の上にも慎重を要求される所以である。

　これら6つの毒性に加え、①プルトニウム239がウラン235以上に核分裂しやすいため、原子炉内にMOX燃料が大量に存在すると制御棒の効きが悪くなること、②使用済MOX燃料の再処理技術が非常に難しいこと、③使用済MOX燃料の再処理により回収されたプルトニウムからのMOX燃料の成型加工技術が難しいこと、なども指摘されている。

## 7　アップストリームの放射線と放射能

　発電にいたる前の段階、つまり核燃料サイクルにおけるウランの採鉱、製錬、転換、濃縮、再転換、ウラン燃料の成型加工までの、いわゆるアップストリーム（前段または上流と呼ばれる）段階の各施設から放出される放射能の強さはどのくらいだろうか。表1-7は、電気出力100万キロワットの発電用原子炉（軽水炉）を運転させるために必要な、これらの施設から1年間に放出される放射能の強さを示したものである。

表1-7　電気出力100万キロワットの発電用原子炉（軽水炉の場合）を運転させるため、核燃料サイクルの中のアップストリーム関連施設から1年間に放出される放射能

| 施　　設 | 放射能（10億ベクレル） | 主な放射性核種 |
|---|---|---|
| ウラン鉱山 | 20000 | ラドン222など |
| 製錬工場 | 880 | ラドン222など |
| ウラン残土地域 | 1000 | ラドン222など |
| 転換工場、再転換工場 | 10.2 | ウラン238、ウラン234など |
| ウラン濃縮工場 | 0.8 | ウラン238、ウラン234など |
| 燃料成型加工工場 | 1.1 | ウラン238、ウラン234、トリウム234など |

　これらの施設に共通するのは、人工放射性核種ではなく天然放射性核種が放出されることである。その大部分は放射性希ガスのラドン222とその壊変生成物であり、吸入摂取によるアルファ線の内部被曝（主として肺）が問題となる。

　もっとも放出量の多いのはウラン鉱山すなわちウラン鉱石の採鉱であり、次い

でその20分の1ほどの放出量でウラン残土地域、製錬工場が続く。アップストリーム段階の各施設では労働者の内部被曝（特にウラン鉱山）が第一義的な問題となる。ウラン鉱山とウラン残土地域では、周辺住民の被曝の問題も無視すべきではない。

また、溶液状態の濃縮ウランを取り扱う施設では臨界事故の危険性があることを忘れてはならない。それが現実化したのが、JCO臨界事故であった。

## 8 再処理工場の放射線と放射能

発電用原子炉で使用済となった核燃料は、輸送容器に入れて再処理工場に運ばれ、貯蔵プールで半年以上冷却して短い半減期の放射性核種の放射能を減衰させたのち、再処理される。再処理とは、使用済燃料からウラン、プルトニウム、核分裂生成物をそれぞれ分離する工程をいう。

現在、利用されている再処理法は湿式ピュレックス法で、これは①燃料の切断→②燃料の溶解→③溶媒抽出法による核分裂生成物からのウランおよびプルトニウムの分離→④溶媒抽出法によるウランとプルトニウムの分離、などの工程からなる。ピュレックス法は、低燃焼度の天然ウラン燃料の再処理では十分な実績を残しているといえるが、高燃焼度の低濃縮ウラン酸化物燃料の再処理には適していない。

現在、商業用原子力発電所を運転している国は32カ国あるが、このうち再処理がおこなわれている国は、フランス、イギリス、日本、ロシア、インドの5カ国にすぎない。このことからも、軽水炉燃料のような高燃焼度低濃縮ウラン酸化物燃料の再処理がいかに技術的に困難で、かつ経済的に不合理か明らかである。

わが国では1997年3月に動力炉・核燃料開発事業団（当時）の東海再処理工場のアスファルト固化処理施設で火災爆発事故が起こり、以来ずっと同工場は運転停止の状態にある。

また、再処理工場では使用済燃料を細かく切断したのちに硝酸に溶解するため、使用済燃料の中に蓄積していた放射性希ガスやその他の気体状核種がほとんどタレ流しに近い状態で環境に放出される。東海再処理工場の最大処理能力は年間210トンであるが、その4倍である800トンの最大処理能力を有する世界最大級の六ヶ所再処理工場が稼働し始めるならば、相当な量の気体廃棄物が環境にタレ流されることは明らかである。また、水素3やセシウム137（半減期30.17年）を中心に相当な量の液体廃棄物も環境に放出されるのは間違いない。

さらに、大量のプルトニウムを溶液状態で取り扱う再処理工場は、常に臨界事

故の危険性が存在する。加えて、ピュレックス法では燃料を溶解するため大量の硝酸を使ったり、溶媒抽出をおこなうため大量の有機溶媒を取り扱ったりするので、再処理工場は一種の巨大な化学工場である。そのため、東海再処理工場のアスファルト固化施設の火災爆発事故のように化学爆発の危険性が常に存在し、化学爆発によって建物が破壊されて放射性核種が周辺に放出される可能性もある。

## 9　放射性廃棄物施設の放射線と放射能

　放射性廃棄物を人間の生活環境から半永久的に隔離することを「処分」、処分しやすいように放射性廃棄物を減容したり形態を変化させることを「処理」という。また、処理した放射性廃棄物を処分するまでの一定期間保管することを「貯蔵」という。

　放射性廃棄物は放射能の強さにより「低レベル放射性廃棄物」と「高レベル放射性廃棄物」に大別される。その発生源は核燃料サイクルの各施設であるが、発電用原子炉で利用するまでの工程すなわちアップストリームよりも、発電用原子炉から取り出されたのちの工程すなわちダウンストリームの方が、はるかに放射能が強い。また、アップストリームから放出される放射性核種が天然のものであったのに対し、ダウンストリームから放出される放射性核種は人工のものという特徴がある。

### ① 低レベル放射性廃棄物施設

　わが国では、低レベル放射性廃棄物の処分法として陸地処分と海洋処分をあわせておこなうことを方針にしていたが、実際に進められたのは1980年代初頭までは海洋処分の検討であった。しかし、国際社会の強い反対によって海洋処分の可能性が遠のいたため、1980年代中頃以降は陸地処分を具体化する方針に急遽変更された。現在は、わが国も批准している「廃棄物その他の投棄による海洋汚染の防止に関する条約」（通称「ロンドン条約」）が1993年11月に改正されたことにより従来からの高レベル放射性廃棄物に加え、低レベル放射性廃棄物も含め海洋投棄はいっさい禁止されている。

　原子力発電所から発生する低レベル放射性廃棄物は200リットルドラム缶に充てんされ、2009年3月末現在、累計で約64万8500本が各発電所サイト内の貯蔵施設で貯蔵されている。この他に研究開発段階にある発電の用に供する原子炉施設に約2万3500本、核燃料加工施設に約4万7300本、再処理施設に約11万6800本、廃棄物処理・管理施設に約3万本が貯蔵されている。

## ② 高レベル放射性廃棄物施設

　わが国では、使用済燃料の全量を再処理することを方針にしている。再処理する場合には、ウランとプルトニウムを分離した後の高レベル廃液、あるいはこれを固化処理した固化体が高レベル放射性廃棄物となる。わが国では、高レベル廃液はガラス固化したのち放射能を減衰させるため30〜50年間貯蔵し、その後、地下300メートルより深い安定な地中に処分する方針になっている。ちなみに高レベル廃液中には、大量の強放射性の核分裂生成物（死の灰）、アメリシウムやキュリウムなどの小量かつ長半減期の超ウラン元素、および少量のウランとプルトニウムが含まれる。

　ガラス固化体は、2009年3月末現在、再処理施設に354本、廃棄物処理・管理施設に1338本が貯蔵されている。また、高レベル廃液は、再処理施設に380立方メートルが貯蔵されている。

　わが国を含め現在までに高レベル放射性廃棄物を実際に処分した国はひとつもない。その理由は簡単明瞭で、安全性の実証された処分方法がないからである。

　高レベル放射性廃棄物の処分で問題になるのは長半減期の放射性核種であり、放射性壊変により減衰して人間への影響が無視できるようになるまでの期間が非常に長いことである。したがって、その処分の安全確保は、非常に長い期間のあいだ、処分した場所から放射性核種が移動しないように閉じ込めることができるかどうか、かりに移動したとしても人間の生活圏内に現れるまでの間に非常に長時間を要することにより無視し得る量に減衰しているかどうか、にかかっている。しかし、現在の知見では、その期間中に起こりうることが十分に予測できないため、それらを正確に評価できない。

　すでに膨大な量の高レベル廃液が発生してしまっているとはいえ、処分の見通しがないまま原子力発電所を建設するのは"トイレのないマンション"を建設するに等しく、許されるべきことではない。

# 第2章 放射線と放射能の基礎知識

　福島第一原発事故を契機に、放射性物質の放出、その健康への影響をめぐって、放射線にかかわる多くの言葉がメディアから流されている。ここでは、放射線の人体に対する影響の基礎知識を理解する前提となる、放射線と放射能に関する基礎知識について学ぼう。

## 1　放射線とは——微小粒子の流れ

　放射線（厳密には電離放射線という）とは何だろうか。
　放射線とは、簡単にいえば高い運動エネルギーをもった微小粒子の流れをいう。"流れ"というと、水の流れのように連続的に移動する状態をイメージする人が多いだろうが、むしろ、雨が降っている状態に近い。すなわち、アルファ線はアルファ粒子（ヘリウム4原子核）の雨、ベータ線や電子線はベータ粒子や電子の雨、ガンマ線やエックス線は光子の雨、中性子線は中性子の雨といった具合である。

## 2　放射線の減弱の仕方——逆2乗の法則

　放射線の発生源を「放射線源」または単に「線源」という。線源は形状によって点線源、面線源、体積線源に分類される。点線源の場合、進行方向に遮蔽物がなければ、中性子線やガンマ線は距離の2乗に反比例して減弱する。これが距離の「逆2乗の法則」といわれるものである。
　図2-1は、光源（懐中電灯）からの距離と出た光の広がり（すなわち円の面積）の関係を示している。光源からの距離が2倍になれば、円の面積は2の2乗すなわち4倍になる。さらに、距離が3倍になれば、円の面積は3の2乗すなわち9倍になる。光源から出てくる光の量が一定ならば、円の面積が大きくなればなるほど、明るさ（単位面積を通過する光の量）は弱くなるはずである。これを要約すると、光源が点線源の場合、光源からの距離が2倍に遠くなれば明るさは2の2乗分の1すなわち4分の1倍、3倍に遠くなれば明るさは3の2乗分の1すなわち9分の1倍になる。
　放射線の場合、光の明るさに相当する量は、放射線量率になる。放射線量率とは、単位時間当たりの放射線量（放射線量については第3章の放射線の人体影響

図 2-1　距離の逆二乗の法則

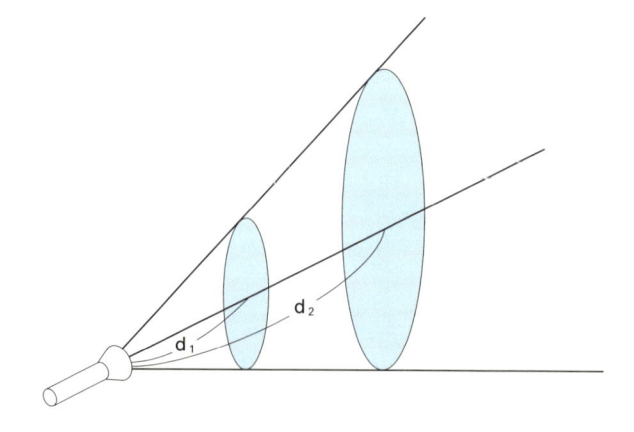

＊距離 $d_1$、$d_2$ における放射線の線量率をそれぞれ $I_1$、$I_2$ とすると、$I_1 \times d_1^2 = I_2 \times d_2^2$ が成り立つ

の基礎知識を参照）のことである。

## 3　原子の種類——元素と核種

### ① 元素

すべての物質は原子からできている。原子は、中心に位置するプラスの電気を帯びた原子核とその周りを回っているマイナスの電気を帯びた電子が電気的な力で結合している粒子で、その大きさは 100 億分の 1 メートルほどである。

原子核は、プラスの電気を帯びた陽子と電気を帯びていない中性子が核力という強い力で結合している粒子である。原子核の大きさは原子の 10 万分の 1 ～ 1 万分の 1 ほどである。陽子と電子の電気量はまったく等しく単にプラスとマイナスの符号が異なるだけなので、陽子数と電子数が等しい原子は電気的に中性、陽子数より電子数が少ない原子は電気的にプラス、陽子数より電子数の多い原子は電気的にマイナスとなり、それぞれ中性原子、陽イオン、陰イオンと呼ばれている。

陽子と中性子の質量はほぼ等しく、電子の質量は陽子や中性子のおよそ 1840 分の 1 しかない。そのため、原子核の質量は陽子数と中性子数の合計数（これを質量数という）でほぼ決まり、また原子の質量は原子核の質量でほぼ決まる。

原子核内の陽子数によって区別される原子の種類が元素である。たとえば、原子番号が11の元素はナトリウム、92の元素はウランといった具合である。

## ② 核種

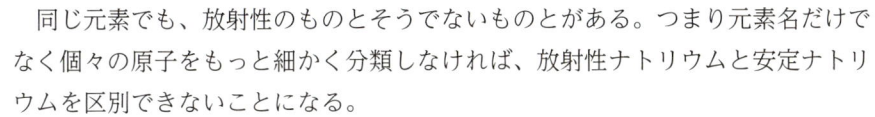

同じ元素でも、放射性のものとそうでないものとがある。つまり元素名だけでなく個々の原子をもっと細かく分類しなければ、放射性ナトリウムと安定ナトリウムを区別できないことになる。

こうした事情を考慮して1947年にアメリカのT・P・コーマンによって提唱されたのが「核種」である。コーマンは、原子核内の陽子数と中性子数によって区別される原子の種類を核種と呼んだが、最近では原子核内の陽子数と中性子数とエネルギー状態によって区別される原子の種類を核種と呼んでいる。核種は元素名のうしろに質量数を付けて表わす約束になっている。たとえば、先の安定ナトリウムは質量数が23（陽子数11、中性子数12）なのでナトリウム23（記号では$^{23}$Naと表わす）、ナトリウム23が中性子を1個吸収して生成した放射性ナトリウムは質量数が24（陽子数11、中性子数13）なのでナトリウム24（同$^{24}$Na）という。

核種のうち、原子番号が等しく中性子数の異なる一群を同位体（アイソトープ）という。たとえば、前述したナトリウム23とナトリウム24は、同位体である。また、核種のうち原子番号は異なるが中性子数の等しい一群を同中性子体（アイソトーン）、原子番号と中性子数は異なるが質量数の等しい一群を同重体（アイソバー）という。さらに、原子番号と中性子数がそれぞれ等しく原子核のエネルギー状態の異なる一群を核異性体という。核種という眼で元素を見直すと、元素は原子番号の等しい核種の一群であるということができる（表2-1）。

### 表2-1 核種のグループ分類

| グループ名 | 原子番号 | 中性子数 | 質量数 | 核のエネルギー状態 |
|---|---|---|---|---|
| 同位体 | 等しい | 異なる | 異なる | ― |
| 同中性子体 | 異なる | 等しい | 異なる | ― |
| 同重体 | 異なる | 異なる | 等しい | ― |
| 核異性体 | 等しい | 等しい | 等しい | 異なる |
| 元素 | 等しい | ― | ― | ― |

（注）―は等しい、異なる、といった区別をしないことを意味する。

## 4　放射能の種類——放射性壊変

現在の放射能の厳密な定義は、「ある種の原子核が自発的に粒子あるいはガンマ線を放出し、あるいは軌道電子を捕獲して壊変し、あるいは自発的に核分裂をおこなう性質」である。わかりやすく表現すると、「ある種の原子核が自発的に別の種類の原子核に変化する性質」である。この「変化」のことを「放射性壊変」（または単に「壊変」）あるいは「放射性崩壊」（または単に「崩壊」）というが、これにはアルファ壊変（$\alpha$壊変）、ベータ壊変（$\beta$壊変）、ガンマ壊変（$\gamma$壊変）、自発核分裂（SF）の4つがある。

### ① アルファ壊変

アルファ壊変は、質量数が200以上の重い原子核に特有の壊変で、壊変のさいにアルファ粒子（ヘリウム4原子核）が放出される。アルファ線は分子や原子から電子を引き離す（「電離」という）能力が非常に高い放射線である。電子を引き離すためにはアルファ粒子自身のもっている運動エネルギーが使われるため、電離能力が非常に高いということは、アルファ線の飛ぶ距離（「飛程」という）が非常に短いことを意味する。たとえば、半減期2万4110年のプルトニウム239のアルファ線（運動エネルギーは約515.7万電子ボルト）は空気中でおよそ3.7センチメートル、人体組織中でおよそ0.0044センチメートル（44マイクロメートル）の飛程にすぎない。したがって、人体がアルファ線で外部被曝をする可能性は低く、あまり問題になることはない。

しかし、もしプルトニウム239が体内に取り込まれた場合には、その周辺0.0044センチメートル以内の人体細胞にアルファ線の全運動エネルギーが集中的に吸収されるため、細胞は壊滅的な損傷を受けることになる。アルファ線を放出する放射性核種は「アルファ放射体」と呼ばれているが、アルファ放射体を人体内に取り込むことが1番やっかいで危険だといわれる理由は、ここにある。

### ② ベータ壊変

ベータ壊変は、原子核がベータ・マイナス粒子（陰電子すなわち普通の電子のこと）やベータ・プラス粒子（陽電子すなわちプラスの電気を帯びた電子のこと）を放出したり、あるいは原子核が軌道電子を取り込んだりする壊変をいう。このうちベータ・マイナス粒子を放出する壊変はベータ・マイナス壊変、ベータ・プラス粒子を放出する壊変はベータ・プラス壊変、軌道電子を取り込む壊変はEC壊変（または電子捕獲という）と呼ばれている。ベータ・マイナス壊変は、原子

核内の中性子数が過剰（言い換えれば陽子数が不足）な原子核に特有の壊変である。一般に、原子炉内の中性子による核反応で生成する放射性核種には、ベータ・マイナス壊変をするものが多い。また、ベータ・プラス壊変とEC壊変は、中性子数が不足（言い換えれば陽子数が過剰）している原子核に特有の壊変である。一般に、加速器で加速された重荷電粒子による核反応で生成する放射性核種には、ベータ・プラス壊変やEC壊変をするものが多い。

　ベータ壊変で放出される電子または陽電子の電離能力はアルファ線とガンマ線の中間くらいで、その飛程はエネルギーによって異なるが、人体内に取り込まれると骨に沈着しやすいことで知られる半減期28.79年のストロンチウム90のベータ線（運動エネルギーは最大で約54.6万電子ボルト）とストロンチウム90の壊変によって生成する娘核種イットリウム90のベータ線（同約228万電子ボルトで、ベータ線の中では最大級）の空気中での最大飛程は、それぞれ1.4メートルおよび8.8メートルである。また、人体組織中での最大飛程は、それぞれ0.17センチメートルおよび1.0センチメートルほどである。

　したがって、人体がベータ線で外部被曝する場合に問題になるのは、主に眼の水晶体と皮膚に限られる。ベータ壊変をする放射性核種は「ベータ放射体」と呼ばれているが、もしベータ放射体が体内に取り込まれた場合には、その周辺ほぼ0.1～1センチメートル以内の人体組織にベータ線の全運動エネルギーが集中的に吸収されることになる。

### ③　ガンマ壊変

　ガンマ壊変はエネルギー状態の相対的に高い原子核が相対的に低い原子核に壊変するもので、壊変のさいに通常はガンマ線が放出される。ガンマ壊変は原子核内の陽子数、中性子数、質量数はまったく変化せず、原子核のエネルギー準位だけが変化するため、壊変と呼ぶのはあまりに大げさだといってガンマ転移（またはガンマ遷移）と呼ぶこともある。ガンマ線の本性は紫外線、可視光線、赤外線、電波などと同じ電磁波であるが、その運動エネルギーはこれらの電磁波のなかでははなはだしく高いため、電離能力をもった放射線の仲間に入る。しかし、ガンマ線の電離能力はアルファ線やベータ線よりはるかに低く、したがってその透過力は非常に大きい。たとえば、ナトリウム24のガンマ線の運動エネルギーは約136.9万電子ボルトおよび275.4万電子ボルトであり、その透過力はきわめて高く、たとえ80センチメートルの分厚いコンクリートで遮蔽した場合であったとしても、およそ1％は透過してしまう。ガンマ壊変をする放射性核種は「ガンマ放射体」と呼ばれている。

### ④ 自発核分裂

　自発核分裂は、質量数が 230 以上の非常に重い原子核に特有の壊変である。アルファ壊変は質量数が 200 以上の重い原子核に特有の壊変であったが、自発核分裂をする放射性核種はアルファ壊変をする条件を満たしているため、アルファ壊変をするものが多い。たとえば自発核分裂をすることで有名な半減期 2.645 年のカリホルニウム 252 は、1000 壊変すると約 969 回はアルファ壊変、約 31 回は自発核分裂をする。自発核分裂のさいには 2 つに分裂した断片（核分裂片という）と通常 2 ～ 3 個の中性子が放出される。しかし、カリホルニウム 252 の核分裂当たりの中性子放出数は 3.765 個とずば抜けて多い。核分裂片の大部分は中性子過剰の原子核であり、通常はベータ・マイナス壊変を何回か繰り返しおこなって安定核種になる。核分裂片およびその壊変生成物は「核分裂生成物」（FP）と呼ばれている。

　核分裂片の電離能力はアルファ線より高いが、飛程が短いため、人間の被曝源として問題になることはない。被曝源として問題になるのはむしろ核分裂生成物の放出するベータ線やガンマ線である。

　たとえば、1986 年 4 月に旧ソ連ウクライナ共和国で起きたチェルノブイリ原発事故では、制御不能に陥った原子炉の暴走によって原子炉が爆発し、原子炉内のキセノン 133（半減期 5.243 日）やクリプトン 85（同 10.76 年）などの放射性希ガス核種がほぼ 100％、ヨウ素 131（同 8.021 日）やセシウム 137（同 30.17 年）などの揮発性の放射性核種が 20 ～ 60％、その他の放射性核種は 2 ～ 6％ が環境中に放出された。これらの核種の大部分は核分裂生成物であり、短半減期核種は事故当時、長半減期核種は事故当時から現在にまでわたって、周辺住民にベータ線とガンマ線による外部被曝と内部被曝をもたらしている。

## 5　放射能の強さの単位——ベクレル

　すべての核種は、安定核種と放射性核種（不安定核種）に分類できる。安定核種とは、読んで字のごとく永久的に壊変しない安定な核種をいう。また、放射性核種とは、自発的に壊変する核種をいう。たとえば、ナトリウム 23 は安定核種、ナトリウム 24 は放射性核種である。なお、安定核種は約 260 種、放射性核種は現在までに約 2800 種が知られている。

　放射能の強さは、1 秒間に何個の放射性核種が別の種類の核種に壊変するかで表わす。その単位はベクレル（単位記号 Bq）で、1 秒間に 1 個の放射性核種が別の種類の核種に壊変するとき、1 ベクレルの放射能があるという。したがって、

1秒間に100個の放射性核種が別の種類の核種に壊変するときには、100ベクレルの放射能があることになる。

放射能の強さの単位ベクレルとは、1896年に放射能という現象を世界で初めて発見したフランスの物理学者アントワーヌ・アンリ・ベクレルにちなんだ名称である。

## 6　放射能の減衰の仕方と速さ——半減期

放射性核種は自発的に壊変して別の種類の核種に変化する性質、すなわち放射能をもっている。それなら、放射性核種の原子数は、時間経過にともなってしだいに減少していくはずである。その減少の仕方と速さを表わす量が半減期で、半減期とは放射性核種の原子数がはじめの半分に減少する時間をいう。放射性核種の原子数と放射能の強さとのあいだには厳密に正比例の関係があるので、放射能の強さがはじめの半分に減衰する時間を半減期といっても同じことである。

表2-2　放射能の減衰のしかた

| 経過時間 | はじめの放射能の何分の一に減衰するか |
|---|---|
| T | $\frac{1}{2}$ |
| 2T | $\left(\frac{1}{2}\right)^2 = \frac{1}{4}$ |
| 3T | $\left(\frac{1}{2}\right)^3 = \frac{1}{8}$ |
| 4T | $\left(\frac{1}{2}\right)^4 = \frac{1}{16}$ |
| 5T | $\left(\frac{1}{2}\right)^5 = \frac{1}{32}$ |
| 6T | $\left(\frac{1}{2}\right)^6 = \frac{1}{64}$ |
| 7T | $\left(\frac{1}{2}\right)^7 = \frac{1}{128}$ |
| 8T | $\left(\frac{1}{2}\right)^8 = \frac{1}{256}$ |
| 9T | $\left(\frac{1}{2}\right)^9 = \frac{1}{512}$ |
| 10T | $\left(\frac{1}{2}\right)^{10} = \frac{1}{1024}$ |
| 20T | $\left(\frac{1}{2}\right)^{20} = \frac{1}{1048576}$ |

（注）T：半減期

つまり、半減期の2倍および3倍の時間が経つと、放射性核種の原子数はそれぞれはじめの4分の1および8分の1に減衰する（表2-2）。また、半減期の10倍の時間が経つと、放射性核種の原子数ははじめの1024分の1、すなわち約1000分の1に減衰する。「半減期の10倍の時間が経つと放射能の強さは無視できるくらい弱くなる」などと言われることがよくあるが、それは放射能の強さがはじめの約1000分の1に減衰することからきている。しかし、はじめの放射能がとてつもなく強い場合には、たとえ約1000分の1に減衰したとしても必ずしも無視できるくらい弱くなっているとは言い切れない。はじめの放射能の強さがわからない場合には、半減期の10倍の時間が経ったとしても用心するにこしたことはない。

なお、半減期の20倍の時間が経つと放射能の強さははじめの約100万分の1、半減期の30倍の時間が経つと放射能の強さははじめの約10億分の1に減衰する。こうなると大抵の場合、放射能の強さは無視できるくらい弱くなっていると考えてよい。

## 7　人体内での放射能の減衰の速さ——実効半減期

飲食物などの経口摂取や吸入により人体内に取り込まれた放射性核種はどのように減少するのだろうか。たとえば核分裂生成物の一種である有名なセシウム137の半減期は30.17年であるが、人体内における放射能の強さは30.17年で減少するのだろうか。

人体内に取り込まれた放射性核種は程度の差はあれ減少することは間違いないが、その速さは次の2つの速さで決まることがわかっている。

① 放射性壊変により減衰する速さ
② 排泄作用により、主として大小便として排泄される速さ

①の速さを表わす量が前項で述べた半減期で、②で述べる生物学的半減期に対応させて「物理的半減期」と呼ばれることもある。また、②の速さを表わす量が「生物学的半減期」である。生物学的半減期とは、人体内に取り込まれた核種の原子数が排泄作用によってはじめの半分に減少する時間をいう。

したがって、人体内に取り込まれた放射性核種は①と②の両方を合わせた速さで減少することになる。この両方を合わせた速さを表わす量が「実効半減期」（有効半減期ということもある）である。

生物学的半減期は人種、性別、年齢などによっても多少異なることがわかっているが、いくつかの放射性核種について、成人（西洋人）の場合の値を表2-3に

示した。

人体内に取り込まれたセシウム137は、70日経つとはじめに取り込まれた放射性核種の原子数の半分に減少することになる。

すなわち、物理的半減期が生物学的半減期よりはるかに長いときには、実効半減期は生物学的半減期にほぼ等しくなる。反対に、生物学的半減期が物理的半減期よりはるかに長いときには、実効半減期は物理的半減期にほぼ等しくなる。

要するに、一方の半減期が他方よりはるかに長い場合には、短い半減期の方の速さで全体の速さがほぼ決まることになる (表2-3)。

表2-3 放射性核種の物理的半減期、生物学的半減期および実効半減期の実例

| 核　種 | 記号 | 問題となる臓器・組織 | 物理的半減期 | 生物学的半減期 | 実効半減期 |
| --- | --- | --- | --- | --- | --- |
| 水素3 | 3H | 体組織 | 12.32年 | 12日 | 12日 |
| ナトリウム22 | 22Na | 全身 | 2.602年 | 11日 | 11日 |
| リン32 | 32P | 骨 | 14.26日 | 1155日 | 14.1日 |
| 硫黄35 | 35S | 精巣 | 87.51日 | 90日 | 44.4日 |
| コバルト60 | 60Co | 全身 | 5.271年 | 9.5日 | 9.5日 |
| 亜鉛65 | 65Zn | 全身 | 244.1日 | 933日 | 194日 |
| ストロンチウム89 | 89Sr | 骨 | 50.53日 | $1.8 \times 10^4$日 | 50.4日 |
| ストロンチウム90 | 90Sr | 骨 | 28.79年 | $1.8 \times 10^4$日 | 18.2年 |
| ヨウ素131 | 131I | 甲状腺 | 8.021日 | 138日 | 7.6日 |
| セシウム137 | 137Cs | 全身 | 30.17年 | 70日 | 70日 |
| バリウム140 | 140Ba | 骨 | 12.75日 | 65日 | 10.7日 |
| ラジウム226 | 226Ra | 骨 | 1600年 | $1.64 \times 10^4$日 | 43.7年 |
| ウラン238 | 238U | 腎臓 | 44億6800万年 | 15日 | 15日 |
| プルトニウム239 | 239Pu | 骨 | 24110年 | $7.3 \times 10^4$日 | 198年 |

## 8　人体内における放射能の変化——ふろおけ理論

では、もし飲食物や吸入をとおして連続的に放射性核種が人体内に取り込まれた場合、人体内で放射性核種はどのように変化するだろうか。結論から先に述べると、たとえ連続的に放射性核種が人体内に毎日取り込まれたとしても、一生のあいだにとてつもない量が人体内に蓄積することはない。

もっとも簡単な例から考えてみよう。たとえば毎日一定量の放射性核種が人体内に取り込まれた場合、はじめのうちこそ人体内の放射性核種の量は勢いよく増

えていくが、増え方はしだいに緩やかになり、ついにはもうこれ以上増加しない放射能のレベルに達するはずである。

それは次のような理由による。たとえば、ある放射性核種を人体内に100ベクレルもっている人と10ベクレルもっている人を比べてみよう。実効半減期の時間が経つと、人体内の放射能の強さは前者は50ベクレル、後者は5ベクレルに減少する。すなわち、人体内に10倍多く放射性核種をもっていた人の方が、同じ時間内に10倍も多く放射性核種を減少させることになる。

したがって、たとえ毎日一定量の放射性核種が人体内に取り込まれたとしても、はじめのうちこそその量は増えていくが、体内量が増えるにつれて体内からの減少量もしだいに増えていくため、放射性核種の体内量の増え方はしだいに緩やかになる。そして、人体内に1日当たりに取り込まれる放射性核種の量と減少量がちょうど等しい状態に達すると、

［1日当たりの取込量］＝［1日当たりの減少量］

となって釣り合ってしまい、もはやそれ以上は増加もしないし減少もしないとい

**図2-2　放射線核種の体内での蓄積のしかた（ふろおけ理論）**

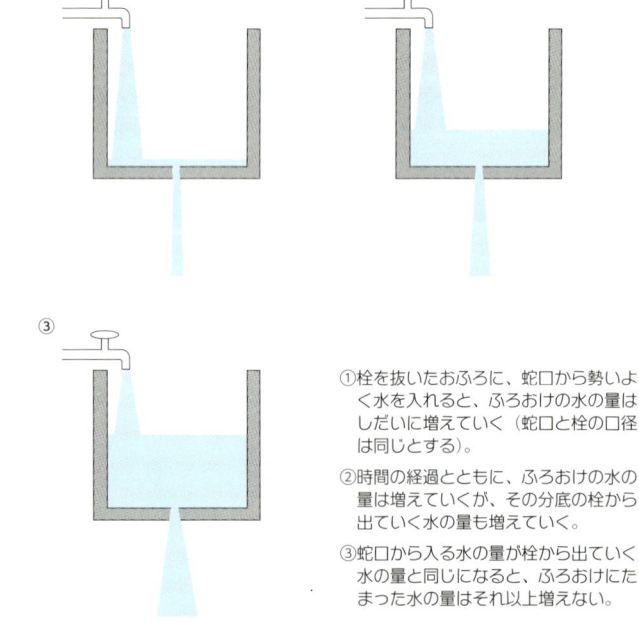

① 栓を抜いたおふろに、蛇口から勢いよく水を入れると、ふろおけの水の量はしだいに増えていく（蛇口と栓の口径は同じとする）。

② 時間の経過とともに、ふろおけの水の量は増えていくが、その分底の栓から出ていく水の量も増えていく。

③ 蛇口から入る水の量が栓から出ていく水の量と同じになると、ふろおけにたまった水の量はそれ以上増えない。

う放射能のレベルになる。図2-2 に示したように、こうした関係はふろおけの栓を抜いたまま一定量の水をふろおけに入れる状態とまったく同じである。

　飲食物や吸入をとおして連続的に放射性核種が人体内に毎日取り込まれる場合、人体内での放射性核種の量の変化はこのふろおけの中の水とまったく同じなので、私はこの理屈を"ふろおけ理論"と呼んでいる。

　また、実効半減期の10倍ほどの時間が経つと、体内放射能量は増加もしないし減少もしないレベルに達する。平衡状態になった体内放射能量は、

　1.44 ×〔1日に摂取する放射能量（Bq/日）〕×〔実効半減期（日）〕

で表わされることがわかっている。連続的に人体内に毎日取り込まれる放射性核種の放射能が少なければ少ないほど、実効半減期が短ければ短いほど、体内放射能量は小さくなる。反対に、連続的に人体内に毎日取り込まれる放射性核種の放射能が多ければ多いほど、実効半減期が長ければ長いほど、体内放射能量は大きくなる。放射性核種による内部被曝を考えた場合、やっかいなのは実効半減期の長い放射性核種であることも明らかであろう。

# 第3章 放射線の人体影響の基礎知識

　福島第一原発事故では、大量の放射性物質が大気中や海洋に放出された。それらは人体にどのような影響を与えるのであろうか。また、放射線の人体への影響を防ぐにはどのようにしたらよいのだろうか。本章では、放射線の人体に与える影響のしくみを述べていこう。

## 1　電離と励起

　放射線の人体に対する影響は、人体を構成する細胞の原子に放射線の運動エネルギーが吸収されることにより、原子から電子が引き離される「電離」や、電子が相対的に高いエネルギー状態に移動する「励起」が起こることによってもたらされる。電離によって2次的に発生した電子（「2次電子」という）が新たに電離や励起を引き起こすことができるとき、はじめの放射線を「電離放射線」という。また、2次電子が新たに電離や励起を引き起こすことができないときには、はじめの放射線を「非電離放射線」という。本書で取り扱う放射線はあくまで電離放射線であるが、煩雑さを避けるため電離放射線のことを放射線と呼ぶこととする。

　アルファ線やベータ線のような電荷をもった放射線（「荷電粒子線」という）は、原子の電離や励起を直接的に引き起こす。

　一方、ガンマ線や中性子線のような電荷をもっていない放射線は、次のような作用をする。ガンマ線の場合、原子の電離や励起を直接的に引き起こすことはごくわずかであり、ほとんどが2次的に生成した荷電粒子（大部分は電子）線によって原子の電離や励起が引き起こされる。したがって、ガンマ線が原子の電離や励起を直接的に引き起こす数と2次的に発生した荷電粒子線が原子の電離や励起を引き起こす数を比べると、前者より後者の方が桁違いに多い。中性子線の場合、原子の電離や励起を直接的に引き起こすことはないが、中性子線は容易に原子核内に入り込み核反応をする。核反応の結果として2次的に発生した重荷電粒子（陽子やアルファ粒子など）線やガンマ線が原子の電離や励超を引き起こす。

　そのため、原子の電離や励起を直接的に引き起こすアルファ線やベータ線などの放射線を「直接電離放射線」、主として2次的に発生した放射線をとおして原子の電離や励起を間接的に引き起こすガンマ線や中性子線などの放射線を「間接電離放射線」という。

## 2　直接作用と間接作用

　人体内に入った放射線による初期の物理的過程により、細胞内のタンパク質や核酸（遺伝子の本体と考えられている高分子化合物のデオキシリボ核酸〈DNA〉など）などの重要な高分子化合物に電離や励起を引き起こして破壊し、細胞に損傷を与えることを放射線の「直接作用」という。生物進化の過程で獲得した幾重もの生体防護障壁を容易に突破して細胞に損傷を与える直接作用は、他の有害化学物質には見ることのできない、透過力の高い放射線の大きな特徴である。

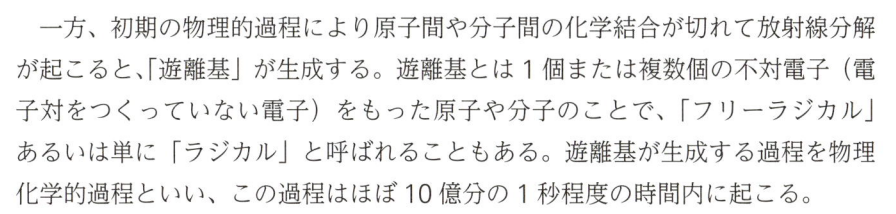

　一方、初期の物理的過程により原子間や分子間の化学結合が切れて放射線分解が起こると、「遊離基」が生成する。遊離基とは1個または複数個の不対電子（電子対をつくっていない電子）をもった原子や分子のことで、「フリーラジカル」あるいは単に「ラジカル」と呼ばれることもある。遊離基が生成する過程を物理化学的過程といい、この過程はほぼ10億分の1秒程度の時間内に起こる。

　人体内に放射線が入ったときに生成する遊離基は、人体の主成分である水分子の変化したOH基やH基、あるいは水和電子などが多い。一般に遊離基ははなはだ不安定で非常に反応に富んでいるため、他の遊離基または原子や分子とすぐに反応する。遊離基が生物学的に重要な高分子化合物である細胞内のタンパク質や核酸などと反応して変化を引き起こし、結果として細胞に損傷を与えることを放射線の「間接作用」という。

　放射線の直接作用と間接作用によって生じた損傷の大部分は、細胞の修復酵素などの働きによって修復される。しかし、すべての損傷が完全に修復されるわけではない。また、最近の分子生物学の進歩によって、細胞の損傷が十分に修復しきれなかった場合、損傷を受けた細胞が自らを死滅させる「アポトーシス」（「細胞自爆」などという）などの生体防御機構が存在することも明らかにされている。しかし、損傷を受けたすべての細胞がこれらの生体防御機構によって完全に排除されるわけでもない。その結果、非常に小さな割合ではあるが細胞の損傷が残ることになる。

　放射線によって引き起こされた人体内の細胞の損傷が細胞分裂をとおして維持・拡大され、やがて放射線障害として被曝した本人やその子孫に発現するしくみは、十分に解明されているわけではないが、その発現過程はおおむね図3-1のごとくであると考えられている。

図 3-1　放射線被曝による生体の障害発生過程

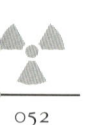

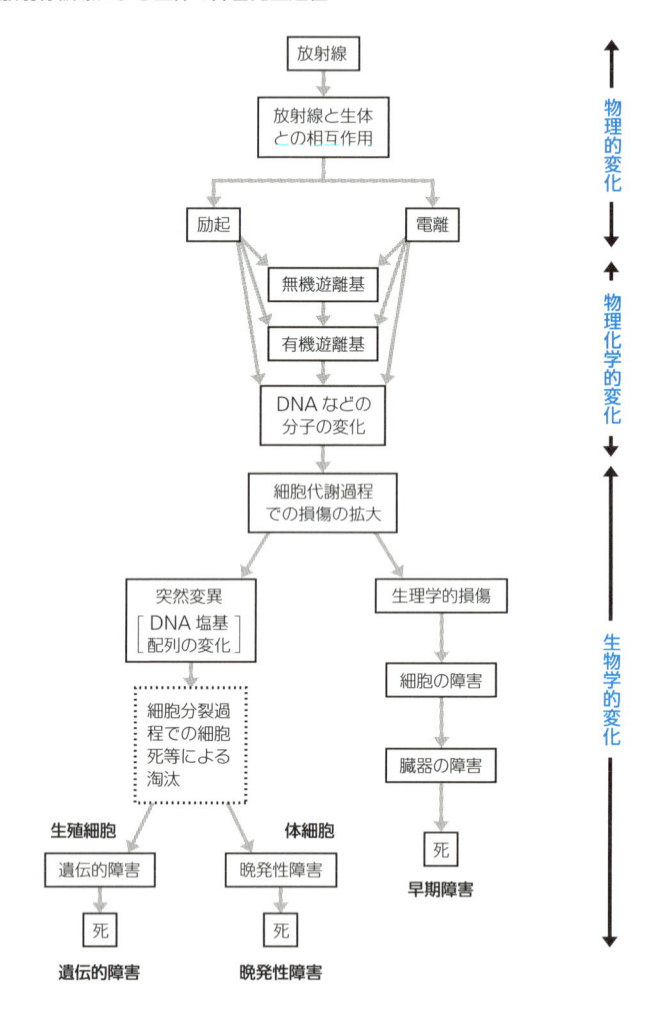

```
                    放射線
                      ↓
                放射線と生体
                との相互作用
                  ↓      ↓
                励起    電離
                  ↓      ↓
                無機遊離基
                    ↓
                有機遊離基
                    ↓
                DNA などの
                分子の変化
                    ↓
                細胞代謝過程
                での損傷の拡大
                  ↓           ↓
            突然変異        生理学的損傷
          ［DNA 塩基            ↓
           配列の変化］       細胞の障害
                ↓               ↓
          細胞分裂過         臓器の障害
          程での細胞            ↓
          死等による            死
            淘汰            早期障害
         ↓         ↓
      生殖細胞    体細胞
         ↓         ↓
      遺伝的障害  晩発性障害
         ↓         ↓
         死        死
      遺伝的障害  晩発性障害
```

（右側）物理的変化 ↕ 物理化学的変化 ↕ 生物学的変化

## 3　放射線をあびた量——被曝線量

　放射線をあびることを「放射線被曝」あるいは単に「被曝」という。なお、原爆被爆者という場合には、原爆による爆撃を受けた者という意味で「爆」という字が一般に使われている。「爆」が常用漢字であるのに対し、「曝」は常用漢字ではない。そのため「被曝」を「被ばく」と表記する人も多い。私の個人的見解としては、どちらの漢字も画数、難易度に変わりはなく、ともに常用漢字にして漢

字で表記するとよいと思っている。

ところで、放射線をあびた量（放射線自身の量ではない）すなわち被曝線量はどのように定義されているのだろうか。

被曝線量として最初に考案されたのは「吸収線量」である。吸収線量は、人体などの被照射物質の単位質量当たりに吸収される放射線のエネルギーとして定義されている。その単位はグレイ（単位記号は Gy）で、被照射物質1キログラム当たりに吸収される放射線のエネルギーが1ジュールのとき、吸収線量は1グレイであるという表現からわかるように、吸収線量は人体に限らず、すべての物質に適用できる被曝線量である。

ところが、人体に対する被曝の影響を問題にする場合、被曝線量が吸収線量では適切ではないことがわかっている。たとえば、ある組織がアルファ線で1グレイ被曝した場合とガンマ線で1グレイ被曝した場合を比べると、吸収線量は同じ1グレイでも、組織に与える影響の程度は前者の方が後者よりはるかに大きい。このような違いが生ずる原因は、放射線が人体内を通過するときに引き起こす電離や励起の密度（わかりやすく表現すれば、飛跡1マイクロメートル当たりに生ずる電離や励起の数）が異なるからである。

そこで同じ吸収線量であっても、放射線の種類やそのエネルギーの大きさの違いによって人体に与える影響の程度が異なることを考慮して、放射線防護の目的のために人体の被曝線量を表わす尺度として考案されたのが「等価線量」である。

ある臓器・組織の等価線量は、放射線の種類やエネルギーの大きさの違いによって決められる放射線荷重係数という補正値を、その臓器・組織の平均吸収線量にかけ算した値である。等価線量の単位はシーベルト（単位記号は Sv）である。

〔当該臓器・組織の等価線量〕＝〔当該臓器・組織の平均吸収線量〕×〔放射線荷重係数〕

〔シーベルト〕＝〔グレイ〕×〔放射線荷重係数〕

表3-1 に国際放射線防護委員会(ICRP)の 1990 年勧告にある放射線荷重係数を示す。

## 4　実効線量とその実用量

一口に被曝といっても、全身が被曝するのか（「全身被曝」という）、あるいは身体の限られた一部分だけが被曝するのか（「局所被曝」という）によって、人体に対する影響の程度は異なる。当然のことながら、被曝の影響を受けやすい（「放射線感受性が高い」という）臓器・組織も含めて人体各部位のすべてが被曝する

**表 3-1　国際放射線防護委員会（ICRP）1990 年勧告の放射線荷重係数**

| 放射線の種類とエネルギーの範囲 | | | 放射線荷重係数 |
|---|---|---|---|
| ガンマ線およびエックス線、すべてのエネルギー範囲 | | | 1 |
| 電子およびミュー粒子、すべてのエネルギー範囲 | | | 1 |
| 中性子、エネルギーが 10keV 未満のもの | | | 5 |
| 〃 | 〃 | 10keV 以上、100keV まで | 10 |
| 〃 | 〃 | 100keV を超え、2MeV まで | 20 |
| 〃 | 〃 | 2MeV を超え、20MeV まで | 10 |
| 〃 | 〃 | 20MeV を超えるもの | 5 |
| 反跳陽子以外の陽子、エネルギーが 2MeV を超えるもの | | | 5 |
| アルファ線、核分裂片、重原子核 | | | 20 |

（注）「eV」は「電子ボルト」または「エレクトロンボルト」と読み、放射線のエネルギーを表わす単位で、1（電子ボルト）≒ 1.602 × 10-19（ジュール）の関係がある。

全身被曝の方が、局所被曝より影響の程度は大きい。

　また、同じ 1 シーベルトの局所被曝であっても、臓器・組織によっても放射線感受性が異なるため、被曝した臓器・組織が骨髄なのか皮膚なのかといった臓器・組織の種類によっても影響の程度は異なる。

　そこで、全身被曝か局所被曝かといった被曝形式の違いや被曝した臓器・組織の種類の違いを考慮して、被曝が原因で生ずる発がんと遺伝的影響の程度を一律に評価する尺度として考案されたのが「実効線量」である。実効線量は、個々の臓器・組織の放射線感受性を表わす「組織荷重係数」という補正値をその臓器・組織の等価線量にかけ算し、さらにそれをすべての臓器・組織についてたし算した値である。これを式で表わせば、次のごとくである。

　〔実効線量〕＝〔臓器・組織 1 の等価線量〕×〔臓器・組織 1 の組織荷重係数〕
　　　　　　　＋〔臓器・組織 2 の等価線量〕×〔臓器・組織 2 の組織荷重係数〕
　　　　　　　＋〔臓器・組織 3 の等価線量〕×〔臓器・組織 3 の組織荷重係数〕
　　　　　　　　　　　…
　　　　　　　＋〔臓器・組織 n の等価線量〕×〔臓器・組織 n の組織荷重係数〕

　ところで、実効線量を実際に求めようとすると、前述の定義から明らかなようにすべての臓器・組織の等価線量をそれぞれ測定しなければならず、それを放射線管理の現場でおこなうのは実際上困難であり、まったく実用的ではない。

　そこで、実効線量の実用量（わかりやすく表現すれば代用量あるいは代用物）として使われているのが 1 センチメートル線量当量である。1 センチメートル線量当量は、国際放射線防護委員会（ICRP）の姉妹委員会にあたる国際放射線単位・

測定委員会（ICRU）が定めた人体と同じ元素組成および同じ密度をもつ人体模型の、深さ1センチメートルの箇所における吸収線量に、放射線荷重係数をかけ算した値である。

　〔1センチメートル線量当量〕＝〔深さ1センチメートルの箇所での吸収線量〕×〔放射線荷重係数〕

　〔シーベルト〕＝〔グレイ〕×〔放射線荷重係数〕

　「放射性同位元素等による放射線障害の防止に関する法律」（「放射線障害防止法」あるいは「障害防止法」と略称されている）などに代表される法令上の被曝線量の上限値（第1章の表1-2）から明らかなように、法令上の被曝線量の上限値は実効線量あるいは臓器・組織の等価線量で与えられており、それぞれ実効線量限度あるいは等価線量限度と呼ばれている。

　皮膚や眼の水晶体を除いた人体の各臓器・組織は1センチメートルより深いところに存在するため、人体表面から深さ1センチメートルの箇所における1センチメートル線量当量の方が実効線量や各臓器・組織（皮膚と眼の水晶体を除く）の等価線量より大きな値になる。そのため、人間の被曝線量を1センチメートル線量当量で管理し、これが法令上の被曝線量の上限値を超えなければ実効線量や組織等価線量も法令上の被曝線量の上限値を超えることはないという論理のもとに、日常の放射線管理はおこなわれている。

　市販されている通常のサーベイメータ（＝携帯用の簡易放射線測定器）は、1センチメートル線量当量率を表示するように設計されている。一方、フィルムバッジ（放射線の被曝線量を測定するためのケース入りフィルム。一定期間、身につけたのち現像し、その黒化度から被曝線量を求める）やポケット線量計あるいは熱ルミネセンス線量計などの集積線量計（あるいは積算線量計）は、1センチメートル線量当量を表示するように設計されている。

　また、皮膚と眼の水晶体については1センチメートルより浅いところに存在するため、1センチメートル線量当量で評価すると、実際の等価線量より小さな値になり問題である。なぜなら、もし皮膚と眼の水晶体の被曝線量を1センチメートル線量当量で管理した場合には、これが法令上の被曝線量の上限値を超えなければ皮膚や眼の水晶体の等価線量も法令上の被曝線量の上限値を超えることはないという論理が成り立たないからである。

　皮膚の場合、活発に細胞分裂をおこなって常に新しい細胞を上皮に向かって送り出す基底細胞（皮膚の幹細胞に相当する）が、皮膚表面から深さ約70マイクロメートルの箇所に存在する。そのため、皮膚の等価線量は、国際放射線単位・測定委員会が定めた人体模型の、深さ70マイクロメートルの箇所における吸収

線量に放射線荷重係数をかけ算した値であるところのマイクロメートル線量当量が、その実用量として使われている。

また、眼の水晶体は、眼の表面から深さ約3ミリメートルのところに存在する。そのため、眼の水晶体の等価線量は、国際放射線単位・測定委員会が定めた人体模型の、深さ3ミリメートルの箇所における吸収線量に放射線荷重係数をかけ算した値であるところの3ミリメートル線量当量が、その実用量として使われてきた。しかし、2001年4月に改正された法令（放射線障害防止法など）では、3ミリメートル線量当量を算出する煩雑さをなくすため、これを廃止し、眼の水晶体の等価線量は、1センチメートル線量当量または70マイクロメートル線量当量のうち、放射線の種類やエネルギーの大きさの違いを考慮して適切と判断される方を実用量として使うことにしている。

なお、単位時間当たりの線量当量を線量当量率という。たとえば単位時間当たりの1センチメートル線量当量は1センチメートル線量当量率（単位としては、たとえばマイクロシーベルト／時など）、単位時間当たりの70マイクロメートル線量当量は70マイクロメートル線量当量率（同）という。

## 5　影響の受けやすさ——放射線感受性

臓器・組織を構成する細胞集団には、細胞再生系と細胞非再生系がある。細胞再生系とは、細胞分裂によって新しい細胞が生成するとともに古い細胞が死滅していく細胞集団のことである。細胞分裂によって新しい細胞を生成する細胞を幹細胞と呼んでいる。細胞分裂によって生成した細胞の一方は幹細胞の状態にとどまり、細胞分裂によって再び新しい細胞を生成するために保存される。細胞再生系では、こうして常に新しい細胞が生成され、臓器・組織の更新がおこなわれている。一方、細胞非再生系とは、一度生成すると細胞分裂をほとんどおこなわない細胞集団のことである。神経細胞などはその典型例である。

人体を構成するそれぞれの臓器・組織の放射線感受性が異なることは前節で述べたが、その原因はそれぞれの臓器・組織に含まれる細胞の分裂頻度が大きく異なるからである。細胞分裂の頻度の高い細胞ほど放射線感受性が高いという法則性の存在することを発見したのはベルゴニーとトリボンドーで、1904年のことであった。この法則は彼らの名前にちなんで「ベルゴニー・トリボンドーの法則」として知られている。次のようにまとめることができる。

① 細胞分裂の頻度の高い細胞ほど、放射線感受性が高い。
② 将来おこなうであろう細胞分裂の数の多い細胞ほど、放射線感受性が高い。

③ 形態および機能の未分化の細胞ほど、放射線感受性が高い。

この法則によれば、細胞再生系で細胞分裂を活発におこなっている細胞集団、すなわち多数の幹細胞が含まれる臓器・組織ほど放射線感受性が高い。また、細胞非再生系で細胞分裂の頻度が非常に低いか、細胞分裂をおこなわない細胞集団、すなわち幹細胞が含まれない臓器・組織ほど放射線感受性が低いことになる。

細胞分裂の過程を図3-2に示すが、一般に細胞分裂の過程はG1期→S期→G2期→M期の4つの時期に分けることができる。各期の時間は細胞によって異なるが、それぞれ次のようなものである。

① G1期：DNA合成のための準備期で、タンパク合成をおこない細胞の体積が増加する。
② S期：DNA合成の時期で、DNA量が2倍に増加する。
③ G2期：核分裂のための準備期で、再び細胞の体積が増加する。
④ M期：核分裂の時期で、細胞核の中の染色糸はしだいに太くなって染色体の形をとるようこなる。それぞれの染色体は縦裂を起こして数が2倍に増加する。その後、細胞核の中央（赤道板）に倍加した染色体が対をなして整列し、細胞の両極に移動する。移動した染色体は再び染色糸になり、新しく生成した核膜によって取り囲まれるようになる。この過程を核分裂という。核分裂が終了すると、赤道板のところで細胞がくびれて2個の細胞が生成し、

図3-2 細胞分裂の1周期

**図 3-3　細胞分裂の過程における放射線感受性の変化**

(グラフ：横軸 細胞分裂の1周期　G₁期、S期、G₂期、M期／縦軸 放射線感受性)

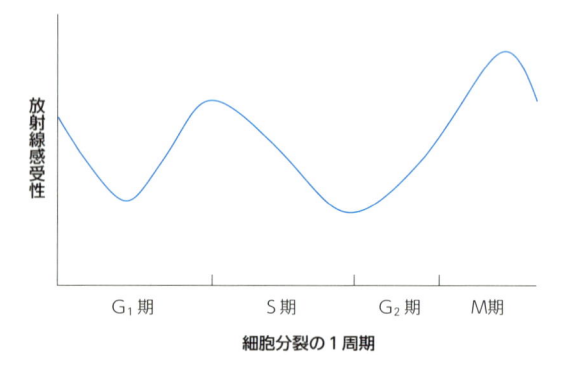

**表 3-2　臓器・組織および器官の放射線感受性**

| 放射線感受性 | 臓器・組織および器官 | 備考 |
|---|---|---|
| 非常に高い | リンパ組織<br>造血組織（骨髄、胸腺、脾臓）<br>生殖腺（卵巣、精巣）<br>粘膜 | 細胞再生系でかつ幹細胞の分裂頻度が高い |
| 比較的高い | 唾液腺<br>毛のう<br>汗腺、皮脂腺<br>皮膚 | 内分泌腺、外分泌腺の一部 |
| 中程度 | 漿膜、肺<br>腎臓<br>副腎、肝臓、膵臓<br>甲状腺 | 細胞再生系だが幹細胞の分裂頻度は高くない、および盛んな外分泌腺 |
| 低い | 筋肉<br>結合組織、脂肪組織<br>軟骨<br>骨<br>神経組織、神経線維 | 主に身体の構造を支持しているもので、成人では細胞分裂を行わないか、きわめて低い |

細胞分裂が完了する。

ところで、細胞分裂の頻度の高い細胞は、なぜ放射線感受性が高いのであろうか。その理由は、細胞分裂の過程で、放射線に対して非常に弱い時期があるから

図 3-4　放射線障害の分類

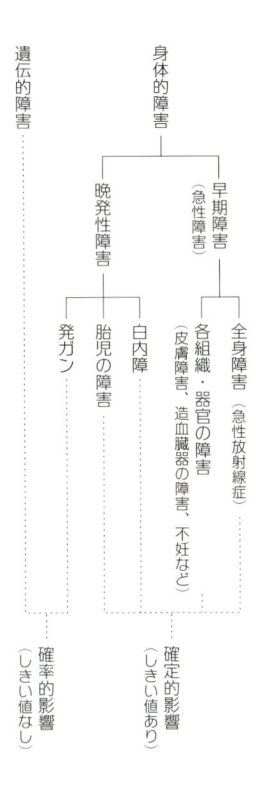

```
放射線障害
├─ 遺伝的障害 ……………………………………………… 確率的影響（しきい値なし）
└─ 身体的障害
   ├─ 早期障害（急性障害）
   │   ├─ 全身障害（急性放射線症）
   │   └─ 各組織・器官の障害（皮膚障害、造血臓器の障害、不妊など） …… 確定的影響（しきい値あり）
   └─ 晩発性障害
       ├─ 白内障
       ├─ 胎児の障害
       └─ 発ガン ……………………………………………… 確率的影響（しきい値なし）
```

である。細胞分裂の過程における放射線感受性の変化は細胞の種類によって異なるが、一般的な例として、培養細胞の細胞分裂の過程における放射線感受性（致死効果）の変化を図3-3に示す。放射線感受性の高い時期はM期と、G1とS期の時期にある。それゆえ、細胞分裂の頻度の高い細胞ほど頻繁に放射線感受性の高い時期が出現するため、放射線被曝の影響を受けやすいことになる。また、細胞分裂の頻度の高い細胞を多数含んだ臓器・組織ほど、放射線被曝の影響を受けやすいことになる。胎児は放射線被曝の影響を受けやすいとしばしばいわれているが、その理由は胎児は細胞分裂がきわめて活発であり、また未分化の臓器・組織の細胞が多数存在するからである。表3-2に臓器・組織の放射線感受性を示す。

## 6　放射線障害の分類

被曝することによって現われる影響のうち、健康に異常を生じ医療行為の対象となるような影響を放射線障害という(図3-4)。放射線障害を医学的立場から分類すると、「身体的障害」と「遺伝的障害」に分類される。

身体的障害は被曝した本人に現われる障害であり、また遺伝的障害は被曝した人の子孫に現われる障害である。被曝してから症状が現われるまでの期間を「潜伏期」というが、身体的障害は潜伏期の長さによって「早期障害」（急性障害）と「晩発性障害」に分類される。急性障害は被曝後数週間から数カ月以内に症状が現われる障害であり、また晩発性障害は被曝後数カ月以上経ってから現われる障害である。

早期障害には、皮膚の紅斑などの皮膚障害、脱毛、白血球の減少などの造血臓器の障害、生殖腺の障害（不妊）などがある。人間の不妊線量の目安は表3-3のごとくである。また、晩発性障害には、白内障（カメラのレンズに相当する眼の水晶体が白く濁って光が通りにくくなることによって視力が低下する障害）、胎児の障害、発がんなどがある。

表3-3　不妊線量の目安（急性被曝の場合）

| | | |
|---|---|---|
| 男性 | 一時的不妊 | 0.15 シーベルト |
| | 永久不妊 | 3.5～6 シーベルト |
| 女性 | 一時的不妊 | 0.65～1.5 シーベルト |
| | 永久不妊 | 2.5～6 シーベルト |

表3-4　確定的影響のしきい値（急性被曝の場合）

| 影　　響 | し き い 値 |
|---|---|
| 白血球減少 | 250 ミリシーベルト |
| 悪心・嘔吐 | 1 シーベルト以上 |
| 皮膚の紅斑 | 3 シーベルト |
| 脱　　毛 | 3 シーベルト |
| 無月経・不妊 | 3 シーベルト |
| 胎児の奇形発生 | 100 ミリシーベルト以上 |
| 白　内　障 | 1.75 シーベルト（注） |

注：長期間の被曝（＝慢性被曝）の場合には、15 シーベルト。

このような分類のほかに、放射線防護の立場から、放射線障害は「確定的影響」と「確率的影響」に分類されている。

確定的影響は以前には非確率的影響と呼ばれていたもので、被曝線量がある限界線量（しきい値）を超えると急激に発生確率が増加して誰もが発症し、限界線量以下では誰も発症しないような障害で、被曝線量が大きくなるにつれて症状が重くなるタイプの障害である。この種の障害には、急性障害と発がんを除く晩発性障害が含まれる。表3-4 に確定的影響のしきい値を示したが、しきい値は障害の種類によって大きく異なる。

確率的影響は、限界線量（しきい値）が存在しないと考えられ、どんなに低い被曝線量でもそれなりの発生確率で発症する障害で、被曝線量が大きくなるにつれて発生確率が増加するタイプの障害である。この種の障害には、発がんと遺伝的障害などが含まれる。

なお、前述のような一般に認められている放射線障害に加えて、被曝した本人に現われる放射線影響として心理的影響（あるいは精神的影響）がある。被曝することによって生ずる不安・心配・ストレスなどがそれに該当する。心理的影響を放射線障害に含めることに異議を唱える読者がいるかもしれないが、決して軽んずることのできない影響であると私は考えている。

## 7　急性障害の全身型——急性放射線症

全身あるいは身体の広い部分が短時間にかなりの量の被曝をした時に発症するのが、急性障害の全身型というべき「急性放射線症」である。広島・長崎の原爆被爆者にも急性放射線症の患者が多数現われた。急性放射線症の臨床経過状況は、次のごとくである。

第1期〔初期〕：放射線宿酔と呼ばれる前駆症状が現われる。
第2期〔潜伏期〕：前駆症状が一時的に軽くなる。
第3期〔憎悪期〕：主症状が本格的に現われる。
第4期〔回復期〕：主症状が回復する。

急性放射線症は前述のように、第1期〔初期〕→第2期〔潜伏期〕→第3期〔憎悪期〕→第4期〔回復期〕の順で経過し、被曝線量が低い場合には前駆症状の発症のみで回復する。しかし、被曝線量が高い場合には主症状の発症から死に至る場合もある。

当然のことながら受ける医療の状況によって異なるが、人間は全身に7シーベルトの被曝をすると1カ月以内にほぼ100％が死亡し、4シーベルトの被曝

表 3-5　日本人の血液（静脈血）の正常値

| 種　類 | 性別 | 正　常　値 |
|---|---|---|
| 白血球数（個／マイクロリットル） | 男　女 | 4000 〜 9000 |
| 赤血球数（万個／マイクロリットル） | 男 | 410 〜 520 |
|  | 女 | 380 〜 480 |
| 血色素量（g／デシリットル） | 男 | 13 〜 18 |
|  | 女 | 12 〜 16 |
| ヘマトクリット値（％） | 男 | 40 〜 48 |
|  | 女 | 34 〜 43 |
| 血小板（栓球）数（万個／マイクロリットル） | 男　女 | 13 〜 40 |

注：ヘマトクリット値とは、血液中に占める赤血球の体積比をいう。

をすると1カ月以内に50％が死亡するとされている。そのため、人間の全致死線量（100％致死線量、LD100）は7シーベルト、半数致死線量（50％致死線量、LD50）は4シーベルトであるといわれている。

急性放射線症の臨床経過は、おおむね次のとおりである。

① 　0.25シーベルト以下の被曝：臨床的症状はとくにない。
② 　0.5シーベルトの被曝：末梢血液中の白血球の30〜45％を占めるリンパ球の一時的減少が起こる。
③ 　1〜2シーベルトの被曝：およそ半数近くの人に放射線宿酔と呼ばれる前駆症状（頭痛、めまい、知覚異常、食欲不振、吐き気、嘔吐、下痢など）が起こる。放射線宿酔という呼び名からわかるように、その症状はひどく酒に酔った泥酔状態に近い。
④ 　2〜5シーベルトの被曝：一般に以下のような経過をたどる。
　第1期：被曝1〜2時間後から放射線宿酔を発症し、1〜2日間続く。
　第2期：被曝後2〜3日から1週間くらいまで自覚症状のない時期が続く。しかし、体内では造血機能の障害が着実に進行する。
　第3期：第2期に続く数週間の期間をいい、骨髄の障害が表面化し、出血、白血球の減少、赤血球の減少（表3-5）および重症の感染症を呈する。3シーベルト以上の被曝をした人には脱毛が始まる。およそ半数の人が骨髄の障害によってこの時期に死亡する（「骨髄死」という）。
　第4期：骨髄死を免れた人の回復期である。しかし、4シーベルト以上の被曝をした場合は1年ほど脱力感が続き、骨髄障害の回復がはかばかしくなく、再生不良性貧血や不妊症などになったり、何がしかの症

状を長く残すことになる。

⑤ 5〜15シーベルトの被曝：被曝後、被曝線量に応じ数十分〜数時間以内に強い嘔吐や下痢が起こる。その後1〜2日間は症状が軽くなるが、再び嘔吐、下痢、発熱などを起こし、消化管上皮の障害によってほぼ全員が10〜20日以内に死亡する（「胃腸死」という）。

⑥ 15シーベルト以上の被曝：全身けいれんなどの中枢神経の障害によって、全員が1〜5日以内に死亡する（「中枢神経死」という）。

## 8　外部被曝と内部被曝

被曝には身体の外にある放射線源からの放射線によって被曝する場合（外部被曝）と体内に取り込まれた放射性物質が出す放射線によって被曝する場合（内部被曝）がある。

体外にある放射線源による放射線被曝線量を低減させるには、①遮へい（線源を遮へいする）、②距離（線源から遠ざかる）、③時間（線源を取り扱う時間を短くする）を上手に組み合わせればよく、これを放射線防護三原則（正しくは体外被曝防護三原則）という。

体内に放射性物質を取り込む経路としては、①飲食物の摂取（経口摂取）、②呼吸による摂取（吸入摂取）、③傷口からの侵入、がある。内部被曝線量を測定することはかなり難しく、間接的に推定せざるをえない。内部被曝線量の推定は、一般には排泄物中に含まれる放射性物質の種類、放射能量、体内に取り込んでからの経過時間から体内に残留している放射性核種、放射能量、沈着している主要な臓器・組織を推定し、さらに被曝線量の推定をおこなうことになる。しかし、放射性核種の残留関数、実効半減期、当該臓器・組織の重量など個人差が非常に大きいため、高い精度で体内被曝線量を推定するのは困難である。唯一の例外はガンマ線を放出する放射性核種による体内被曝線量の推定で、体内から放出されるガンマ線をヒューマンカウンター（ホールボディカウンター）により体外から測定でき、放射性核種の主要沈着部位や放射能をそれなりの精度で推定できるからである。現在、福島第一原発事故により大気中、海洋に放出された放射性セシウムで汚染された食品を摂取することにより人体内に取り込まれた放射性セシウムの放出するガンマ線をホールボディカウンターにより測定して体内の放射性セシウム放射能量を求め、内部被曝線量を評価することが福島県、および同県内の自治体（二本松市、本宮市、大玉村など）でおこなわれている。

外部被曝は体外被曝防護三原則によって防護しやすい。しかし、内部被曝は、

汚染したものを食べる、飲むことによる被曝なので、いったん体内に放射性核種を取り込むと、積極的にそれを体外に排出する有効な方法はほとんどない。そこが内部被曝のやっかいなところだ。したがって、内部被曝を防ぐには体内に取り込まないことが重要である。汚染したものは搾取しない。規制値を超えたものは少なくとも食べない、飲まないという意思と行動が必要である。あるいは汚染した空気を吸わないことも必要だ。

第Ⅱ部

「原発と放射能」
キーワード

# あ行

## あ

### IAEA ▶あいえーいーえー
➡国際原子力機関

### ICRP ▶あいしーあーるぴー
➡国際放射線防護委員会

### アイソトープ ▶あいそとーぷ
➡同位体

### アクチニウム系列 [actinium series]
▶あくちにうむけいれつ

ウラン235は、半減期 $7.038 \times 10^8$ 年（7億380万年）でアルファ（α）壊変して娘核種トリウム231になる。トリウム231も放射性で、半減期25.52時間でベータ壊変（詳しくはベータマイナス壊変）して孫核種プロトアクチニウム231になる。プロトアクチニウム231もまた放射性でアルファ壊変するという具合に、次々に壊変を繰り返し、最後は鉛207になる。このようにウラン235を始祖核種とし、総計7回のアルファ壊変と4回のベータ壊変を行って最終的に鉛207で終わる放射性系列をアクチニウム系列という。アクチニウム系列を構成する核種の質量数はすべて $4n+3$（nは自然数）で表現できるため、（$4n+3$）系列ということもある。この系列の中で最も重要な核種は、核燃料となるウラン235である。また、この系列にはウラン系列やトリウム系列には含まれないアクチニウムの同位体であるアクチニウム227（半減期21.77年）が含まれる。アクチニウム元素に関する化学的研究は、主にアクチニウム227を用いて行われている。〔野口邦和〕
☞トリウム，核種，核燃料

### アクチノイド [actinoids]
▶あくちのいど

周期表の3属、第7周期に所属する原子番号89のアクチニウム（Ac）から103のローレンシウム（Lr）までの化学的性質のよく似た15元素群の総称。すなわちアクチニウム（Ac）、トリウム（Th）、プロトアクチニウム（Pa）、ウラン（U）、ネプツニウム（Np）、プルトニウム（Pu）、アメリシウム（Am）、キュリウム（Cm）、バークリウム（Bk）、カリホルニウム（Cf）、アインスタイニウム（Es）、フェルミウム（Fm）、メンデレビウム（Md）、ノーベリウム（No）、ローレンシウム（Lr）の元素群をいう。アクチニドは、アクチニウムに類似した元素を意味し、アクチニウムを除くアクチノイドの14元素群の総称である。これに対し周期表の3属、第6周期に所属する原子番号57のランタン（La）から71のルテチウム（Lu）までの化学的性質のよく似た15元素群は、ランタノイドと総称される。また、ランタニドはランタンに類似した元素を意味し、ランタンを除くランタノイドの14元素群の総称である。〔野口邦和〕

### アクティブ試験 [active test]
▶あくてぃぶしけん

核燃料再処理工場の本格運転に先だっ

て行う4段階の試験運転のうち、使用済み燃料を使用する最終段階の総合試験をいう。試験運転の第1段階は水、蒸気、空気を使用する通水作動試験、第2段階は実際に使用する硝酸や有機溶媒などの化学薬品を使用する化学試験、第3段階は実際の使用済み燃料よりずっと放射能レベルの低い天然ウランまたは劣化ウランを使用するウラン試験、最後の第4段がアクティブ試験である。アクティブ試験では、生産性能と安全性能が設計どおりであることを確認する。これらの試験を順番に行いながら、設備の操作性、保守性、安全性を確認し、不具合があった場合にはその都度改善して次の段階の試験に進み、再処理工場は本格運転に入る。〔野口邦和〕

☞再処理, 再処理工場

## アップストリーム [up-stream]
▶あっぷすとりーむ

核燃料サイクルのうち、原子炉以前の工程をいう。上流または前段、最近ではフロントエンドと呼ばれることもある。ウラン鉱石の採鉱、製錬、六フッ化ウランへの転換、ウラン235の濃縮、燃料への成型加工、燃料集合体の組み立てまでの段階をいう。〔野口邦和〕

☞核燃料, 核燃料サイクル

## 圧力管 [pressure tube]
▶あつりょくかん

数十本の核燃料が円環状に配列された、いわゆるクラスター型燃料集合体を収納して一次冷却材が流れる構造の耐圧管を

いう。軽水炉は圧力容器が用いられているが、日本の新型転換炉「ふげん」やカナダのCANDU炉のような重水減速軽水冷却炉、旧ソ連のRBMK（沸騰水型黒鉛減速軽水冷却チャンネル炉）では圧力管が用いられている。チェルノブイリ原子力発電所のRBMKの炉心の基本単位は、断面25cm×25cm、高さ60cmの黒鉛ブロックの中央に直径11.4cmの穴をあけ、鉛直方向に燃料集合体を収めたジルカロイ製圧力管（チャンネル）を通したものである。これを円筒状に積み上げて直径11.8 m、高さ7.0 mの炉心を構成している。圧力管の数は1661本。制御棒を通す穴を有する黒鉛ブロックが211本あり、冷却管が黒鉛ブロックを貫通している。〔野口邦和〕

☞チェルノブイリ原発事故

## 圧力容器 [pressure vessel]
▶あつりょくようき

軽水型発電炉において、炉心その他の内部構造物を収納した容器で、原子炉圧力容器ともいう。内部が高圧（沸騰水型軽水炉〈BWR〉で約70気圧、加圧水型軽水炉〈PWR〉で約160気圧）であるため、圧力容器と呼ぶ。縦長の円筒状で上部蓋は取り外しが可能で、ここを開けて燃料の交換を行う。BWRでは厚さ約10cm、PWRでは同じく約20cmの低合金鋼で、腐食を防ぐためステンレス鋼などで内張りして用いる。寸法はBWRが110万kW級で内径6.4 m、高さ22.4 m、PWRでは出力密度が高いため内径4.4 m、高さ12.9 mと小型

# あらつふ

**原子力圧力容器断面図**

沸騰水型炉（BWR）／加圧水型炉（PWR）の断面図。BWR：蒸気、給水入口（冷却材入口）、再循環水入口、蒸気出口、シュラウド、再循環水出口、燃料、制御棒、制御棒駆動機構。PWR：制御棒駆動機構、冷却材入口（低温）、冷却材出口（高温）、燃料、制御棒。

---

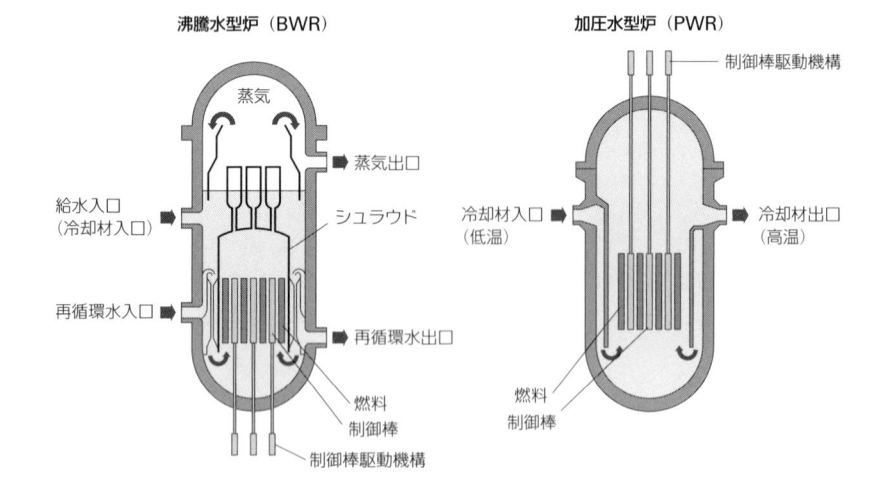

である。内張りのステンレス鋼に応力腐食割れが発生したため、削りとられたものもある。圧力容器は大量の中性子を浴びるためにもろくなり、一定の条件下で急冷などの熱衝撃が加わるとガラスびんのように割れてしまう。これを脆性破壊という。PWRの圧力容器のほうが肉厚であり中性子の照射量が多いなどの理由で、脆性破壊の危険性は大きい。

〔舘野 淳〕

## ALAP

▶あらっぷ

"as low as practicable" の頭文字からなる用語で、1958年、国際放射線防護委員会（ICRP）が、すべての被曝は「実際上可能な限り低く」保たれなければならないと勧告した、被ばく線量の低減化に対する基本的な考え方をいう。

〔野口邦和〕

☞国際放射線防護委員会

## ALARA

▶あらら

"as low as readily achievable" の頭文字からなる用語で、1965年勧告の中で国際放射線防護委員会（ICRP）が、すべての被曝は「容易に達成できる限り低く」保たれなければならないとした、被ばく線量の低減化に対する基本的な考え方をいう。ALARAは58年に同委員会が勧告したALAPより後退した表現になっている、との批判も一部にある。その後、被曝線量の低減化に対する基本的な考え方をめぐる表現は、77年勧告の中で、すべての被曝は「経済的及び社会的な要因を考慮に入れながら合理的に達成できる限り低く（"as low as reasonably achievable")」保たれなければならないと改められ、今日にいたっている。現在ではALARAというと、77年勧告の"as low as reasonably achievable"をさすことが多い。

〔野口邦和〕

☞国際放射線防護委員会

## アルファ線 [alpha rays (α)]

▶あるふぁせん

　放射性壊変に伴って放出されるヘリウム4原子核の流れ。アルファ（α）線を放出する放射性壊変をアルファ（α）壊変という。アルファ壊変する放射性核種をアルファ放射体と呼ぶこともある。ヘリウム4原子核の陽子数と中性子数はともに2、質量数は4であるため、アルファ壊変をすると、娘核種は親核種より原子番号が2、質量数が4だけ減少する。アルファ線の電離能力はベータ（β）線やガンマ（γ）線と比べて極めて高いため、その飛程は非常に短い。アルファ線の飛程は、そのエネルギーにもよるが、空気中でせいぜい数cmである。空気中での飛程をR（cm）、アルファ線のエネルギーをE（MeV）とすると、

$$R = 0.318 E^{1.5}$$

となる近似式がある。人体中での飛程は数十μmである。皮膚の幹細胞である基底細胞層は皮膚表面から30-100μm、平均70μmの深さに存在するため、アルファ線による体外被曝はほとんど問題にはならず、主として体内被曝のみが問題になる。

〔野口邦和〕

# い

## ECRR
▶いーしーあーるあーる

➡欧州放射線リスク委員会

## ITER計画
▶いーたーけいかく

➡国際熱核融合実験炉計画

## イエローケーキ [yellow cake]

▶いえろーけーき

　ウラン鉱石から大部分の不純物を除く粗製錬の過程で得られる中間製品の総称。ウラン精鉱ともいう。その組成は製法により異なるが、重ウラン酸アンモニウム$(NH_4)_2U_2O_7$、重ウラン酸ナトリウム$Na_2U_2O_7$または八酸化三ウラン$U_3O_8$で、純度は40-80%である。黄色の粉末でケーキ状であることからイエローケーキと呼ばれる。イエローケーキをさらに精製錬することにより核燃料に適した純度のウランが得られる。

〔野口邦和〕

☞ウラン

## 閾値（放射線被曝）[threshold dose]

▶いきち

　放射線を被曝した時に障害が発症する最小線量をいう。しきい値またはしきい線量ともいう。しきい値は、障害の種類により、また、急性被曝か、慢性被曝かにより異なる。急性被曝の場合のしきい値は、造血機能低下（血球の減少）0.25グレイ（Gy）、一時的不妊0.15Gy（男性）、0.65～1.5Gy（女性）、永久不妊3.5～6Gy（男性）、2.5～6Gy（女

## いきりすかくね

性）、皮膚の初期紅斑2Gy、脱毛3Gy、水晶体混濁0.5～1.5Gy、白内障5.0Gy、胎児の影響では胚死亡（流産）0.1Gy、奇形0.1Gy、精神発達遅延0.12Gy、発育遅延0.1Gyとされている。しかし、組織・臓器が放射線被曝すると当該組織・臓器を構成する細胞に損傷が生じることにより、当該組織・臓器に障害が発症するとしても、どの程度の細胞損傷によって障害が発症するかは、たとえ同一線量を被曝した場合でも個体差があり、また同一個人でも心身状態により異なり単純ではない。したがって、同一の被曝線量により、いつでもだれでも画一的に同じ障害が発症すると考えるのは妥当ではない、という批判もある。

〔野口邦和〕

☞ 被曝線量

## イギリス核燃料公社

[British Nuclear Fuels Plc.（BNFL）]
▶いぎりすかくねんりょうこうしゃ

　改良型コールダーホール炉（核燃料の被覆管にマグネシウム合金の一種であるマグノックスが用いられているためマグノックス炉とも呼ばれる）を所有・運転するとともに、英国におけるウラン転換、ウラン濃縮、核燃料（MOX燃料の製造を含む）の成型加工、使用済み燃料の再処理、原子炉の廃止措置・除染、低レベル廃棄物の浅地中処分といった核燃料サイクル全般にわたる業務を行っている総合原子力企業。1971年に設立され、従業員数は約1万人。イギリス核燃料公社（BNFL）の業務は、その所有する3つのサイト、ドリッグ（Drigg）、カペンハースト（Capenhurst）、セラフィールド（Sellfield）で行われている。

〔野口邦和〕

☞ コールダーホール炉、マグノックス炉、MOX燃料

## 「飲食物摂取制限」

▶いんしょくぶつせっしゅせいげん

　原子力安全委員会が「原子力施設等の防災対策について」の中で公表している、放射能汚染された食物の摂取を制限する指標のこと。「飲食物摂取制限」は、原子力施設の放射能漏れなどに際して、内部被ばくを回避・低減するために、放射性ヨウ素、放射性セシウム、あるいはプルトニウムなどの摂取制限に関する目安として作成したものである。2011年3月に発生した東京電力福島第一原子力発電所の事故では放射性物質による食品の汚染が現実のものとなったために、厚生労働省は「飲食物摂取制限」を暫定規制値として採用した。暫定規制値を超える放射能濃度の食品は食品衛生法違反で出荷制限の措置が取れらる。暫定規制値は放射性セシウムに起因する全身の内部線量の上限値が年間5ミリシーベルトとなるよう設定されたものであるが、2012年4月から全身の内部線量の上限値を年間1ミリシーベルトとする新規制値の下で食品の放射能濃度の監視が実施されている。

〔野口邦和〕

## う

### ウィンズケール原子炉事故
[Windscale reactor accident]
▶ういんずけーるげんしろじこ

1957年10月7日に英国西海岸のカンブリア州ウィンズケール（現在のセラフィールド）にある軍事用原子炉（黒鉛減速炭酸ガス冷却炉、コールダーホール炉）でおこった大規模な放射能漏れ事故。ウィンズケールには当時、天然ウラン燃料を用いた黒鉛減速空気冷却型のプルトニウム生産炉が2基あった。同炉では、中性子照射によって黒鉛の結晶中にひずみとして蓄えられたウィグナーエネルギーを放出させるため、黒鉛の温度を上げて焼きなます作業が定期的に行われていた。事故はウィンズケール1号炉（熱出力は軍事機密のため不明であるが、おそらく数万kW程度）で、この作業の際に黒鉛の温度上昇が止まらず、黒鉛が加熱しすぎて燃えだしたことでおこった。原子炉内に注水することにより火災は鎮火したが、気体状の水素3（トリチウム、半減期12.33年）が $5 \times 10^{15}$ ベクレル(Bq)、揮発性のヨウ素131（同8.021日）とテルル132（同3.204日）がそれぞれ $6 \sim 10 \times 10^{14}$ Bq、セシウム137（同30.04年）が $2.2 \sim 9.4 \times 10^{13}$ Bq、ルテニウム103（同39.26日）が $4 \times 10^{13}$ Bqなど、大量の放射性核種が空気中に放出された。事故のためにイングランドやウェールズなどの広大な牧草地帯が汚染されたほか、環境に放出された放射性物質は北欧にまで到達した。乳牛や牛乳も汚染され、ヨウ素131で1Lあたり3700Bqを超える汚染のあった牛乳は25-45日間も出荷停止となり、数万Lの牛乳が海に廃棄された。牛乳の出荷停止措置が実施された総面積は、518km² にも及んだ。　〔野口邦和〕
☞コールダーホール炉、トリチウム、ヨウ素131、セシウム137

### ウィンズケール再処理工場
▶ういんずけーるさいしょりこうじょう
➡セラフィールド再処理工場

### WASH-1400
▶うぉっしゅ-1400

1975年に米国原子力規制委員会（USNRC）のために、ラスムッセン教授を主査とする委員会により作成された原子炉事故の災害評価に関する報告書をいう。別名ラスムッセン・レポートとも呼ばれる。ラスムッセン・レポートはイベント・ツリー（event tree）、フォルト・ツリー（fault tree）という当時としては斬新な手法（今日でいう確率論的リスク評価）を用いて、重大な原子炉事故の災害がどのような確率で発生するかを評価した。

イベント・ツリーというのは、ある事象から出発して大事故にいたる事象の系統図である。系統図の枝分かれにおいてどのような確率で事態が進行するかを決めるのが、フォルト・ツリーである。こうして計算された重大事故の発生する確率は、「原子炉事故で死亡する確率は隕

石の落下によって死亡するよりも小さい」といった表現でしばしば引用された。事故に関する確率論的リスク評価を採り入れて展開したことは評価すべきであるが、事故確率の絶対値の精度は決して高いものではなかったため、後にUSNRCは「原子炉事故で死亡する確率は隕石の落下によって死亡するよりも小さい」という表現部分を削除・撤回した。

〔野口邦和〕

## WASH-740

▶うおっしゅ-740

1957年に米国原子力委員会（USAEC）により作成された大規模出力の原子炉事故の災害評価に関する報告書をいう。別名ブルックヘブン・レポートとも呼ばれる。これによると、大都会から48kmの距離にある熱出力50万kWの原子炉に重大事故が発生した場合、3400人が死亡、4万3000人が障害、70億ドルの財産損害がもたらされ、そうした事故のおこる確率は10万-10億原子炉・年に1回と推定されている。その後、64-65年にWASH-740の改訂版が検討された。改定版はWASH-740より大きな熱出力の原子炉事故をもとに災害評価を行ったため、4万5000人が死亡、10万人が障害、170億ドルの財産損害がもたらされると評価されたが、評価結果があまりに大きかったために公表はさし止められたとされている。

〔野口邦和〕

## 宇宙線 [cosmic rays]

▶うちゅうせん

大気圏外の宇宙空間を飛び交っている放射線を一次宇宙線、大気圏内に飛来した一次宇宙線が大気を構成する元素（窒素、酸素、アルゴンなど）の原子核と衝突することにより発生する放射線を二次宇宙線、一次宇宙線と二次宇宙線を総称して宇宙線、または宇宙放射線（cosmic radiations）という。電離箱を気球にのせて実施した観測に基づいて宇宙線（二次宇宙線）を発見したのはオーストリアのヘス（Hess,V.F.）で、1912年のことであった。一次宇宙線の起源は超新星（恒星がその一生を終えるときに引きおこす大規模な爆発現象）と太陽にあり、超新星起源を銀河宇宙線、太陽起源を太陽宇宙線ということもある。一次宇宙線の成分構成は約90％が陽子、約9％がヘリウム原子核、残り約1％がリチウムから鉄までの重イオンである。一次宇宙線の大部分は$10^8$-$10^{11}$eVのエネルギー範囲にあるが、さらに高いエネルギーを有するものもある。二次宇宙線の成分は中性子、陽子、電子、光子、ミュー粒子、パイ粒子で、その構成割合は高度により異なる。一次宇宙線のうち比較的エネルギーの低い成分は地球磁場によりはじかれ、大気圏内に入ることができない。地球磁場の影響は極地方ほど小さく、赤道に近くなるほど大きくなる。そのため、一次宇宙線も二次宇宙線もその線量率は、地磁気緯度が高くなるほど高く、赤道に近くなるほど低くなる。

〔野口邦和〕

## 宇宙放射線 ▶うちゅうほうしゃせん
➡宇宙線

## ウラン [uranium (U)]
▶うらん

原子番号92、元素記号U、周期表の3属の元素の1つで、原子量は238.02891である。アクチノイドの3番目の元素として知られる。金属ウランの密度は19.05 g／cm$^3$、融点は1132.2℃、沸点は4131℃である。金属ウランは銀白色を呈するが、加熱しなくとも空気中ですぐに酸化し黒色の酸化ウランになる。粉末状の金属ウランは、加熱しなくとも空気中でまばゆい光を発して燃えるため、その取り扱いには注意を要する。天然に存在するウランの同位体は3つあり、すべてアルファ放射体である。その天然同位体存在比と半減期はそれぞれウラン238が99.2745％、$4.468 \times 10^9$年、ウラン235が0.7200％、$7.038 \times 10^8$年、ウラン234が0.0055％、$2.457 \times 10^5$年である。このうちウラン235は、熱中性子を吸収して核分裂をおこすことで知られる。現在の軽水型発電炉は、この反応を利用している。一方、ウラン238は高速中性子を吸収すると核分裂をおこす。天然同位体存在比と同じ同位体組成を有するウランを天然ウラン、ウラン235の同位体存在比を天然同位体存在比より大きくしたウランを濃縮ウラン、ウラン235の同位体存在比を天然同位体存在比より小さくしたウランを劣化ウランという。劣化ウランは濃縮ウラン製造の際の副産物として必ず生成する。ウランは重金属としての化学毒性を有する他、放射線毒性を有する。しかし、その放射能はそれほど強いものではないため、濃縮ウランを除けば、放射線毒性より化学毒性のほうが優先するとされている。〔野口邦和〕
☞アクチノイド、軽水炉、濃縮ウラン、劣化ウラン

## ウラン系列 [uranium series]
▶うらんけいれつ

ウラン238は、半減期$4.468 \times 10^9$年でアルファ（α）壊変して娘核種トリウム234になる。トリウム234も放射性で、半減期24.10日でベータ壊変（詳しくはベータマイナス壊変）して孫核種プロトアクチニウム234ｍになる。プロトアクチニウム234ｍもまた放射性でベータ壊変（詳しくはベータマイナス壊変）するという具合に、次々に壊変を繰り返し、最後は鉛206になる。このようにウラン238を始祖核種とし、総計8回のアルファ壊変と6回のベータ壊変（詳しくはベータマイナス壊変）を行って最終的に鉛206で終わる放射性系列をウラン系列という。ウラン系列を構成する核種の質量数はすべて$4n+2$（ｎは自然数）で表現できるため、（$4n+2$）系列ということもある。〔野口邦和〕
☞ウラン、トリウム

## ウラン鉱 [uranium ore]
▶うらんこう

ウランを含有する鉱物の総称。100種類以上あるが、主な資源鉱物はウラン

## うらんさいこう

酸化物からなる閃ウラン鉱とピッチブレンド（瀝青ウラン鉱）である。最大のウラン資源国はオーストラリアで、世界の資源量の23％に相当する。これにカザフスタン、カナダ、南アフリカ、米国、ロシア、ナミビア、ニジェールが続く。これら8ヵ国で世界のウラン資源量の84％を占める。　　　　　　〔野口邦和〕

☞ウラン

## ウラン採鉱・製錬 [mining and smelting of uranium]
▶うらんさいこう・せいれん

鉱山から目的とする鉱石を掘り取る操作を採鉱、鉱石中に含まれる目的とする金属を不純物から分離して純金属や合金として取り出す操作を製錬という。また、製錬で得られた金属を電解製錬などによって純度の高い金属にする操作を精錬（refining）という。原子力分野では、ウラン鉱石から粉末状のウラン精鉱（八酸化三ウラン $U_3O_8$、イエローケーキともいう）を生産する工程を製錬という。ウラン鉱石にもよるが、およそ8万tのウラン鉱石から製錬により143tのウラン（186tの $U_3O_8$）が得られる。

〔野口邦和〕

## ウラン濃縮 [uranium enrichment]
▶うらんのうしゅく

天然に存在するウランは、核分裂性のウラン235を0.7200％（天然同位体存在比で、重量％ではなく原子数の占める百分率である点に注意）だけ含み、残りは核分裂しないウラン238が99.2745％、ウラン234が0.0055％を占める。核燃料や核兵器を作る目的でより臨界に達しやすくするため、ウラン235の濃度を上げることをウラン濃縮という。軽水炉燃料はウラン235を3-4％程度含む低濃縮ウランである。濃縮の方法としては、ガス拡散法、遠心分離法、レーザー法、イオン交換法などがある。

〔舘野 淳〕

☞ウラン，軽水炉

# え

## エックス線 [X-rays]
▶えっくすせん

電波、赤外線、可視光線、紫外線などと同じ電磁波の一種で、その波長はおよそ $10^{-9}$ mか、これより短い（$10^{-9}$ mの電磁波のエネルギーは約1.2keVに相当）範囲にある。1895年11月にドイツの実験物理学者レントゲン（Röntgen, W. C.）により発見された。ガンマ（$\gamma$）線も電磁波の一種で、その本性はX線と変わらない。名称の違いは、発生原因の違いによる。高いエネルギー準位にある原子核が、より低いエネルギー準位に転移する際に発生する電磁波を$\gamma$線、それ以外の原因で発生する電離能力のある電磁波をX線と呼んでいる。　〔野口邦和〕

## NTP
▶えぬてぃーぴー

➡核拡散防止条約

# お

## 欧州原子力共同体
▶おうしゅうげんしりょくきょうどうたい
➡ユーラトム

## 欧州放射線リスク委員会
[European Committee on Radiation Risk：ECRR]
▶おうしゅうほうしゃせんりすくいいんかい

　欧州議会の決議に基づいて1997年に設立された放射線の調査検討機関。欧州原子力共同体指針に組み込まれていた、基準値以下の低レベル放射性廃棄物を一般消費財の原料としてリサイクルさせる法的枠組みを批判し、低レベル放射線の健康影響について重視する立場をとった。国際放射線防護委員会（ICRP）の研究方法を批判し、レベル放射線の健康影響に関する新しい考え方とモデルを提示した。　〔野口邦和〕

## 応力腐食割れ
[stress corrosion cracking（SCC）]
▶おうりょくふしょくわれ

　オーステナイト系ステンレスなど金属材料が腐食環境下にあり、かつ力（応力）が加わった場合に材料にひび割れが生じる現象をいう。応力としては、溶接部分が十分焼きなましされていない時に生じる残留応力、温度変化によって生じる材料の膨張収縮が原因の熱応力などさまざまなものがあり、こうした力のかかる配管の溶接部・ノズル部分・圧力容器内壁・シュラウド、水が滞留して腐食環境を作る緊急炉心冷却装置配管などに、応力腐食割れが多発してきた。このため、①冷却水に溶けている酸素や不純物を追い出すなど水質管理の強化、②応力腐食割れのおこりやすいSUS304と呼ばれるステンレスを、おこりにくいSUS304L（Lは炭素含有量が低いことを示す）やSUS316Lなどと交換する、③焼きなましを行って残留応力を取り除くなど、応力の除去対策によって関連する事故が減少してきたが、根絶するにはいたっていない。　〔舘野淳〕

## オフサイトセンター [Off-Site Center]
▶おふさいとせんたー

　1999年9月30日におきた東海村JCO臨界事故の教訓から、原子力災害対策の抜本的強化を図るために同年12月に制定、2000年6月に施行されたのが原子力災害対策特別措置法である。この法律は、原子力災害から国民の生命、身体および財産を保護するため、原子力防災業務計画の作成、原子力防災管理者の選任、原子力防災組織の設置、原子力防災資機材の整備、異常事態の通報義務など原子力事業者の責務を定めている。また、原子力災害対策本部（本部長は内閣総理大臣）と現地対策本部の設置、原子力緊急事態宣言、原子力災害合同対策協議会の設置、避難・退避などの指示、緊急事態応急対策調査委員の派遣、緊急事態応急対策拠点施設（オフサイトセンター）の指定と原子力防災専門官の配置、共同防災訓練の実施など国の役割を定めている。

# おふにんすくけ

オフサイトセンターは原子力緊急事態が発生した場合、現地において国の原子力災害現地対策本部、地方自治体の災害対策本部などが情報を共有しながら連携のとれた応急措置などを講じていくための拠点であり、あらかじめ主務大臣が指定することになっている。オフサイトセンターの要件は、当該原子力施設との距離が20km以内にあり、関係者が参集するための道路が確保されていることなどである。現在、経済産業省関係（原子力発電所関係）15ヵ所、文部科学省関係（原子力発電所以外の原子力施設）8ヵ所、計23ヵ所がオフサイトセンターとして指定され、経済産業省および文部科学省の原子力防災専門官がそれぞれ駐在している。 〔野口邦和〕

☞原子力災害対策特別措置法

## オブニンスク原子力発電所
[Obninsk atomic power station (APS-1)]
▶おぶにんすくげんしりょくはつでんしょ

モスクワの南西約100kmに位置するオブニンスクにフィジックス・パワー・エンジニアリング研究所が建設した世界最初の原子力発電所。1954年5月に初臨界を達成し、同年6月27日に世界で初めて原子力発電所の運転を開始した。オブニンスク炉は黒鉛減速軽水冷却型の原子炉で、核燃料は5%濃縮ウランを使用し、電気出力は5000キロワット（kW）（熱出力3万kW）であった。炉心は、128本の燃料集合体、22本の安全棒・制御棒、減速材の黒鉛で構成され、その直径は1.5m、高さは1.7mである。

チェルノブイリ原発事故で知られるRBMK-1000（1000は電気出力が1000メガワット（MW）、すなわち100万kWを意味する）は、オブニンスク炉の後継炉に相当する。RBMKは、64年にベロヤルスク1号（RBMK-100）、69年に2号（RBMK-200）が運転を開始し、続いてRBMK-1000のレニングラード原子力発電所（4基）、チェルノブイリ原子力発電所（4基）、スモレンスク原子力発電所（3基）、そしてリトアニアにあるRBMK-1500のイグナリナ原子力発電所（2基）と大出力に拡大していった。なお、チェルノブイリ原発は4基とも現在閉鎖されている。

〔野口邦和〕

☞チェルノブイリ原発事故

## 親物質 [fertile material]
▶おやぶっしつ

ウラン238やトリウム232のように、中性子を吸収することにより核分裂性物質を生成する物質をいう。燃料親物質ともいう。たとえば、ウラン238やトリウム232は、それ自身は中性子を吸収しても核分裂をほとんどおこさない。しかし、ウラン238は中性子を吸収する（中性子捕獲反応という）ことによりウラン239となり、ウラン239は半減期23.45分でベータ（β）壊変してネプツニウム239となり、さらにネプツニウム239も半減期2.357日でβ壊変して核分裂性核種として知られるプルトニウム239となる。トリウム232も中性子捕獲反応によりトリウム233となり、

トリウム233は半減期22.3分でβ壊変してプロトアクチニウム233となり、さらにプロトアクチニウム233も半減期26.97日でβ壊変して核分裂性核種として知られるウラン233となる。

〔野口邦和〕

☞中性子

### 温排水 [warm drainage]

▶おんはいすい

原子力発電所でも火力発電所でも、熱機関を発電に利用する場合は冷却が必要であり、この冷却水を環境の温度より高い状態で放出するのが温排水である。電気出力100万キロワット（kW）級の原子力発電所の場合、タービンを回転させた高温の蒸気が取水口から取り入れられた海水によって冷やされ、海水温より7-8℃高い温排水として毎秒約100 tの量が海にもどされる。この結果、周辺の海水温が上昇し生態系に変化が現れ、漁獲物に影響を与える場合がある。温排水を利用して養魚場を運営することなども試みられているが、成果はあまりあがっていない。最新鋭の火力発電所は熱効率が50％以上あるのに比べて、原子力発電所は技術的理由から33％程度と極めて低いため、発生するエネルギーの3分の2（つまり100万kWの原子力発電所は200万kW分）を熱として環境に捨てている。これはエネルギー有効利用の面からも極めて大きな問題であり、廃熱の積極的活用を考えることも大切である。

〔舘野　淳〕

# か行

## か

### 加圧水型軽水炉 ▶かあつすいがたけいすいろ
➡加圧水型炉

### 加圧水型炉
[pressurized water reactor (PWR)]
▶かあつすいがたろ

　ウェスティングハウス社（WH社）が原子力潜水艦用に開発した炉が原型。加圧水型軽水炉ともいう。炉内の圧力が高いため（約160気圧）、炉心で熱せられた水は沸騰せず、熱水のまま蒸気発生器（熱交換器）へ行き、そこで二次系の水を蒸気に換えて発電機のタービンを回す。特徴としては一次冷却水が密封されているため、燃料破損などの際に放射能が環境に出にくいこと、水質を制御して圧力容器内の腐食を防ぐことができること、中性子を吸収するホウ酸などを一次冷却水に混ぜて反応度制御ができることなどである。　　　　　　〔舘野 淳〕

### カーマ [kerma (K)]
▶かーま

　単位質量の物質中で、間接電離放射線（X線や中性子線などの電荷をもたない電離放射線）によって発生したすべての二次荷電粒子（主に電子）の初期運動エネルギーの総和をいう。カーマ（kerma）の名称は、kinetic energy released into material に由来するものであり、その単位は $J \cdot kg^{-1}$ で、特別な名称としてグレイ（単位記号 Gy）が与えられている。すなわち、$1Gy \equiv 1\ J \cdot kg^{-1}$ である。単位、単位記号ともに吸収線量とまったく同じである。通常は空気カーマ、組織カーマのように、物質名をつけて表される。なお、カーマと吸収線量の違いは、カーマが単位質量の物質中で発生した二次荷電粒子の初期運動エネルギーの総和であるのに対し、吸収線量は二次荷電粒子が単位質量の物質中に付与する運動エネルギーの総和である点である。しかし、高エネルギーX線や物質表面近傍などの特殊な場合を除き、通常は数値的にカーマと吸収線量は等しいと考えてよい。　　　　　　〔野口邦和〕

### 外部被曝 ▶がいぶひばく
➡体外被曝

### 海洋処分（放射性廃棄物の）
[ocean disposal of wastes]

▶かいようしょぶん（ほうしゃせいはいきぶつの）

　放射性廃棄物の処分法の一種で、固体状の放射性廃棄物を深海に沈めて人類の生活環境から隔離すること。放射性廃棄物などの海洋処分は現在、国際的には1975年8月に発効した「廃棄物その他の物の投棄による海洋汚染の防止に関する条約」（通称ロンドン条約）によって規制されている。同条約の附属書1（投棄禁止対象リスト）に高レベル放射性廃棄物、附属書2（特別許可対象リスト）に高レベル放射性廃棄物以外の放射性廃案物、が含まれている。

　かつて日本は、低レベル廃棄物の処分

# かいようとうき

方法として海洋投棄を有望と考え、日本の漁業関係者および太平洋諸国政府の反対が強かったにもかかわらず、太平洋上の投棄予定海域を4地点（AからD海域）設定・調査した。その結果、小笠原諸島の北北東約550km、東京から約900kmにあるB海域（北緯30度、東経147度、水深6200-6300m）にセメント固化体約1万本の試験投棄を計画していた。

しかし、83年2月の第7回ロンドン条約締約国会議で、「海洋投棄によるすべての影響が明らかにできるような研究が完了するまでは投棄を一時停止する」決議が採択され、また85年9月の第9回同会議でも同様の決議が採択されたため、放射性廃棄物の海洋処分は実際上、半永久的にできない状況にあった。加えて93年11月の第16回同会議で、放射性廃棄物の海洋投棄を全面的に禁止する条約改正案が採択されるにいたり、原子力委員会は同年同月、低レベル放射性廃棄物の海洋処分をあきらめ地中埋設処分することを決定した。

なお、93年11月に海洋処分が全面的に禁止される以前に海洋処分された放射性廃棄物の放射能は全世界で、$\alpha$放射体が計 $6.75 \times 10^{14}$ ベクレル（Bq）、$\beta \cdot \gamma$ 放射体が計 $8.44 \times 10^{16}$ Bq、総計 $8.51 \times 10^{16}$ Bq、このうち英国が41.2%、旧ソ連が45.1%を占めると推定されている。　〔野口邦和〕

☞放射性廃棄物、廃棄物その他の物の投棄による海洋汚染の防止に関する条約

## 『海洋投棄白書』
[white paper of osean disposal of wastes]
▶かいようとうきはくしょ

1992年10月にロシアのエリツィン大統領により設置されたロシア領土に隣接する海洋への放射性廃棄物の投棄を調査する政府委員会が、93年2月に提出した報告書をもとに作成された『ロシア連邦領土に隣接する海洋への放射性廃棄物の投棄に関する事実と問題』と題する白書で、この通称が海洋投棄白書である。

白書に記されていない事柄（多くは不都合な事柄）は当然あるとしても、「目撃者の証言から明らかなように、低レベル固体廃棄物の投棄において、沈没を速めるため、金属コンテナーを銃撃することがあった」という記述や「1984年にノーバヤゼムリャー島アブロシモフ湾の海岸で、高レベル放射能を有する金属部品が発見された（1時間あたり100レントゲン（R）以上、核燃料の破片）」という記述などもあり、白書はかなり正直に旧ソ連およびロシアによる放射性廃棄物の海洋投棄の実状を述べていると思われる。

白書によれば、液体廃棄物が投棄された指定海域（ロシアが勝手に「指定海域」と呼んでいるもので、国際的に認められたものではない）はバレンツ海（5海域）、日本海（6海域）、オホーツク海（1海域）、太平洋のカムチャツカ半島東岸沖（2海域）の計14海域で、白書にはこれらの海域の経度、緯度、水深が記されている。指定海域以外では白海、バ

## かいりょうかた

ルト海ゴトランド沖、カラ海など6海域に1回ずつ投棄されている。これらを北方海域と極東海域（日本海を含む）に大別すると92年までに北方海域に2万3768キュリー（Ci）、極東海域に1万2337Ciが投棄された。また、中・低レベル固体廃棄物が投棄された指定海域はカラ海（1海域）、ノーバヤゼムリャー島東岸（7海域）、日本海（3海域）、カムチャツカ半島東岸沖（1海域）の計12海域で、白書にはこれらの海域の経度、緯度、水深が記されている。指定海域以外では、コルグエフ島北西37km沖合など3海域に1回ずつ投棄されている。これらを北方海域と極東海域（日本海を含む）に大別すると、北方海域には91年までに1万5902Ci、極東海域には92年までに6811Ciが投棄された。

使用済み燃料を挿入したままの原子炉など、最も問題な高レベル廃棄物が投棄された海域はカラ海（1海域）、ノーバヤゼムリャー島東岸（3海域）の計4海域で、1965-81年までに使用済み燃料を挿入したままの原子炉が6基、230万Ciが投棄された。また、使用済み燃料を抜き取った原子炉が投棄されたのもノーバヤゼムリャー島東岸（3海域5ヵ所）で、1965-88年までに使用済み燃料を抜き取った原子炉が10基、10万Ciが投棄された。使用済み燃料を抜き取った原子炉は極東海域にも投棄されており、78年と89年に使用済み燃料を抜き取った原子炉が2基と原子炉遮へい容器が1個、計116Ciが投棄された。

白書にはこの他、世界の海洋に沈んでいる旧ソ連の潜水艦4隻（このうち3隻は原子力潜水艦）についての記述がある。これによれば、この4隻の潜水艦に含まれる核弾頭の放射能は6030Ci、原子力潜水艦3隻の原子炉5基に含まれる放射能は65万Ciとしている。日本海に投棄された放射性廃棄物は、液体廃棄物が1万1984Ci、中・低レベル固体廃棄物が3819Ci、使用済み燃料を抜き取った原子炉2基が46.2Ci、計1万5850Ciで、旧ソ連およびロシアが海洋投棄した総放射能246万2000Ciの0.62％に相当する。なお、白書では放射能の強さの単位として旧単位キュリー（Ci）が使われ、1Ciは $3.7 \times 10^{10}$ ベクレル（Bq）である。 〔野口邦和〕

☞放射性廃棄物、放射性廃棄物の海洋処分

## 改良型軽水炉
[advanced light water reactor]
▶かいりょうがたけいすいろ

通常はABWR（改良沸騰水型軽水炉）、APWR（改良加圧水型軽水炉）と分けていう。ABWRは130万kWと大型化を図るとともに、これまで故障の多かったBWRの冷却水循環システム、すなわち、ジェットポンプ・原子炉再循環系ループ・再循環ポンプを廃止して、原子炉の中で回転するインターナルポンプをとりつけ、これによって冷却水の循環を図る方式を採用している。また、制御棒駆動機構は従来の水圧駆動機構に換えて、通常操作は電動式、緊急時の挿入（スクラム）操作は水圧式の二方式を採用し、出力の微調整が可能なものとなっ

ている。格納容器は従来の鋼製のものではなく、鉄筋コンクリート製を採用している。わが国では東京電力柏崎刈羽原子力発電所6、7号機、中部電力浜岡原子力発電所5号機がこれに該当する。APWRも大型化を中心に設計が進められてきたが、実現はしていない。

〔舘野　淳〕

## 改良型コールダーホール炉
▶かいりょうがたこーるだーほーるろ
→コールダーホール炉

## 化学毒性 [chemical poison]
▶かがくどくせい

生命活動に有害な影響を与える物質を総称して毒または毒物、そのような性質を毒性という。有害な化学物質による毒性が化学毒性で、たとえば貝、フグ、キノコ、ヘビ、クモなどの生物が作り出す自然毒、鉛、水銀農薬、カドミウムなどの重金属、ダイオキシン、内分泌攪乱化学物質（環境ホルモン）などの毒性は、すべて化学毒性である。化学毒性は、しばしば放射線毒性との対比で用いられる。化学兵器は極度に化学毒性の強い人工的な化学物質を兵器に投入したもので、軍事的には通常、神経剤（有機リン系化学物質のタブン、サリン、ソマン、VXなど）、びらん剤（皮膚に発赤や水疱を引きおこす化学物質でマスタードガスなど）、肺剤（肺に作用し肺水腫を引きおこして窒息させる塩素、ホスゲンなど）、暴動鎮圧剤（催涙ガスとして知られるCS、CNなど）、無能力化剤（中枢神経に作用して精神異常を引きおこす精神錯乱ガスで、BZなど）、血液剤（シアン化水素、シアン化物など）に分類されている。

〔野口邦和〕

## 核エネルギー [atomic energy]
▶かくえねるぎー

核分裂、核融合など核反応の際に放出されるエネルギーをいう。軍事利用としては原爆や水爆などの核兵器や軍艦の動力源として、民生利用としては原子力発電、核融合発電などの発電用（実用化しているのは原子力発電のみ）と、レントゲン撮影などの医療用、農学、工学などの分野における放射線利用がある。核エネルギー利用においては、他のエネルギーを用いた場合に比較し、放射能問題など安全面の管理が重要である。〔野口邦和〕

## 核拡散防止条約
[Treaty on the Non-Proliferation of Nuclear Weapons:NPT]
▶かくかくさんぼうしじょうやく

正式名称は、核兵器の不拡散に関する条約。1970年3月5日に発効。25年間の期限付きで導入されたため、発効から25年目にあたる1995年にNPTの再検討・延長会議が開催され、条約の無条件、無期限延長が決定された。日本は70年署名、76年批准。締約国は2010年6月現在で190か国。非締約国はインド、パキスタン、イスラエル。朝鮮民主主義人民共和国は加盟国（特にアメリカ合衆国）とIAEAからの核兵器開発疑惑の指摘と査察要求に反発して1993年3月12日に脱退を表明した。条約の目的は核不拡散であり、米、露、英、仏、

## かくけんりょう

中の5か国を「核兵器国」と定め、「核兵器国」以外への核兵器の拡散を防止する。「核兵器国」とは、67年1月1日以前に核兵器その他の核爆発装置を製造しかつ爆発させた国をいう。各締約国は誠実に核軍縮交渉を行う義務を負うことを規定し（第6条）、原子力の平和的利用については、締約国の「奪い得ない権利」であることを規定（第4条）し、原子力の平和的利用の軍事技術への転用を防止するため、非核兵器国が国際原子力機関（IAEA）の保障措置を受諾する義務を規定してる（第3条）。しかし、現在に至るまで核兵器の全廃は実現しておらず、核保有国は核兵器全廃の意思を持っておらず、その見通しもない。

〔野口邦和〕

### 核原料物質 [nuclear source material]
▶かくげんりょうぶっしつ

ウラン鉱物やトリウム鉱物などの、核燃料物質の原料となる物質であって、「核燃料物質、核原料物質、原子炉及び放射線の定義に関する政令」に定めるものをいう。単に原料物質ともいう。政令では、「核原料物質は、ウラン若しくはトリウム又はその化合物を含む物質で核燃料物質以外のものとする」と規定されている。

〔野口邦和〕

☞ウラン、トリウム

### 核査察 [inspection of nucler material]
▶かくささつ

査察とは、「物事が規定どおり行われているかどうかを調べること」である。マス・メディアにしばしば出てくる査察とは、国際原子力機関（IAEA）による査察、いわゆる核査察であることが多い。国際原子力機関（IAEA）の主な活動内容の1つは、同機関と関係国との間で保障措置協定を締結し、ウランやプルトニウムなどの核物質が軍事利用されないための保障措置を実施することである。また、1970年に発効した核兵器不拡散条約（NPT）は、締約国である非核兵器国に対し、原子力の平和利用により発生するすべての核物質が核兵器などに転用されないことを確認するため、国際原子力機関（IAEA）との間で包括的保障措置協定を締結するよう義務づけたことで、保障措置システムは強化された。保障措置は、ウランやプルトニウムなどの核物質の計量管理、封じ込め・監視および査察などから成り立っている。査察は、保障措置の対象となる核物質の使用方法が保障措置協定に従っていることを検認するため、当該国政府と国際原子力機関（IAEA）の担当官が、実際に当該施設などに行って報告や記録を確認したり、保障措置用機器の作動状況を確認したりすることである。しかし、91年にイラク、93年に北朝鮮による包括的保障措置協定違反がそれぞれ判明したことを契機に97年5月、従来の包括的保障措置協定の内容に新たな権限を国際原子力機関（IAEA）に付与する追加議定書が、国際原子力機関（IAEA）理事会で採択された。なお、2007年9月現在、核兵器不拡散条約（NPT）締約国190ヵ国中、159ヵ国が包括的保障措置協定を締結

している。また、追加議定書について113ヵ国が署名し、83ヵ国において発効している。〔野口邦和〕

☞国際原子力機関

### 核種 [nuclide]
▶かくしゅ

原子核内の陽子数、中性子数および原子核のエネルギー準位で区別される原子種。たとえば、プルトニウムには質量数239、240、241、242などの核種がある。放射性壊変するものを放射性核種という。放射性壊変しない安定なものは安定核種という。〔舘野 淳〕

☞プルトニウム、放射性壊変

### 核燃料 [nuclear fuel]
▶かくねんりょう

原子炉内で核分裂反応をおこして熱を発生する材料を、燃焼との対比で核燃料と呼ぶ。天然ウラン（核分裂性の核種であるウラン235を0.7200％含む）、低濃縮ウラン（同じく約4％程度含む）、高濃縮ウラン（数十％含む）、プルトニウム（プルトニウム239を含む）、トリウム（トリウムが中性子を吸収して生じたウラン233が核分裂をおこす）が核燃料として用いられる。軽水炉の燃料としては低濃縮ウランが、高温に耐えることのできる二酸化ウランのセラミック燃料の形で用いられる。高温で焼き固められた二酸化ウランのペレットをジルカロイ（ジルコニウム合金）の被覆管に収納して燃料棒を作り、燃料棒を束ねて燃料集合体を形成し、燃料集合体がさらに集まって炉心を形成する。プルトニウムの場合はプルトニウム酸化物とウラン酸化物とを混合してセラミック燃料として用いることが多いが、これを混合酸化物燃料の略語を用いてMOX燃料という。〔舘野 淳〕

☞ウラン、プルトニウム、トリウム、中性子、濃縮ウラン、MOX燃料

### 核燃料サイクル
[nuclear fuel cycle (NFC)]
▶かくねんりょうさいくる

ウラン燃料の製造から利用、廃棄にいたるまでの一連の流れ、すなわちウラン採鉱－精錬－転換－濃縮－燃料製造－（原子炉での利用）－使用済み燃料の再処理－放射性廃棄物の処理処分をいう。使用済み燃料の再処理によって生産されたプルトニウムを原子炉の燃料として使用した場合、流れは輪を描いて閉じるのでサイクルと呼ぶ。プルトニウムを利用しない場合、「輪」は閉じないが、この場合でもサイクルと呼ばれることが多い。特に使用済み燃料を再処理せずに、そのまま廃棄物として処分してしまう場合をワンス・スルー方式（現在米国はこの方式を採用している）という。流れのうち燃料製造など、原子炉での利用より前の部分をフロントエンド（またはアップストリーム）、後の部分をバックエンド（ダウンストリーム）という。上記の流れのうち、精錬はウラン鉱石からウランを化合物（イエローケーキと呼ぶ）の形で取り出すことをいい、ついでこれをガス状の化合物六フッ化ウランにすること

## かくねんりょう

**核燃料サイクル（高速増殖炉を含む）**

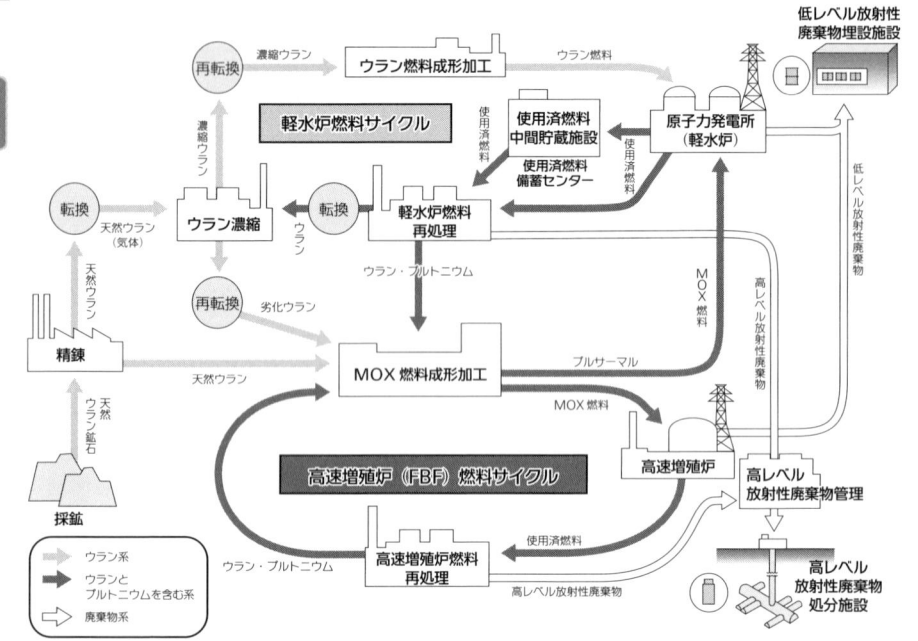

を転換という。天然ウランには核分裂性のウラン235がわずか0.7200％しか含まれないので、六フッ化ウランをガス拡散装置または遠心分離装置に通して、ウラン235の濃度を4％程度にまで上げるのが濃縮である。ついでこれを酸化して二酸化ウランとして、高温でペレット状に焼き固め（燃料製造）、原子炉の燃料として利用する。使用済燃料はそのまま地中などに処分するワンス・スルー方式と、そうでない場合には使用済み燃料は再処理され、①燃え残りのウラン、②生成したプルトニウム（全体の約1％）、③高レベル放射性廃棄物に分けられる。これらのうちプルトニウムは燃料として利用できる。プルトニウムは本来は資源量を飛躍的に増やす目的で、高速増殖炉の燃料として利用することが提案されていたが、高速増殖炉の実用化が遠のいているため、軽水炉燃料としての利用が推進されている。これをプルサーマル（軽水炉＝熱中性子炉＝サーマル・リアクターでのプルトニウム利用を意味する和製英語）という。　〔舘野　淳〕

☞ワンスルー方式、アップストリーム、ダウンストリーム、高速増殖炉、プルサーマル

## 核燃料物質 [nuclear fuel material]
▶かくねんりょうぶっしつ

原子力基本法第3条第2号は「ウラン、トリウム等原子核分裂の過程において高エネルギーを放出する物質であって、政令で定めるものをいう」と規定しているが、具体的には、天然ウラン、濃縮ウラン、劣化ウラン、ウラン233、プルトニウムおよびこれらの化合物をいう。トリウムは中性子照射によって核分裂性のウラン233に変化するので親物質（または燃料親物質）と呼ばれる。〔舘野 淳〕
☞親物質、ウラン、プルトニウム、トリウム

## 格納容器 [containment vessel (CV)]
▶かくのうようき

冷却材喪失事故などの場合、放射能が環境に放出されるのを防ぐために原子炉系を取り囲む気密性で耐圧製の容器をいう。米国スリーマイル島原発事故の際は、ほとんどの放射能が格納容器内にとどまった。沸騰水型軽水炉（BWR）は格納容器が小さいので、事故で高圧蒸気が格納容器内に放出された際、内圧が設計圧力を超えないように水をスプレイする格納容器冷却系、内圧をプール内に放出する圧力抑制プールなどを備えている。初期のものからMark I、II、IIIの3種のタイプがある（いずれも鋼製）。改良沸騰水型軽水炉（ABWR）では鉄筋コンクリート製のものを採用している。加圧水型軽水炉（PWR）の場合は鋼製（80万kW級）、鉄筋コンクリート製（110万kW級）の両者があるが、蒸気発生器を格納容器内に収めているので、容積はBWRに比べて大きく、事故時の圧力上昇に対してやや余裕があるため、アイスコンデンサーを採用している関西電力大飯発電所1、2号機を除き、プールなどの圧力抑制装置はついていない。BWR、PWRいずれも事故の際の圧力上昇時に格納容器の破損を防ぐため、放射能の一部を環境に放出することを迫られる危険性がある。〔舘野 淳〕
☞スリーマイル島事故、冷却材喪失事故

## 核反応 [nuclear reaction]
▶かくはんのう

広義の核反応は、ターゲット（標的）となる原子核に別の原子核または素粒子（中性子や陽子など）を衝突させることによって生ずる現象の総称である。原子核反応ともいう。狭義の核反応は、広義の核反応のうち、原子核の転換を伴う場合に限定される。核反応の表記方法は、標的核をX、入射粒子（または照射粒子）をa、核反応の結果として放出される粒子をb、生成核をYとすると、次式で表される。X（a,b）YまたはX+a→b+Y　なお、Xとaの原子番号の和は、bとYの原子番号の和に等しい。Xとaの質量数の和は、bとYの質量数の和に等しい。〔野口邦和〕

## 核物質 [nuclear material]
▶かくぶっしつ

核原料物質（ウラン鉱物やトリウム鉱物などの、核燃料物質の原料となる物質であって、「核燃料物質、核原料物質、

## かくぶつしつか

原子炉及び放射線の定義に関する政令」に定めるもの）および核分裂性物質（プルトニウム239、ウラン233、濃縮ウラン、およびこれらを含有する物質）という。　　　　　　　　　〔野口邦和〕

☞ウラン、トリウム、プルトニウム、濃縮ウラン

### 核物質管理 [nuclear material control]
▶かくぶっしつかんり

プルトニウムや高濃縮ウランなどの核兵器に転用可能な核物質は、厳重に管理されなければならない。そのための基本は核物質の計量管理であり、核兵器不拡散条約（NPT）の加盟国は国際原子力機関（IAEA）との間に保障措置協定を結び、保障措置を受けることになる。保障措置の実際の内容は、同協定に基づいて当該国内にある核物質と関連施設を対象に検査官の立ち会いの下、どのような核物質がどれだけあり、当該期間内にどれだけ搬入・搬出されたか、現在どのような核物質がどれだけ残っているか、帳簿と実物の確認が行われる。また、補完手段として封じ込め（核物質を貯蔵室や貯蔵容器などに入れて扉やふたに封印をし、中身が取り出されるとわかるようにすること）と監視（カメラやテレビなど）も用いられる。さらに、盗難や奪取、妨害破壊行為などを防ぐために、核物質関連施設への人の出入りを厳重にする物理的防護（physical protection：PP）も行われる。そのため、内部脅威者（思想信条や心的状況などにより盗取や妨害破壊などの不法行為を実行しようとする者または実行するおそれのある者）対策として、核物質防護上の重要度により区域を分けて出入りできる人を限定したり、生体認証（個人識別装置）などの侵入検知システムを導入することなども行われる。しかし、労働者の権利を侵害したり、公開の原則を軽視することに結びつく危険もあり、その運用は実際にはなかなか難しい問題をはらんでいる。
〔野口邦和〕

☞国際原子力機関、核燃料物質

### 核物質管理センター
[nuclear material control center (NMCC)]
▶かくぶっしつかんりせんたー

財団法人核物質管理センターは1972年4月に設立され、日本国内における核物質を取り扱う施設から国へ報告されるさまざまな情報の処理を行っている。また、これらの施設の核物質が不正に使用されていないことを確認するため保障措置検査を行うとともに、施設から提出された試料の分析を行っている。さらに、これらの施設の核物質監視技術などの開発、核物質の盗難や奪取等を防護するための手段の調査や研究、およびこれらの業務を通じて得た情報を普及する広報活動を行うなど、核物質管理に関する業務全般を行っている。　　　　　〔野口邦和〕

### 核分裂反応 [nuclear fission]
▶かくぶんれつはんのう

ある種の物質の原子核が1個の中性子を吸収し、2つの異なる原子核に壊れること。核分裂反応がおこると、原子核内部にあった核エネルギーの一部が放出

# かくへいき

**核融合と核分裂**

**核融合の原理**

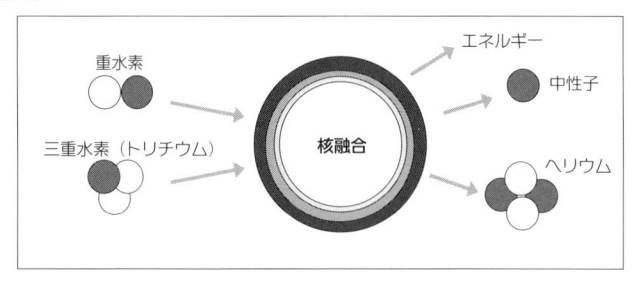

- 重水素
- 三重水素（トリチウム）
- → 核融合 → エネルギー、中性子、ヘリウム

**核分裂の原理**

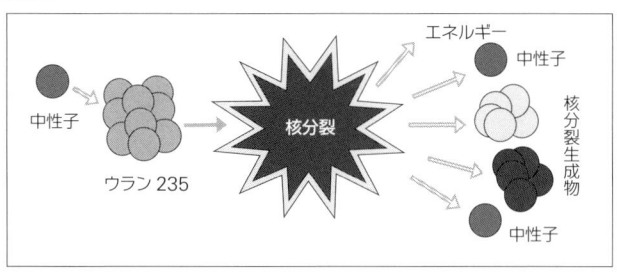

- 中性子 + ウラン235 → 核分裂 → エネルギー、中性子、核分裂生成物、中性子

される。原子力発電所は核分裂反応を制御し核エネルギーの一部を電気エネルギーに変換する施設。たとえば、1gのウラン235がすべて核分裂をおこしたとすると、そのときのエネルギーは、石炭を約3t燃やして得られるエネルギーに相当する。核分裂をおこす物質としては、ウラン235の他にプルトニウム239、ウラン233などがある。　　〔野口邦和〕

## 核兵器 [nuclear weapons]

▶かくへいき

核反応の際に放出される核エネルギーを利用した兵器。原爆（核分裂爆弾）と水爆（核分裂—核融合混成爆弾）に分類される。核分裂の際に放出される複数個の中性子が別の核分裂核種の原子核と衝突して核分裂し、さらに放出された中性子がまた別の核分裂核種の原子核と衝突して分裂するという具合に、核分裂が連鎖的におこるのが核分裂連鎖反応である。もっとも基本的な核兵器である原爆（核分裂爆弾）は、この核分裂反応を制御せず100万分の1秒以内にねずみ算式に核分裂連鎖反応の規模を拡大し爆発させる装置である。広島に投下されたのは、核分裂性物質としてウラン235を93％以上に濃縮した高濃縮ウランからなるウラン原爆であり、長崎に投下されたのは93％以上のプルトニウム239からなる

## かくゆうこうは

プルトニウム原爆である。原爆（核分裂爆弾）が核分裂反応で発生するエネルギーを用いるのに対して、重水素や三重水素など水素の同位体の原子核などが反応してより重い原子核をつくる核融合反応で発生するエネルギーを用いるのが水爆（核分裂─核融合混成爆弾）である。原爆の爆発威力の上限は500キロトン程度、水爆の威力には上限がないとされている。核兵器の爆発の際に放出されるエネルギーは、爆風、熱線、初期放射線、残留放射線となって、建物を破壊し、人間を殺傷する。〔野口邦和〕

### 核融合反応 [nuclear fusion]
▶かくゆうごうはんのう

2つの原子核が正電荷どうしの間に働く反発力（斥力）に抗して引き合う力（核力）によって1つに融合し新しい原子核が生まれることをいう。重水素あるいは三重水素（いずれも水素の同位元素）などの軽い原子核は、融合してより重い原子核になったほうが安定になるが、その際エネルギーが放出される。核融合反応をおこさせるためには、反応に関与する原子核どうしの反発力にうちかつことができるだけの高エネルギーをもっていなければならない。水爆で用いられている方法は、物質の温度を上げて原子核の運動エネルギーを高める方法である。核融合反応は熱核反応と呼ばれている。最も達成しやすい重水素と三重水素のd-t反応の場合でも、これを持続させるには約く1億度の温度が必要である。このような超高温状態をつくり出す方法は原爆（核分裂爆弾）だけである。したがって、水爆は引き金として働く原爆（核分裂爆弾）と、それによってつくり出された熱で点火される核融合爆弾の混成物である。これが水爆を核分裂-核融合混成爆弾とよぶ所以である。〔野口邦和〕

### 苛酷事故
▶かこくじこ
➡シビアアクシデント

### ガス減衰タンク
▶がすげんすいたんく
➡減衰タンク

### 仮想事故 [hypothetical accident]
▶かそうじこ

原子炉立地審査指針で、重大事故とともに想定された事故。重大事故とは技術的見地からみて最悪の場合にはおこるかもしれないと考えられる規模の事故。仮想事故とは、重大事故を越えるような技術的見地からはおこるとは考えられない事故。同指針では仮想事故がおきた場合、①被曝量が成人甲状腺で3シーベルト(Sv)、全身で0.25Svを目安となるように低人口地帯を設けること、②集団被ばく線量が2万人・Svを目安として人口密集地帯から離れること、を命じている。〔舘野 淳〕
☞原子炉の重大事故

### 加速器 [accelerator]
▶かそくき

原子核などの荷電粒子に運動エネルギーを与えるための装置。入射粒子が原子核である場合、核反応を効率よくおこさせるためには、標的核と入射粒子のあい

だに働く電気的な斥力に起因するクーロン障壁より大きな運動エネルギーを入射粒子に与えなければならない。このための装置が加速器である。粒子加速器、加速装置ともいう。コッククロフト・ウォルトン加速器、ファンデグラーフ加速器、サイクロトロン、ベータトロン、シンクロトロンなど多くの加速器がある。

〔野口邦和〕

☞核反応

## カナダ型重水炉
[Canadian deuterium uranium reactor (CANDU)]
▶かなだがたじゅうすいろ

天然ウランを燃料に用い、重水を減速材に用いる圧力管型の原子炉。冷却材に重水を用いるPHW型と、軽水を用いるBLW型とがある。PHW型では横置きのカランドリアタンク内には減速材の重水が満たされており、この中を多数の圧力管が水平に貫いている。圧力管の内部には燃料集合体があり、冷却材の重水が流れている。炉外に出た冷却材の重水は蒸気発生器で二次系の軽水に熱を渡し、これを蒸気に変え、タービンを回す。制御棒は圧力管とは垂直に、上下方向にカランドリアを貫いている。BLW型では圧力管内の軽水が直接蒸気となってタービンを回す。CANDU炉では運転中に燃料の交換が可能である。　〔舘野 淳〕

☞冷却材、圧力管

## ガラス固化 [glassification、vitrification]
▶がらすこか

使用済み燃料の再処理工場から排出される高レベル放射性廃棄物の処分法の1つ。分離された高レベル放射性廃液を加熱処理して水分を除き、ホウケイ酸ガラスなどのガラス粉末と混合して高周波加熱により約1100℃で溶融後、ステンレス製の容器（キャニスターと呼ばれる）に流して冷却固化する。ガラスに対する混入割合は2-3割。固化体を入れたキャニスター（一例として高さ1.3m、直径40cm）は、5.5年経過の使用済み燃料を処理した場合、$1.5 \times 10^7$ギガベクレル（GBq、旧単位で約40万キュリー（Ci））と極めて高い放射能を含んでおり、2kW程度の崩壊熱を発生する。このため遠隔操作で扱い、ガラス固化体貯蔵施設で空冷貯蔵し、後に深地中処分などを行う。　〔舘野 淳〕

☞使用済み燃料、再処理工場、高レベル廃棄物

## 環境放射線 [environmental radiation]
▶かんきょうほうしゃせん

人間の生活環境にある放射線。環境放射線はもともと自然界に存在する自然放射線と、人工放射線に大別される。自然放射線は、①宇宙空間から地球上に飛来する宇宙線（詳しくは直接飛来する宇宙線を一次宇宙線、一次宇宙線が地球大気と衝突をすることにより生成する放射線を二次宇宙線という）、②宇宙線が地球大気と衝突することにより生成する放射性核種（宇宙線生成核種といい、水素3、ベリリウム7、炭素14、ナトリウム22など）の放出する放射線、③ウラン238、ウラン235、トリウム232などの非常に半減期の長い放射性核種および

## かんきょうほう

**ガラス固化体ができるまで**

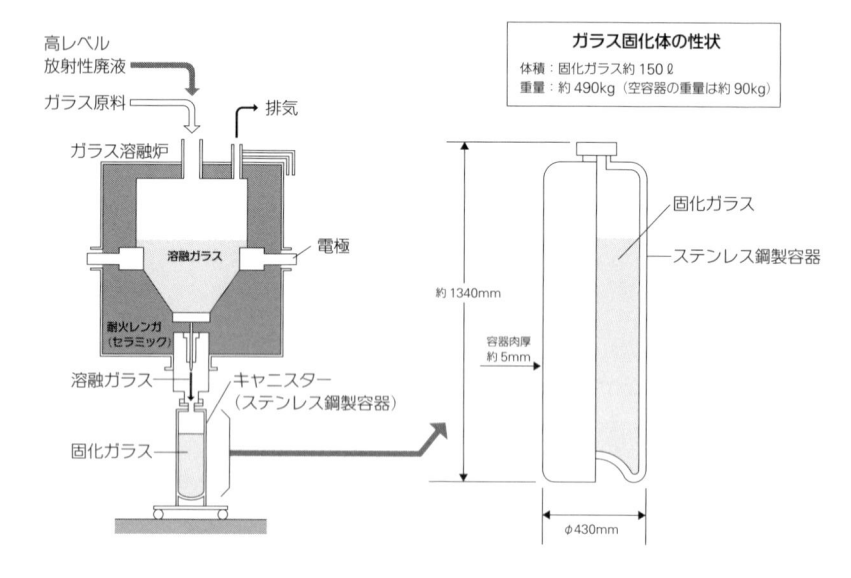

図：高レベル放射性廃液、ガラス原料 → ガラス溶融炉（電極、溶融ガラス、耐火レンガ（セラミック））→ 排気、溶融ガラス → キャニスター（ステンレス鋼製容器）→ 固化ガラス

ガラス固化体の性状
体積：固化ガラス約150ℓ
重量：約490kg（空容器の重量は約90kg）
約1340mm、容器肉厚約5mm、φ430mm、固化ガラス、ステンレス鋼製容器

子孫核種の放出する放射線、④人為放射性核種でありながら核爆発実験や原子力発電所の事故などにより自然界にばらまかれてしまった放射性核種（人為放射性核種ということもある）の放出する放射線などである。通常の地域における自然放射線に起因する人間の1年間あたりの被ばく線量（1人あたりの世界平均）は、原子放射線の影響に関する国連科学委員会の報告書によれば、体外被曝0.8ミリシーベルト（mSv）、体内被曝1.6mSv、計2.4mSvと推定されている。日本平均（1人あたり）では、地表面に含まれるウランやトリウムが世界平均より低いため、1年間あたり計1.5mSvと推定されている。この他、上記の人為放射性核種からの放射線とは別に、管理下にある人工放射線として医療用放射線（診断用X線など）などがある。診断や治療で用いられる医療用放射線による被曝線量（1人あたり）は国により大きく異なるが、日本の場合は1年間あたり2.25mSvと推定されており、自然放射線よりはるかに高い。　　〔野口邦和〕

☞宇宙線、被曝線量、環境放射能

### 環境放射能
[environmental radioactivity]
　　　　　　　　▶かんきょうほうしゃのう

　人間の生活環境中に存在する放射性核種。環境放射能としては、①宇宙線生成核種：水素3（$^3$H）、ベリリウム7（$^7$Be）、炭素14（$^{14}$C）、ナトリウム22（$^{22}$Na）が主で大部分は大気中に存

在する、②ウラン238（$^{238}$U）、ウラン235（$^{235}$U）、トリウム232（$^{232}$Th）などの非常に半減期の長い放射性核種および子孫核種（大部分は大地表面と建造物中に存在する）、③人為放射性核種：セシウム137（$^{137}$Cs）やストロンチウム90（$^{90}$Sr）などの核爆発実験や原子力発電所の事故などに由来するものや、テクネチウム99m（$^{99m}$Tc）、ヨウ素131（$^{131}$I）、ガリウム67（$^{67}$Ga）などの医療で用いた人工放射性核種などがある。〔野口邦和〕

☞環境放射線、核種

## 環境モニタリング
[environmental monitoring]
▶かんきょうもにたりんぐ

環境中の放射線量や放射能濃度などを調査することをいう。調査対象はもともと自然界に存在する放射性核種の場合もあるが、原子力施設などに起因する人工放射性核種である場合が多い。原子力施設の環境モニタリングでは、放射性核種が大量に漏れ出るような場合を除けば、通常は微弱な人工放射性核種を測定・監視する場合がほとんどである。土壌、水、植物、牛乳などの環境試料中には、天然放射性核種やかつての大気圏内核実験に起因する人工放射性核種が混在することも多く、これらを区別して正しく評価するためには高度な専門的知識や経験が必要である。〔野口邦和〕

☞核種

## ガンマ線 [gamma rays（γ-rays）]
▶がんません

より高いエネルギー準位にある原子核がより低いエネルギー準位に転移する際に原子核から放出される電磁波をいう。放射性核種により固有のエネルギーを有するため、γ線のエネルギーを測定すればその放射性核種の種類を知ることができる。また、1秒間あたりに放出されるγ線の数と放射性核種の放射能の強さの間には比例関係が成り立つため、1秒間あたりのγ線の数からその放射性核種の放射能の強さを知ることもできる。X線とは発生原因により区別されるだけで、その本性において何ら変わるところはない。〔野口邦和〕

## 管理区域 [controlled area]
▶かんりくいき

①外部放射線については、1cm線量当量が3ヵ月間あたり1.3ミリシーベルト（mSv）を超え、あるいは超えるおそれのある場所、②空気中の放射性核種の濃度については、3ヵ月間あたりに平均濃度が空気中濃度限度の10分の1を超え、あるいは超えるおそれのある場所、③放射性核種によって汚染されたものの表面の密度が表面密度限度の10分の1を超え、あるいは超えるおそれのある場所をいう。

管理区域は放射線レベルまたは放射能レベルが法令で定められた値を超えるおそれのある区域として設定されているため、放射線作業者以外の者がみだりに立

# き

ち入ってはならない。　　　〔野口邦和〕

## キセノン [xenon]
▶きせのん

原子番号54、元素記号Xe、原子量131.29、周期表の18属元素いわゆる希ガス元素の1つである。大気中の濃度が $8.7 \times 10^{-6}$％と非常に少なく、単原子分子で存在する無色無臭の気体である。沸点-108.1℃、融点-111.8℃、密度5.897 g／L（0℃、1気圧）。希ガス元素は一般に不活性で化合物を作らないとされてきたが、1962年にカナダのバートレット（Bartlett,N）が $XePtF^6$ を作ってから、$XeF^2$、$XeF^4$、$XeF^6$ や $XeO^3$、$XeO^2F^2$、$XeOF^4$ などの化合物が作られるようになった。〔野口邦和〕

## キセノン毒作用 [xenon poisoning]
▶きせのんどくさよう

原子力分野における毒作用とは、原子炉内に存在する物質が中性子を吸収して減らし、原子炉の反応度を低下させることをいう。特に核分裂生成物として原子炉内に生成するヨウ素135（半減期6.57時間、ウラン235を熱中性子照射した際の核分裂収率6.28％）の壊変により生ずるキセノン135（同9.14時間）は熱中性吸収断面積（中性子吸収能力）が $2 \sim 3 \times 10^6$ バーンと非常に大きいことで知られ、これをキセノン毒作用という。〔野口邦和〕

## キャスク [cask]
▶きゃすく

軽水炉使用済み燃料を原子炉から再処理工場などへ運搬する際の輸送容器。一例をあげると、直径2-3 m、全長約5 m、重量50 t程度、鋳鉄製の円筒形容器で、使用済み燃料から発生する崩壊熱を冷却するためのフィンがついている。内部は3層になっており、中心部には燃料集合体10-20本を収納、その外側には遮へい用鉛がつめられ、さらにその外側には中性子遮へいおよび冷却用のエチレン・グリコール水がつめられている。
〔舘野　淳〕

☞使用済み燃料

## キャニスター [canister]
▶きゃにすたー

高レベル放射性廃棄物のガラス固化による処分を行う際に封入するステンレス製の容器。すなわち、高レベル廃棄物をガラス原料と混ぜて約1100℃で溶融し、キャニスターにつめた後、ふたを溶接でシールして空冷式貯蔵庫で保管、その後深地中処分などを行う。寸法は青森県にある六ヶ所高レベル放射性廃棄物貯蔵管理センターの場合、高さ1.3 m、直径40cmである。〔舘野　淳〕

☞ガラス固化、高レベル廃棄物

## CANDU炉
▶きゃんどうろ

➡カナダ型重水炉

## 吸収材 [absorber]
▶きゅうしゅうざい

原子力分野における吸収材とは、中性子吸収断面積（中性子吸収能力）の大きい物質をいう。ホウ素（熱中性子吸収断面積764バーン）、カドミウム（同2530バーン）、インジウム（同193バーン）、サマリウム（同5670バーン）、ユウロピウム（同4560バーン）、ガドリニウム（同4万8890バーン）、エルビウム（同170バーン）、ハフニウム（同105バーン）などが知られ、原子炉の制御材などに利用されている。

〔野口邦和〕

☞制御材

## 吸収線量 [absorbed dose]
▶きゅうしゅうせんりょう

物質が電離放射線によりどのような効果を受けるか、という観点から眺めた放射線の量を線量という。吸収線量は、任意の放射線に対して適用され、単位質量の物質に付与されたエネルギーの量により定められた線量をいう。吸収線量の単位はグレイ（Gy）で、$1Gy \equiv 1J \cdot s^{-1}$と定義されている。なお、単位時間あたりの吸収線量を吸収線量率といい、$Gy \cdot min^{-1}$や$Gy \cdot h^{-1}$などの単位が用いられている。1989年3月まで用いられていた吸収線量の単位はラド（rad）で、$1Gy = 100rad$の関係がある。〔野口邦和〕

☞電離放射線

## 急性障害 [acute radiation injury]
▶きゅうせいしょうがい

急性被曝、すなわち比較的短時間内に多量の放射線を浴びたことにより、短い潜伏期間をおいて発症する障害を急性障害という。末梢血中のリンパ球など血球数の減少、不妊、脱毛、消化管の障害などはすべて急性障害である。また、全身性の急性障害は急性放射線症という。

〔野口邦和〕

## 緊急時迅速放射能影響予測ネットワークシステム
▶きんきゅうじじんそくほうしゃのうえいきょうよそくねっとわーくしすてむ

➡ SPEEDI

## 緊急事態応急対策拠点施設
▶きんきゅうじたいおうきゅうたいさくきょてんしせつ

➡オフサイトセンター

## 緊急炉心冷却装置
▶きんきゅうろしんれいきゃくそうち

➡非常用炉心冷却装置

# く

## クラッド [crud]
▶くらっど

水あか。原子炉（軽水炉）内の一次冷却水中における、配管などの金属材料の腐食によって生ずる不溶性の腐食生成物をいう。原子炉内の中性子照射により放射化され$^{60}Co$（半減期5.271年）や$^{54}Mn$（同312.1日）などがクラッドと

# くりあらんす

して配管内に沈着するため、保守点検作業時における労働者被曝の主な原因となる。カナダのチョークリバー研究所の原子炉で初めて見つかり問題になったことから、crud は Chalk River Unidentified Deposit に起因する用語であるといわれる。

〔野口邦和〕

☞労働者被曝

## クリアランス [clearance]
▶くりあらんす

原子力施設から発生する廃棄物の中には、放射性物質を含む物と放射性物質でない物とがある。また、放射性物質を含む物の中には、放射性物質として取り扱わなければならない物と放射能濃度が極めて低いために放射性物質として取り扱う必要のない物とがある。放射性物質として取り扱う必要のある物と取り扱う必要のない物とに選別することをクリアランスと呼んでいる。すそ切りともいう。また、この選別基準をクリアランスレベル、放射性物質として取り扱う必要のない物をクリアランス物質という。日本の場合、推定年線量が $10\mu$Sv 以下になるよう定めた国際原子力機関（IAEA）の安全指針をクリアランスの判断基準として取り入れ、2005年5月の原子炉等規制法の改正によりクリアランス制度を導入した。クリアランスは合理的な考え方ではあるが、この制度導入の背景には原子炉施設の廃止措置に伴って発生する大量のコンクリートや鉄材をクリアランスレベル以下の物として処分できるようにするねらいがあり、クリアランスを乱用すると汚染物を見逃すおそれがある。

〔野口邦和〕

☞放射性廃棄物、原子炉等規制法、原子炉の廃止措置

## クリプトン [krypton]
▶くりぷとん

原子番号36、元素記号 Kr、原子量83.80、周期表の18属元素いわゆる希ガス元素の1つである。大気中の濃度は $1.0\times10^{-4}$％と非常に少なく、単原子分子として存在する、無色無臭の気体である。沸点-153.2℃、融点-157.4℃、密度 3.749 g／L（0℃、1気圧）。使用済み燃料中には核分裂生成物のクリプトン85（半減期 10.76 年）が存在するため、再処理工場で使用済み燃料を溶解する際に排気筒から大気中に排出される。

〔野口邦和〕

## グレイ
▶ぐれい

➡吸収線量

## グローブボックス [glove box]
▶ぐろーぶぼっくす

放射性核種の吸入摂取による内部被曝を避けるために作成された、手袋のついた、外気から遮断された密閉箱をいう。放射線作業者は外部から手袋を通して箱の中にある装置や試料を取り扱う。グローブボックスには通常はフィルター、排風機が付属しており、装置や試料の出し入れをするためエアロックが設けられている。

〔野口邦和〕

☞体内被曝

# け

## 軽水 [light water]

▶けいすい

重水に対比して「普通の水」を呼ぶときの名称。水素には質量数1の水素1（$^1H$）、質量数2の水素2（$^2H$、重水素〈deuterium〉といい、本来の核種記号ではなくDと表記されることも多い）、質量数3の水素3（$^3H$、三重水素〈tritium〉といい、本来の核種記号ではなくTと表記されることも多い）の3つの同位体がある。その天然同位体存在比は水素1が99.9885％、水素2が0.0115％で、水素3は水素1の$10^{18}$分の1ほどしか存在しない。これらの水素が酸素と化合して生成した水のうち、$D_2O$（$^2H_2O$）を重水、これに対比して普通の水（$H_2O$）を軽水という。当然、軽水中の水素には水素2が0.0115％含まれる。

〔舘野　淳〕

## 軽水炉 [light water reactor]

▶けいすいろ

原子炉の特徴を核燃料、減速材、冷却材で表現すると、軽水炉は低濃縮ウラン、減速材と冷却材に普通の水（ただし、溶解物の非常に少ない極めて純度の高いもの）を用いた原子炉である。軽水炉は、発電炉のほかに原子力潜水艦、原子力空母などの原子力艦船の舶用動力炉として実用化されている。舶用動力炉としての軽水炉は、とりわけ原子力軍艦の動力炉の場合、原子炉を可能なかぎり小型軽量とし、かつ核燃料の交換を生涯に1回、またはまったく交換しないようにするため、核燃料に核兵器級（濃縮度93％以上）、あるいはそれ以上の濃縮度の高濃縮ウランを用いている。発電炉としての軽水炉は、濃縮度3-4％ほどの低濃縮ウランを用い、加圧水型軽水炉（PWR）と沸騰水型軽水炉（BWR）に分けられる。2007年12月末における炉型別発電設備容量の割合は、軽水炉が全体の約88.0％（PWR65.4％、BWR22.6％）、基数でも軽水炉が全体の82.9％（PWR61.3％、BWR21.6％）を占め、世界の主流になっている。天然ウランではなく低濃縮ウランを核燃料として用いなければ効率よく核分裂連鎖反応をおこすことのできない軽水炉が世界の主流になった最大の理由は、軍事用濃縮ウラン生産の余剰能力を背景に、米国が低濃縮ウランの供給を保証したことにある。設備容量、基数ともに軽水炉の約74％を占めるPWRは、もともと米国海軍が原子力潜水艦用として開発したものである。それを実地での技術的蓄積を軽視してコンピュータ・シミュレーション技術に頼って急速に大型化し、部品の規格化・量産化によりコストを下げて火力発電と競争できるようにして"プルーブン・リアクター"（実証済み原子炉）と称して売り込んだのが現在のPWRである。実地での技術的蓄積を軽視して急速に大型化した点では、軽水炉の約26％を占めるBWRも同様である。

〔野口邦和〕

☞加圧水型炉、沸騰水型炉、冷却材

## けんさんきょう

**原子の構造**

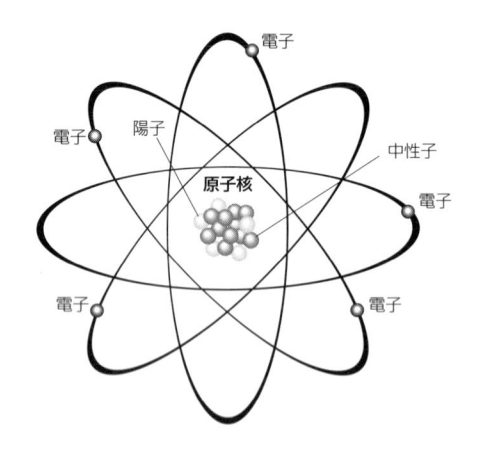

|  | 陽子の数 | 中性子の数 | 陽子と中性子の数の和 | 自然界に存在する割合 |
|---|---|---|---|---|
| ウラン234 | 92 | 142 | 234 | 0.0055% |
| ウラン235 | 92 | 143 | 235 | 0.7200% |
| ウラン238 | 92 | 146 | 238 | 99.2745% |

**原産協会** ▶げんさんきょうかい
➡日本原子力産業協会

**原子** [atom]
▶げんし

　すべての物質のもととなるもの。中心に位置するプラスの電気を帯びた原子核とその周りを回っているマイナスの電気を帯びた電子が電気的な力で結合している粒子で、その大きさは100億分の1メートルほどである。原子核は、プラスの電気を帯びた陽子と電気を帯びていない中性子が核力という強い力で結合している粒子である。原子核の大きさは原子の10万分の1～1万分の1ほど。陽子と電子の電気量はまったく等しく単にプラスとマイナスの符号が異なるだけなので、陽子数と電子数が等しい原子は電気的に中性、陽子数より電子数が少ない原子は電気的にプラス、陽子数より電子数の多い原子は電気的にマイナスとなり、それぞれ中性原子、陽イオン、陰イオンと呼ばれている。陽子と中性子の質量はほぼ等しく、電子の質量は陽子や中性子のおよそ1840分の1しかない。そのため、原子核の質量は陽子数と中性子数の合計数（これを質量数という）でほぼ決まり、また原子の質量は原子核の質量でほぼ決まる。
〔野口邦和〕

## 原子核反応　▶げんしかくはんのう
➡核反応

## 原子力 [nuclear power]
▶げんしりょく

ウラン235やプルトニウム239などの核分裂反応、重水素や三重水素（トリチウム）、リチウム6などの核融合反応によって生ずる核エネルギーをいう。日本では核エネルギーの兵器利用に対して「核」（核兵器、核実験など）、動力利用に対して「原子力」（たとえば原子力発電、原子燃料サイクル、原子力空母など）と使い分けることもあるが、本質的に意味のある使い分けではないという批判もある。　　　　　　　　〔野口邦和〕

☞核エネルギー

## 原子力安全条約
[Convention on Nuclear Safety]
▶げんしりょくあんぜんじょうやく

正式名称は、原子力の安全に関する条約。旧ソ連、中・東欧諸国における原子力発電所の安全問題の顕在化を背景として、原子力発電所の安全確保とそのレベル向上を世界的に達成、維持することを目的として策定された。国際原子力機関（IAEA）が策定作業を行い、1994年6月外交会議の採択を経て、96年10月に発効した。2011年4月現在、締約国・機構は72で、144のIAEA加盟国の半数でしかない。条約の義務的条項には、法的措置、安全優先政策の確立、安全資源の確保、人的因子への配慮、放射線防護、品質保証、施設の安全評価、緊急時対応、立地の評価、設計および建設時の安全確保などがあり、その遵守状況について、原則として3年ごとに報告書（国別報告書）をIAEAへ提出し、締約国によるレビューに付される。
〔野口邦和〕

## 原子力安全・保安院
[Nuclear and Industrial Safety Agency (NISA)]
▶げんしりょくあんぜん・ほあんいん

2001年1月の省庁再編により、核燃料サイクル施設の安全規制のうち、核燃料の加工施設、放射性廃棄物の埋設・管理施設、再処理施設、原子力発電所については経済産業省が担当することになった。また、核燃料物質と核原料物質の使用の規制、試験研究用原子炉の規制、科学技術に関する原子力政策については文部科学省が担当することになった。これに伴って経済産業省の外局として新設されたのが原子力安全・保安院（保安院）である。保安院は原子力の安全規制・防災対策を行う原子力安全分野に加え、エネルギーに係る産業の保安を確保する産業保安分野（電力、都市ガス、熱供給、火薬類、高圧ガス、石油コンビナート、液化石油ガス、鉱山など）も担っている。原子力の安全規制を担う保安院と推進部門の資源エネルギー庁が経済産業省に集中するため、当初から省庁間のチェック機能が働かなくなるおそれがあるとされていたが、その指摘が裏づけられつつあるといえる。なお、日本も批准している「原子力の安全に関する条約」は、原子力の推進機関と規制機関の分離を求めて

## けんしりょくあ

いる。規制部門と推進部門が経済産業省に同居している現在の状況は、国際条約に違反するという批判も強い。2011年3月におこった東京電力福島第一原子力発電所事故での機能不全の実態から、2012年3月をもって廃止され、同年4月に環境省の外局として原子力規制庁が新たに設けられることが決定した。

〔野口邦和〕

☞原子力安全基盤機構

### 原子力安全委員会
[Nuclear Safety Commission of Japan (NSC)]

▶げんしりょくあんぜんいいんかい

　原子力船「むつ」の事故問題を契機に、原子力の開発推進と安全審査を同じ旧原子力委員会が行っていることに対する国民の批判が強まり、1978年10月に旧原子力委員会の機能のうち安全規制を独立して担当する機関として旧総理府内に設置された。その後、2001年1月の省庁再編により原子力安全委員会は、原子力委員会とともに現在の内閣府に移管された。原子力安全委員会が旧総理府や内閣府内に設置されたのは、原子力安全行政の「かなめ」として文部科学省や経済産業省などの行政庁からの独立性・中立性を保つためであるとされている。原子力安全委員会は内閣総理大臣を通じた関係行政機関への勧告権を有するなど、通常の審議会よりも強い権限をもっているが、その実態は政府の補助諮問機関の域を出ていないとする批判が強い。原子力安全委員会は国会の同意を得て内閣総理大臣により任命される5名の委員に加え、延べ390名の専門分野の有識者からなる審査委員、調査委員、専門委員と100名を超える事務局により構成されている。しかし、専門分野の有識者の実態は高名で多忙な政府系学者のパートタイマーにすぎないという批判も強い。2011年3月に起こった東京電力福島第一原子力発電所事故をうけ、原子力安全委員会は2012年3月をもって廃止され、原子力の安全規制を担うために新設される原子力規制庁の独立性を確立する監視機関として、環境省内に2012年4月に原子力安全調査委員会が新たに設けられることが決定した。

〔野口邦和〕

☞原子力委員会

### 原子力安全技術センター
[Nuclear Safety Technology Center (NUSTEC)]

▶げんしりょくあんぜんぎじゅつせんたー

　文部科学省所管の財団法人で、1980年10月に放射線安全技術センターとして設立されたが、86年10月に原子力安全技術センターと改称された。原子力安全の確保のため、放射線障害防止法および原子炉等規制法に基づく指定機関としての指定業務、原子力防災に関する業務、防災技術センター運営、原子力安全の確保に関する試験研究および調査、各種講習会の開催、普及活動、原子力公開資料センター運営および国際交流などを行っている。

〔野口邦和〕

☞原子炉等規制法

## 原子力安全基盤機構
[Japan Nuclear Energy Safety Organization (JNES)]
▶げんしりょくあんぜんきばんきこう

　規制行政機関である原子力安全・保安院と連携し、原子力の安全確保に関する専門的・基盤的な業務を実施する機関として2003年10月に設立された独立行政法人。原子力施設に関する検査、安全性に関する解析・評価、防災支援、安全確保に関する調査・試験・研究および安全確保に関する情報の収集・整理・提供など、多岐にわたる業務を行っている。
〔野口邦和〕

☞原子力安全・保安院、原子力発電技術機構

## 原子力安全調査委員会
▶げんしりょくあんぜんちょうさいいんかい
➡原子力安全委員会

## 原子力委員会
[Atomic Energy Commission of Japan (AEC)]
▶げんしりょくいいんかい

　1956年1月に旧総理府内に設置された、日本の原子力政策に関する内閣総理大臣の諮問機関である。原子力基本法は、原子力の研究、開発、利用を「平和の目的に限り」行うよう定めている。米国原子力委員会が大きな権限をもっているのにならい、日本でも原子力委員会を行政委員会にすべきであるという意見が強くあったが、平和利用からの逸脱を政府から独立してチェックするために行政委員会とせず旧総理府に設置したとされている。委員長と4名の委員で構成され、委員は国会の同意を得て内閣総理大臣が任命することになっている。委員長は発足当初国務大臣、その後科学技術庁長官たる国務大臣があてられていた。2001年1月の省庁再編後は国務大臣のあて職ではなくなった。原子力委員会は、①原子力研究、開発および利用の基本方針すなわち原子力政策大綱を策定すること、②原子力関係予算の配分計画を策定すること、③原子炉等規制法（核原料物質、核燃料物質及び原子炉の規制に関する法律）に規定する許可基準の適用について所管大臣に意見を述べること、④関係行政機関の原子力の研究、開発および利用に関する事務を調整することなどについて企画し、審議し、決定することを役割としている。5名の委員に加え、延べ100名ほどの専門分野の有識者からなる専門委員からなり、委員会庶務は内閣府原子力政策担当室が担っている。原子力安全委員会と同様に、専門分野の有識者の実態は高名で多忙な政府系学者のパートタイマーにすぎないという批判もある。
〔野口邦和〕

☞原子力基本法、原子力政策大綱、原子炉規制法

## 原子力規制庁
▶げんしりょくきせいちょう
➡原子力安全・保安院

## 原子力基本法
▶げんしりょくきほんほう

　1955年12月に公布された日本の原子力に関する最も基本的な法律。日本における原子力の研究、開発、利用を平和の目的に限定し（平和利用原則）、安全の確保を旨として（安全確保原則）、か

# けんしりよくき

つ原子力行政が「自主・民主・公開」の三原則にもとづいて行われるべきことを定めている。原子力三原則は、原子力開発が自国に根ざした自主的エネルギー開発であるべきこと、民主的行政が保障されていること、そして原子力行政が総体として国民の十分な監視の下で国民に開かれた行政であるべきことを宣言したものである。特に「公開の原則」は、情報の秘密化を防止し、国民に原子力開発がどのように行われているかを知らしめ、平和利用原則を保障することを目的としている。また、安全確保原則は、原子力開発にあたっては国民の健康と安全が確保されなければならないことを定めたものである。原子力開発の平和利用原則、安全確保原則、原子力三原則を法律で明確に定めている国はほとんどなく、その意味で原子力基本法は世界に誇るべき法律である。しかし、日本の原子力開発の実際の歴史はこれら諸原則の形骸化の歴史であったという批判も強い。〔野口邦和〕

## 原子力緊急時対策
▶げんしりよくきんきゅうじたいさく

➡原子力防災

## 原子力空母
[nuclear-powered aircraft carrier]
▶げんしりよくくうぼ

航空母艦（空母）は、軍用航空機を海上で運用することを目的に作られた軍艦である。このうち主動力源として原子炉を用いたものが原子力航空母艦（原子力空母）である。空母は航空兵力を展開する「浮かぶ航空基地」であるが、単独で作戦行動をすることはない。イージス巡洋艦、イージス駆逐艦、ミサイルフリゲート艦など複数の護衛艦と攻撃型原子力潜水艦、補給艦などからなる空母打撃群として作戦行動にあたる。通常型空母であれ原子力空母であれ空母打撃群は、空母による航空打撃能力と早期警戒能力、護衛艦による対空・対潜・対地攻撃能力、潜水艦による対潜・対艦・対地攻撃能力など、強力な攻撃・防護能力を有する。とりわけ米国のニミッツ級原子力空母打撃群は強大で精密な攻撃能力を有し、世界最強の海軍兵器と呼ばれるものである。2008年9月に神奈川県横須賀市にある米国海軍横須賀基地に、従来の通常型空母キティホーク（CV-63）に代わって原子力空母ジョージ・ワシントン（CVN-73）が配備される。通常型空母から原子力空母への交替は、空母打撃群の攻撃・防護能力を格段に高めると同時に、それは太平洋およびインド洋の周辺各国・各地域に対する米空母打撃群による先制攻撃戦略の拠点として、横須賀基地を格段に強化するものである。そのため、原子力空母が深刻な原子炉事故をおこす危険性に加えて、核兵器のない平和で公正な世界の実現を求める立場から、原子力空母の横須賀配備に強く反対している市民も少なくない。さらに、原子炉事故ばかりでなく、①艦載機の訓練に伴う事故や騒音問題、②キティホークの約25％増の乗員の引きおこす不祥事や犯罪、③米軍住宅の増設に伴う逗子市の池子の森などの環境破壊、④放射性廃棄物の処理施設など、原子力空母の母港としての

施設建設に伴う環境破壊や事故、⑤超過密な浦賀水道での衝突・海難事故のおそれなど、さまざまな問題も指摘されている。〔野口邦和〕

## 原子力災害対策特別措置法
▶げんしりょくさいがいたいさくとくべつそちほう

1999年9月、東海村JCO臨界事故で明らかになった原子力施設の防災対策（緊急時対策）の不備を充実させるため同年12月に制定、2000年6月に施行された法律（原災法）。原子力事業者に対して防災業務計画の作成、防災組織の設置、防災組織を統括する防災管理者の選任、防災業務計画の国への届出、防災組織の要員と防災管理者の国および自治体への届出などを義務づけた。防災管理者に対して、一定基準を超える異常事態が発生した場合、国および自治体に通報するよう義務づけた。国は、防災に関する事業者への指導や緊急時の情報収集にあたる防災専門官を新設し、事業所に配置することとした。一定規模を超える災害が発生した場合、内閣総理大臣は緊急事態宣言を発し、災害対策本部を設置して本部長に就く。本部長は自治体の長や事業者に緊急事態応急対策を指示したり、防衛大臣に自衛隊の出動を要請する権限などを有する。また、原子力施設のある自治体に緊急事態応急対策の拠点となるオフサイトセンターを新設し、災害時の前線本部とすることとなった。原子力施設の防災対策は、従来は災害対策基本法に基づいて対応していたが、原子力災害対策特別措置法は災害対策の基本法の枠組みを基本としながらも、原子力災害の特殊性に鑑み、対策を追加・修正するものであるとされている。原子力災害時の対応を国に一元化する方向で防災対策を強化したものとされているが、このような大がかりな仕組みで災害時に機敏に対応できるかという点で批判もある。

〔野口邦和〕

☞東海村JCO臨界事故、オフサイトセンター

## 原子力三原則
[three principles on atomic energy]
▶げんしりょくさんげんそく

原子力基本法（1955年12月公布）第2条に定められている「原子力の研究、開発及び利用は、平和の目的に限り、安全の確保を旨として、民主的な運営の下に、自主的にこれを行うものとし、その成果を公開し、進んで国際協力に資するものとする。」の中の「民主・自主・公開」の三原則を原子力三原則という。原子力三原則の源泉は1954年4月の日本学術会議第17回総会における「原子力の研究と利用に関し公開、民主、自主の原則を要求する声明」である。この声明は日本における核兵器に関する研究を行わない、外国の核兵器と関連あるいっさいの研究を行ってはならないとの固い決意を保障するための原則として、まず原子力開発に関するいっさいの情報が完全に公開され、国民に周知されることを要求している（公開の原則）。さらに、日本の原子力開発がいたずらに外国の原子力開発の体制を模することなく、真に民主的な運営によって行われること（民

## けんしりよくし

主の原則)、日本国民の自主性ある運営の下に行われるべきことを要求している(自主の原則)。〔野口邦和〕

☞原子力基本法

### 原子力事故の早期通報に関する条約
▶げんしりょくじこのそうきつうほうにかんするじょうやく
➡早期通報条約

### 原子力事故または放射線緊急事態の場合における援助に関する条約
▶げんしりょくじこまたはほうしゃせんきんきゅうじたいのばあいにおけるえんじょにかんするじょうやく
➡相互援助条約

### 原子力施設の安全審査
[safety examination of nuclear facility]
▶げんしりょくしせつのあんぜんしんさ

　原子力施設を設置あるいは変更する際に、国が法律や指針に基づいて安全性をチェックすること。原子力発電所の場合、電気事業者が経済産業大臣に設置許可申請を行う。これを受けて経済産業省は「安全設計審査指針」、「立地審査指針」、「安全評価に関する審査指針」、「線量目標値に関する審査指針」などに基づいて審査を行う(一次審査)。これが終了した後、原子力安全委員会に諮問する。安全委員会は、外部の専門家により構成され、公開で審議を行う原子炉安全専門審査会に検討を依頼し、審査する(二次審査)。同時に公開ヒヤリングを開催して地元住民の意見を審査に参酌することになっている。以上をダブルチェック体制という。このような審査体制に対して「基本的には開発推進の役割を担う経済産業省が行っており、公正な審査は期待できない。安全審査を含めて規制行政は完全に中立な第三者機関が行うべきである」、という意見も強い。〔舘野 淳〕

☞原子力安全委員会

### 「原子力施設等の防災対策について」
▶げんしりょくしせつとうのぼうさいたいさくについて

　1979年3月に発生した米国スリーマイル島原子力発電所事故を契機に、原子力災害特有の事象に着目し原子力発電所などの周辺における防災活動をより円滑に実施できるように技術的、専門的な事項を原子力安全委員会が80年6月にとりまとめた指針。①原子力防災に対する考え方、②防災対策を重点的に充実すべき地域の範囲(EPZ)、③緊急時環境放射線モニタリング、④災害応急対策、⑤緊急被ばく医療の実施などについて示されている。その後、2000年5月には、東海村におけるJCO臨界事故、07年5月には、国際的な原子力防災に係わる検討、08年3月には「環境放射線モニタリング指針」の原子力安全委員会決定に従い改訂された。2011年3月に起こった東京電力福島第一原子力発電所事故をうけ、同年7月から原子力安全委員会の作業部会で全面的な見直しが開始され、避難場所の設定や放射線モニタリングを行う「緊急防護措置区域」(UPZ)の半径30km圏内新設、安定ヨウ素剤を配備する「放射性ヨウ素対策地域」(PPA)の半径50km圏内新設、SPEEDIやオフサイトセンターの活用見直しなどが決められた。〔野口邦和〕

## 原子力政策大綱
[Framework for Nuclear energy Policy]
▶げんしりょくせいさくたいこう

国の原子力政策の基本方針として、原子力委員会が1956年以来おおむね5年ごとに策定しているもので、2000年11月に策定された計画までを「原子力長期計画」と呼んでいた。01年1月の省庁再編に伴って原子力委員会が内閣府に移管以降、05年10月に策定された現行の計画からは「原子力政策大綱」と名称変更された。現行の原子力政策大綱の原子力政策は次のとおりである。原子力発電は、地球温暖化と電力の安定供給に貢献しており、引き続き「基幹電源」として位置づけて着実に推進する。また、2030年以降も総発電電力量の30-40%程度という現在の水準程度か、それ以上の供給割合を原子力発電が担うことをめざす。使用済み燃料は再処理し、回収されるプルトニウムおよびウランを有効利用することを基本とし、核燃料サイクルを確立する。さらに、回収されるプルトニウムおよびウランを有効利用するとの基本方針をふまえ、当面は軽水型原発でのMOX燃料利用、すなわちプルサーマル利用を着実に推進する。高速増殖炉は、ウラン需要の動向や経済性などの諸条件が整うことを前提に、2050年頃から商業ベースでの導入をめざす。使用済み燃料のうち再処理能力を超えて発生するものについては中間貯蔵し、その処理の方策を2010年頃から検討開始する。放射性廃棄物の処分は適切に区分し、区分ごとにそれぞれ安全に処理・処分する。化石燃料資源をめぐる国際競争の緩和や地球温暖化対策などに寄与するため、日本の軽水炉関連技術の国際展開を進める。

〔野口邦和〕

☞原子力発電、核燃料サイクル、MOX燃料、プルサーマル

## 原子力損害の補完的補償に関する条約
[Convention on Supplementary Compensation for Nuclear Damage(CSC)]
▶げんしりょくそんがいのほかんてきほしょうにかんするじょうやく

原子力事故の損害賠償について定めた国際条約。補完的補償条約ともいう。1997年9月にIAEAで採択され、現在、米国、アルゼンチン、モロッコ、ルーマニアの4カ国が加盟している（米国は2008年5月に批准）が、未発効。国内法における責任額（賠償措置額）を超える原子力損害が生じた場合に、CSC締約国の拠出による補完的基金を損害賠償に充てることを可能にする。日本はこれまで原発の大事故を想定しておらず、加盟してこなかったが、福島原発事故を契機に加盟を検討している。

## 原子力損害賠償支援機構法
▶げんしりょくそんがいばいしょうしえんきこうほう

原子力損害の賠償に関する法律の規定により原子力事業者が賠償の責めに任ずべき額が同法の賠償措置額を超える原子力損害が生じた場合において、当該原子力事業者が損害を賠償するために必要な資金の交付その他の業務を行うことによ

# けんしりよくそ

## 原子力損害賠償制度

| 事業者の責任（無限）／賠償措置額 | 事業者による賠償責任（＝無限責任）［＋国の援助］ | | 国の措置 |
|---|---|---|---|
| | 原子力損害賠償責任保険 | 原子力損害賠償補償契約 | ・異常に巨大な天災地変<br>・社会的動乱 |
| | ・免責事由以外のすべての原子力損害賠償責任 | ・正常運転<br>・地震・噴火・津波<br>・10年後の賠償請求 | |

←――――――事業者が負うべき責任の範囲――――――→

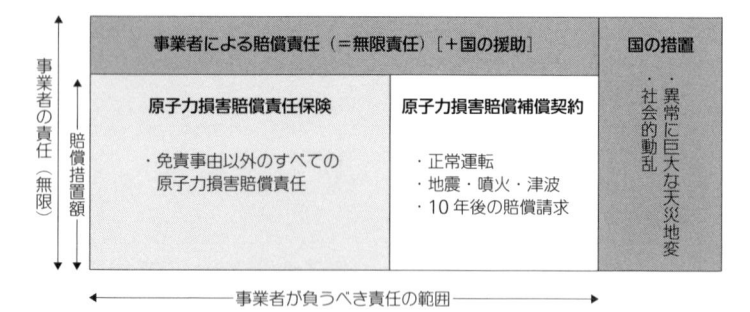

注1：賠償措置額は原子炉の運転等の内容により金額が異なる。
　2：賠償責任の額が賠償措置額を超え、かつ、原賠法の目的を達成するために必要があると認めるときは、国会の議決により原子力事業者に対し国が必要な援助を行う。
　3：原賠法上事業者が免責とされる損害（異常に巨大な天災地変、または社会的動乱によって生じたもの）については、国が必要な措置を講ずる。

り、原子力損害の賠償の迅速かつ適切な実施および電気の安定供給その他の原子炉の運転等に係る事業の円滑な運営の確保を図ることを目的とする法人として、原子力損害賠償支援機構を設立するための法律をいう。2011年8月10日公布・施行。この法律は法案段階から「東電救済法案」とも呼ばれ、機構を作ることにより、東京電力の利害関係者を救済し、国民負担を増やすものであり、将来的な電力自由化や電力改革の道が絶たれ、電気料金は高くなったままで自由競争の可能性もなくなると批判されている。

〔野口邦和〕

## 原子力損害賠償制度
[system for compensation of nuclear damage]

▶げんしりよくそんがいばいしょうせいど

原子力災害により住民が損害を受けた場合の補償を原子力事業者に義務づける制度をいう。日本の場合、1961年6月に制定された「原子力損害の賠償に関する法律」（原賠法）と「原子力損害賠償補償契約に関する法律」（補償契約法）が法的根拠となる。損害賠償措置は「原子力損害賠償責任保険契約」（責任保険）と「原子力損害賠償補償契約」（補償契約）によっている。損害賠償の責任は特別な場合（免責事由は社会的動乱及び異常に巨大な天災地変）を除いて原子力事業者が負うと原賠法は定め、原子力事業者に無過失・無限の賠償責任を課すとともに、賠償責任の履行を迅速かつ確実にするため、原子力事業者に対して責任保険への加入などの損害賠償措置を講ずるよう義務づけている。賠償措置額は熱出力1万kW超の原子炉および再処理施設の運転の場合は現在600億円、プルトニウムや濃縮度5％以上の加工・使用施設の場合は現在120億円などと決め

られている。損害賠償責任額が賠償措置額を超過した場合には、国会の議決により国が援助することができることになっている。また、民間保険会社による保険では対応できない地震、噴火、津波などの自然災害による原子力災害や正常運転時における原子力災害など責任保険で免責とされる損害については、原子力事業者と政府との間の補償契約により補償することになっている。　　　　〔野口邦和〕

## 原子力長期計画 ▶げんしりよくちょうきけいかく
➡原子力政策大綱

## 原子力電池 [atomic battery]
▶げんしりよくでんち

　放射性核種の壊変エネルギーを熱源とし、熱電対（2種の金属を接続して1つの回路としたもので、2つの接点に温度差を与えると熱起電力を生じ電流が流れる）を用いて発電する装置。プルトニウム238やストロンチウム90などの放射性核種が壊変するかぎり発電できることから原子力電池は寿命が長く安定しているため、電池交換が困難な分野（惑星探査機などの人工衛星、灯台）で用いられている。米国のパイオニア10号では最大出力155W（木星到着時で140W）の原子力電池SNAP-19が4基、パイオニア11号では木星到着時で出力144W（土星到着時で100W）の原子力電池が2基搭載された。　〔野口邦和〕

## 原子力発電 [nuclear power generation]
▶げんしりよくはつでん

　ウラン235やプルトニウム239などの核分裂連鎖反応により生ずるエネルギーを利用して発電する方式をいう。火力発電と原子力発電の本質的な違いは、前者が石油、石炭、天然ガスなどの化石燃料をボイラーで燃焼させる際に生ずる熱エネルギーで水蒸気を作るのに対し、後者は核燃料を原子炉で核分裂させる際に生ずる熱エネルギーで水蒸気を作ることにある。水蒸気の力により蒸気タービンを回転させて電力を発生させる点において、両者の間に本質的な違いはない。

　熱エネルギーから電気エネルギーへの変換効率（熱効率）は、どれだけ高温の水蒸気で蒸気タービンを回転させることができるかで決まる。原子力発電の場合、核燃料の温度を上げすぎると燃料破損の原因となるため（平常運転時における二酸化ウランを圧縮し焼結してセラミックス質にした円柱状のペレットの表面は600℃程度であり、これ以上は上げられない）、290℃程度の水蒸気で蒸気タービンを回転させるため、熱効率はせいぜい33％程度である。ごく普通の火力発電の場合、550℃程度の水蒸気で蒸気タービンを回転させるため、熱効率が40％である。原子力発電は火力発電より熱効率がかなり劣る発電方式である。熱効率が劣るということは、温排水による環境負荷が大きいということでもある。原子力発電が火力発電より優れている点は、化石燃料ではなく核燃料を消費するために二酸化炭素の放出が格段に少ないことにあるが、一方で原子炉の安全性や放射性廃棄物の処理、処分など火力発電とは質的に異なる問題を抱えているとい

える。　　　　　　　　〔野口邦和〕

## 原子力発電技術機構
[Nuclear Power Engineering Corporation (NUPEC)]
▶げんしりょくはつでんぎじゅつきこう

財団法人原子力発電技術機構は、原子力発電用の機器と施設に係る安全性および信頼性に関する調査、実証または確証のための試験および、技術開発、原子力発電に関する広報などを行い、原子力技術の進歩発展を図るとともに、原子力利用に係る国民的合意形成の増進に資することにより国民経済の健全な発展と国民生活の安定的向上に寄与することを目的に、1976年3月に発足した財団法人原子力工学試験センターを組織変更して92年4月に設立された。その後、国の公益法人改革の一環として2003年10月に国の原子力安全規制行政をサポートする独立行政法人原子力安全基盤機構が設立されたことに伴って業務を移管し、08年に解散することになった。原子力発電技術機構が現在行っている事業のうち、引き続き必要と認められる耐震事業や廃止措置事業などについては、財団法人エネルギー総合工学研究所が08年4月から継承することになった。〔野口邦和〕
☞原子力安全基盤機構

## 原子力発電施設等立地地域の振興に関する特別措置法
▶げんしりょくはつでんしせつとうりっちちいきのしんこうにかんするとくべつそちほう
➡原発立地地域振興特措法

## 原子力防災
[emergency measures against nuclear accident]
▶げんしりょくぼうさい

原子力防災対策は、災害対策基本法などに基づいて行われる。この法律は自然災害など一般の防災に加え、原子力施設の災害に備えて放射性物質の大量の放出による影響をできるかぎり低減化するための対策が講じられることになっている。すなわち、放射性物質が大量に放出されるような異常事態が発生した場合、地方公共団体は原子力防災計画を含む地域防災計画、原子力事業者は防災業務計画に従って、それぞれ防災活動を行うことになっている。国の関係行政機関においても、それぞれの防災業務計画に従って、緊密な協力の下に地方公共団体が現地において行う防災活動に対して必要な指示、助言、専門家の派遣を行うなどの措置を講ずることになっている（原子力緊急時対策）。1979年3月に発生した米国のスリーマイル島原発事故を契機に原子力防災計画の見直しが行われ、79年7月に中央防災会議が「原子力発電所等に係る防災体制上当面とるべき措置」、80年6月に原子力安全委員会が「原子力発電所等周辺の防災対策について」（防災指針）をそれぞれ決定し、これが関係府県の防災会議に指示された。その後、関係地方自治体の原子力防災計画は、この指針に基づいて見直されたり、新たに作成されたりした。さらに、99年9月に発生した東海村JCO臨界事故の対応に対する教訓をふまえて、99年12月に「原

子力災害対策特別措置法」（原災法）が制定された。原災法の制定により、防災の対象施設が原子力施設一般に広がるとともに、原子力事業者の責務が明確化されたことに対応して、先の防災指針の表題も「原子力施設等の防災対策について」に変更され、防災対策の内容がより実効性のあるものになるよう必要な修正が行われた。2011年3月に起こった東京電力福島第一原子力発電所事故をうけ、防災指針の全面的な見直し作業が開始された。これを踏まえ、地方自治体の原子力防災計画も見直しを迫られることになる。　　　　　　　　　　〔野口邦和〕

☞原子力災害対策特別措置法、スリーマイル島原発事故、東海村JCO臨界事故

## 原子力防災訓練 ▶げんしりょくぼうさいくんれん
➡防災訓練

## 原子炉 [nuclear reactor]
▶げんしろ

　ウラン235やプルトニウム239などの核分裂性核種の核分裂連鎖反応を制御しながら持続するように設計・建造された装置。原子炉は使用目的によって、①研究用原子炉（研究炉）、②ラジオアイソトープ（RI）製造用原子炉、③動力用原子炉（動力炉）、④プルトニウム生産用原子炉（生産炉）などがある。①研究炉は、原子炉で発生する中性子線を利用して科学研究を行う原子炉である。②ラジオアイソトープ製造用原子炉は、中性子線による核反応を利用してさまざまな放射性同位体（Radioisotope：RI）製品を製造する原子炉である。③動力炉は、核分裂エネルギーを動力として利用する原子炉で、発電用原子炉（発電炉）がその代表的なものである。その他に船舶用原子炉（舶用炉）や人工衛星の動力として使われている原子炉も動力炉の仲間である。④生産炉は、中性子線をウラン238に照射して核分裂性核種であるプルトニウム239を生産するための原子炉である。また、原子炉は核分裂連鎖反応をおこす中性子のエネルギーによって高速炉と熱中性子炉に大別される。前者は核分裂で発生する非常に速い中性子（高速中性子）による核分裂連鎖反応を利用する原子炉であり、後者は速い中性子を減速材によって熱中性子と呼ばれる非常に遅い中性子にまで減速し、この熱中性子による核分裂連鎖反応を利用する原子炉である。中性子減速材としては軽水（高純度の通常の水）、重水、黒鉛など軽元素からなる物質が有効である。熱中性子炉は、使用する減速材の種類に応じてそれぞれ軽水炉、重水炉、黒鉛炉などと呼ばれている。高速炉は核分裂で発生する高速中性子をそのまま利用するため、中性子減速材はない。　〔野口邦和〕

☞中性子、原子炉のしくみ、動力炉

## 原子炉圧力容器 ▶げんしろあつりょくようき
➡圧力容器

## 原子炉等規制法
▶げんしろとうきせいほう

　国家存立の基本的条件を定めた根本法は憲法であるが、原子力に関する基本的条件を定めた根本法、すなわち原子力分野における憲法に相当する法律は原子力

# けんしろのあん

基本法である。原子力の規制に関する重要な法律は核原料物質、核燃料物質および原子炉の規制に関する法律で、原子炉等規制法と略称されている。原子炉等規制法は、原子力基本法の精神にのっとり、核原料物質、核燃料物質および原子炉の利用が平和の目的にかぎられ、かつ、これらの利用が計画的に行われることを確保するとともに、これらによる災害を防止し、および核燃料物質を防護して、公共の安全を図るために、製錬事業、加工事業、貯蔵事業、再処理事業および廃棄事業ならびに原子炉の設備および運転等に関する必要な規制を行うほか、原子力の研究、開発および利用に関する条約、その他の国際約束を実施するために、国際規制物資（ウラン、重水などの国際協定の規制の下に輸入される物質）の使用等に関する必要な規制を行うことを目的に定められている。なお、核原料物質および核燃料物質以外の放射性同位元素や放射線の規制に関する法律には放射性同位元素等による放射線障害の防止に関する法律があり、これは放射線障害防止法と略称されている。〔野口邦和〕

## 原子炉の安全装置
[safety equipment of nuclear reactor]
▶げんしろのあんぜんそうち

稼働している原子炉を安全に停止するためには①止める、②冷やす、③閉じ込める、の3つの機能が必要である。事故や地震など緊急事態が発生した際に、まず必要なことは原子炉内の核反応を停止させること（スクラムという）で、出力高、圧力高、地震動などのスクラム信号によって、制御棒が挿入され原子炉内の核反応は停止する。核反応が停止しても、炉内の放射線による熱（崩壊熱）の発生がしばらく続くため、これを除去しなければ炉心温度は上昇して、ついには炉心溶融にいたる。このため残留熱除去装置などの冷却系があり、特に冷却材喪失事故のように緊急に冷却する必要のある場合、非常用炉心冷却装置（ECCS）が作動することになっている。最後に、生成した放射性物質を環境に逃がさないための閉じこめる装置である隔離弁、非常用ガス処理装置、格納容器がある。非常用ディーゼル発電機なども含め、これらを総称して安全装置、または安全保護設備と呼んでいる。〔舘野 淳〕

☞核反応

## 原子炉のしくみ
[formation of nuclear reactor]
▶げんしろのしくみ

ウラン235やプルトニウム239などの核分裂性核種が中性子1個を吸収して核分裂すると、平均2-3個の中性子を放出する。このうちの1個が次の核分裂を引きおこすことができれば、核分裂連鎖反応がおこる。核分裂連鎖反応を持続させるためには、ウラン235やプルトニウム239などからなる核燃料、中性子吸収能の高い物質からなる制御棒、核燃料を冷却して熱エネルギーを外部に取り出すことのできる物質からなる冷却材などを、外部に逃げ出す中性子が支配的にならないような大きさで中性子吸収

能の低い物質からなる容器に収納する必要がある。このように設計・建造された装置を原子炉という。原子炉は原子炉圧力容器、炉心および炉心支持構造物、冷却材循環ループなどから構成される。原子炉圧力容器は鋼製の高圧容器で、その中に原子炉の炉心を収容し、気体または液体状の冷却材を循環させて核燃料を冷却する。炉心には燃料集合体が置かれ、制御棒を燃料集合体間で移動させて熱出力（核分裂連鎖反応の規模）を制御する。また、発電炉や舶用炉では、冷却材によって取り出された熱エネルギーにより高温高圧の水蒸気を作り、これが蒸気タービンにより発電機を回転させたりスクリューを回転させる役割をする。〔野口邦和〕
☞原子炉

## 原子炉の事故
[accident of nuclear reactor]
▶けんしろのじこ

原子炉に特有の潜在的危険性の源泉は、原子炉内に膨大な量の放射性核種が存在することにつきる。したがって、原子炉の安全確保の基本は放射性核種を原子炉内に閉じ込めることである。放射性核種の原子炉内閉じ込めに失敗し、大量の放射性核種が環境に放出されたり、周辺住民が被曝するような深刻な事故は決しておこしてはならないものである。深刻な事故に発展する可能性のある事故としては、冷却材喪失事故と反応度事故（暴走事故）がある。冷却材喪失事故は軽水炉などの水冷却炉（冷却材に水を使った原子炉の総称）に特有のもので、原子炉の一次冷却系の配管などが破断して、原子炉内の冷却材が大量に流出する事故をいう。冷却材喪失事故がおこると、安全装置が働いて原子炉は緊急停止し核分裂連鎖反応は止まる。しかし、原子炉内に蓄積する膨大な量の放射性核種の崩壊に伴う発熱（崩壊熱）により原子炉は空焚き状態となり炉心温度が上昇し、その状態が続くと炉心損傷・炉心溶融に突き進み、大量の放射性物質が環境に放出される。1979年3月におこった米国スリーマイル島原発事故は、冷却材喪失事故から炉心損傷・炉心溶融に突き進んだ深刻な事故で、半径8km以内の妊婦および幼児の避難が州知事により勧告された。反応度事故は暴走事故ともいい、核分裂連鎖反応を制御するために炉心に挿入されている制御棒が何らかの原因により引き抜かれ、出力が急激に上昇することによって核燃料が破損したり、爆発するなどのいわゆる原子炉の暴走がおこる事故をいう。86年4月におきた旧ソ連チェルノブイリ原発事故は典型的な原子炉の暴走事故で、半径30km圏内の住民の全住民13万5000人が避難したまま未だに戻れない原子力開発史上最悪の事故となった。2011年3月11日におきた福島第一原発事故では、冷却材喪失から炉心溶融にいたり、水素爆発等により大量の放射性物質が放出された。チェルノブイリ原発事故に並ぶ深刻な事故である。

〔野口邦和〕

☞冷却材喪失事故、反応度事故、スリーマイル島原発事故、チェルノブイリ原発事故、福島第一原発事故

## けんしろのしゆ

### 原子力発電所の廃止措置のプロセス

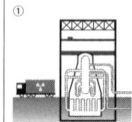

運転終了

① 使用済燃料の搬出
使用済燃料や未使用の燃料等を、再処理工場や貯蔵施設等に搬出する。搬出先において、使用済燃料等は適切に管理・処分される。

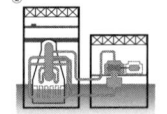

② 系統除染「洗う」
後の解体作業等を行いやすくするために、施設の配管・容器内に残存する放射性物質を、化学薬品等を使って可能な限り除去する。

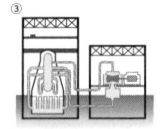

③ 安全貯蔵「待つ」
適切な管理のもと施設を必要に応じた期間、安全に貯蔵し、放射能の減衰を待ち、後の解体撤去作業等を行いやすくする。

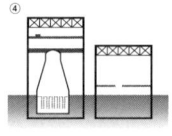

④ 解体撤去(1)「解体する(内部)」
放射性物質を外部に飛散させないように、まず建屋内部の配管・容器等を解体撤去する。その後、建屋内の床や壁面等の放射性物質の除去作業を行う。

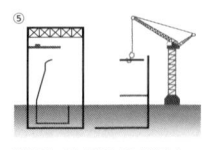

⑤ 解体撤去(2)「解体する(建屋)」
建屋内の放射性物質を目標どおり除去したことを確認したうえで、その後は通常のビル等と同様に建屋の解体作業を行なう。

廃棄物処理・処分
廃棄物は、放射能のレベルにより区分し、それぞれ適切に処理・処分する。

●廃止措置の標準工程＊：沸騰水型原子炉(BWR)

跡地利用
跡地は、法的な手続きを経て、安全性が確認されれば、さまざまな用途に活用できる。
また現在一つの案として、地域社会との協調を取りながら、引き続き原子力発電用地として有効に利用することも考えられる。

＊：具体的な方法については、状況に応じて事業者が決定し、原子力安全・保安院が安全性を確認している。

### 原子炉の重大事故
[maximum credible accident of nuclear reactor (MCA)]　▶げんしろのじゅうだいじこ

　原子炉の安全審査では、一定の事故を前提とした災害評価が行われる。その際に想定される事故が重大事故と仮想事故である。重大事故は「技術的見地からみて最悪の場合おこりうる事故」、仮想事故はそれを超えて「技術的見地からはおこるとは考えられない事故」と定義されている。安全審査では、これらの事故を前提に原子炉内に蓄積している放射性核種の一定割合が環境に放出されることを想定する。そのうえで「原子炉安全解析のための気象手引」に基づいて気象条件を考慮し、公衆の被曝線量を評価して「原子炉立地審査指針」にある判断のめやす線量と比較し、立地条件の適否を決める。
〔野口邦和〕
☞仮想事故、被曝線量、原子炉、立地基準

### 原子炉の毒作用
[poisoning of nuclear reactor]
▶げんしろのどくさよう

　原子炉を長時間運転すると、核分裂連鎖反応により大量の核分裂生成物が生成する。これらの核分裂生成物の中には、たとえばキセノン135のように中性子吸収能の非常に高い（換言すれば中性子反応の核反応断面積の大きな）核種があり、中性子を吸収して原子炉の反応度を

著しく低下させるものがある。このような物質を毒物質といい、毒物質による原子炉の反応度の低下を毒作用という。

〔野口邦和〕

☞キセノン毒作用

## 原子炉の廃止措置 [decommissioning]
▶げんしろのはいしそち

　税法上の減価償却期間は15年であるが、発電炉の耐用寿命は一般に30-40年といわれている。1963年8月に初臨界に達した日本の動力試験炉（JPDR、電気出力1万2500kW）は76年3月に運転を終了し、約10年後の86年12月に解体に着手した。また、66年7月に運転を開始した東海発電所のガス冷却炉（GCR、電気出力16万6000kW）は98年3月に運転を終了し、2001年12月に解体に着手した。しかし、試験研究炉やガス冷却炉ではなく、電気出力100万kW級の現在の発電炉の実際の耐用寿命がはたして何年かについては、不確かな点もある。耐用寿命に達した原子炉の運転を永久停止し、周辺環境に影響を及ぼさないようにするのが原子炉の廃止措置いわゆる廃炉処分（デコミッショニング）であるが、もし原子炉がスリーマイル島原発事故やチェルノブイリ原発事故のような深刻な事故をおこせば、耐用寿命に達するよりはるか以前に廃炉処分になることもある。廃炉処分の方式には、①密閉管理、②遮へい隔離、③解体撤去、がある。しかし、①→③、②→③などの組み合わせ方式もありうる。①密閉管理は、核燃料、冷却材、放射性廃棄物を取り出して主要機器を残したまま原子炉建屋を封鎖し、敷地内の環境放射線モニタリングや出入管理を長期間にわたって実施する方式である。②遮へい隔離は、核燃料、冷却材、放射性廃棄物に加え、圧力容器などの構造物を取り出し、生体遮へいを強化して外部から隔離する方式である。敷地内の環境放射線モニタリングや出入管理は最初の短期間のみ実施する。③解体撤去は、原子炉建屋などを完全に解体して敷地内から除去し、再利用できるように跡地をさら地とする方式である。日本の政府や電力会社は③解体撤去を採用し、使用済み核燃料などを取り出した後、5-10年ほど放射能の減衰を待ち、原子炉施設を解体してさら地とし、再び原発用地として再利用することを基本方針にしている。

〔野口邦和〕

☞廃炉

## 原子炉の暴走事故　▶げんしろのぼうそうじこ
➡反応度事故

## 原子炉立地基準 [reactor site criteria]
▶げんしろりっちきじゅん

　日本における原子炉の立地は、1964年5月に原子力委員会が定めた原子炉立地審査指針（国際放射線防護委員会90年勧告反映のため89年3月一部改訂）に基づいて規制が行われている。この指針は陸上に設置する熱出力1万kW以上の原子炉について、万一の事故を想定し、その立地条件の適否を判断するためのものである。この指針によれば、①重大事故の場合、全身に対し0.25シーベルト（Sv）、甲状腺（小児）に対し

## けんすいたんく

1.5Svの被曝をする距離までを非居住区域とする。②仮想事故の場合、全身に対し0.25Sv、甲状腺（成人）に対し3Svの被ばくをする距離までを低人口地帯とする。③人口密集地から一定の距離がはなれていること、となっている。しかし、実際に建造されている原子力発電所の原子炉では、低人口地帯は原子炉から半径600-800 mの原子力発電所の敷地で代用されている。防災計画において防災対策を実施する地域の範囲として原子力発電所等を中心とした半径8-10kmという数値があげられていることを考えると、指針にある低人口地帯は有名無実化しているという批判もある。

〔野口邦和〕

## 減衰タンク [delay tank]

▶げんすいたんく

原子力発電所の運転に伴って生成する放射性核分裂生成物の中の比較的短半減期の放射性希ガス核種の放射能を減衰させるため、放射性希ガス核種を一時的に貯留する容器で、ガス減衰タンクともいう。原子力発電所では減衰タンク内の放射能が減衰して放出基準以下であることを放射線モニターで確認した後、放射性希ガス核種の放出を行っている。

〔野口邦和〕

## 減速材 [moderator]

▶げんそくざい

核分裂によって生じた中性子は高いエネルギーをもつので、これを次の核分裂をおこしやすいように低いエネルギーをもつ中性子（熱中性子）に変えることを減速という。減速する目的で原子炉内において用いられる物質が減速材である。質量数1と極めて軽い中性子を効率よく減速するためには軽い原子と衝突させるのがよい。このため減速材として水素原子を含む水、炭素原子からなる黒鉛などが用いられる。

〔舘野 淳〕

☞中性子

## 減損ウラン

▶げんそんうらん

➡劣化ウラン

## 原発住民投票

[referendum on nuclear power plant]

▶げんぱつじゅうみんとうひょう

地方自治体が議会の議決に基づき所管事項について制定する法を条例といい、地方自治体が自治体条例制定権を根拠に条例により住民投票を制度化し、原子力発電所などの原子力施設立地やプルサーマル導入計画の是非をめぐって住民投票を実施することを原発住民投票という。現行の地方自治法は住民投票にふれておらず、地方自治体の長や議会は投票結果を尊重する義務を負うとしても、投票結果に法的拘束力はない。しかし、直接投票に基づく住民の意思表示の結果としての政治的な意味は重い。地方自治体の長と住民多数派、あるいは議会多数派と住民多数派との意思が乖離している場合、住民多数派の意思を直接示す住民投票に訴える事例は今後ますます増えるにちがいない。全国初の原発住民投票は東北電力巻原子力発電所の建設計画の是非をめ

ぐるもので、1996年8月に新潟県巻町で実施された。建設反対が61.2%を占めた結果を受けて巻町長が原発建設予定地内の町有地を建設反対住民らに売却したため、巻原発建設計画はとん挫した。2001年5月、東京電力柏崎刈羽原子力発電所でのプルサーマル導入計画の是非をめぐって、新潟県刈羽村で住民投票が実施された。導入反対が53.4%を占めたため、プルサーマル導入計画は当面見送られた。01年11月、三重県海山町で中部電力の具体的な立地計画のない段階で原発誘致の是非をめぐる住民投票が実施され、誘致反対が67.5%を占め圧勝した。　　　　　　　　〔野口邦和〕

## 原発テロ

[terrorism to nuclear power plant]
▶げんぱつてろ

　政治上その他の主義主張に基づき、国家や他人にこれを強要し、または社会に不安や恐怖を与える目的で、原子力発電所を破壊する行為をいう。経済効率優先の下で商業用原子力発電所の原子炉は大型化の傾向にあり、日本で現在建設中、準備中の発電炉は電気出力130万kW級が主流になっている。そのためテロリストにとって原発は、第一級の攻撃目標になりうる。電力供給源の原発を破壊すれば、その国の経済に深刻な影響を与えることができ、環境に放出された大量の放射性物質によって広大な地域を汚染させた上、パニックを引きおこすこともできるからである。しかも日本の場合、1サイトに発電炉が何基も集中立地しており、テロリストからすれば攻撃しやすいうえ、仮に破壊された1基の発電炉から大量の放射性物質が放出され周辺環境を汚染させることになれば、同じサイト内の残りの発電炉も運転停止せざるをえなくなり、甚大な影響を与えることができるからである。これまで原発テロはフィクションと考えられてきたが、2001年の米国における9.11事件を契機に、一気に現実的な脅威になった感がある。日本の原発はすべて、航空路から離れたところに立地しているため、航空機が墜落して激突することは想定されていない。ましてやハイジャックされた大型旅客機が故意に激突することなど、まったくの想定外である。想定された事柄に対応していなければ欠陥建造物だといえるが、想定外の事柄に対応した建造物などあるはずがない。このことは即、原発が大型旅客機の激突にぜい弱であることを意味する。もしハイジャックされた大型旅客機が発電炉に激突したらどうなるか。電気出力100万kWの発電炉が制御不能となり、暴走・爆発した1986年4月のチェルノブイリ原発事故では、放射性希ガスが原子炉内の全量、放射性ヨウ素が50-60%、放射性セシウムが20-40%、その他の核分裂生成物が3-4%も環境に放出された。最初の数ヵ月間に200人以上が急性放射線障害になり、33人が死亡した。半径30km圏内に居住していた13万5000人が強制移住させられ、現在も移住先で生活している。晩発障害にいたっては現在進行中であり、実数さえ確定していない。現実におこった事故

## けんぱつのあん

とはいえ、人口密度が低すぎてこの被害結果を日本にそのまま当てはめることはできない。75年に米国政府が発表した原発安全性評価報告（いわゆるラスムッセン・レポート）にあるBWR2と呼ばれる大事故が東京電力福島第二原子力発電所1号機（電気出力110万kW）でおこり、北東の風で大量の放射性物質が南西方向に運ばれた場合、早期死亡者が1600人、急性障害者が2600人になるという評価結果がある。BWR2では放射性希ガスが原子炉内の全量、放射性ヨウ素が60％、放射性セシウムが30％、その他の核分裂生成物が4％、環境中に放出されると想定されている。これはほぼチェルノブイリ原発事故級の大事故に相当する。もし福島第二原発1号機に大型旅客機が激突したら、上記と同程度の早期死亡者と急性障害者を生み出す可能性のあることは、だれも否定できないだろう。原発テロを防止するにはどうすればよいか。当面は、原発の警戒態勢を強化するほかないだろう。しかし、根本的な原発テロ防止策は、テロの生まれる土壌・温床となっている人種差別、飢餓、貧困、さまざまな社会的不正義や不平等を世界中から一掃することである。そして、謀略や武力で問題を「解決」しようとする考えを改めることである。戦争を放棄した憲法を有する国の人間として、この点を何よりも強調したい。〔野口邦和〕

☞チェルノブイリ原発事故、晩発障害

### 原発の安全規制
[safety regulation of nuclear power plant]
▶げんぱつのあんぜんきせい

　原子力発電所の安全確保については、それを設置・運転する者が第一の責任を負っている。換言すれば、原発の保安体制や運転管理体制は原子炉等規制法や電気事業法により実用発電炉を設置する者（電力会社）の自主管理に委ねられている。一方、安全確保の観点から国は、原子炉等規制法に基づき許認可や検査などを行うことを通じて、原発の設置者などが実施する安全確保のための措置に不備な点がないかどうか監視することにより、安全規制を行っている。具体的には、実用発電炉および核燃料サイクル関連施設のうち製錬、加工、再処理、廃棄施設ならびに研究開発段階にある発電炉については、経済産業省の外局である資源エネルギー庁の特別の機関として設置されている原子力安全・保安院が安全規制を担当している。実用発電炉の設置許可、保安規定の認可、運転計画の届出、立入検査、廃止措置については原子炉等規制法に基づき、工事計画の認可、燃料体検査、溶接検査、使用前検査、定期検査などは電気事業法に基づき、経済産業大臣が安全規制を行っている。また、研究開発段階にある発電炉についても、原子炉等規制法および電気事業法に基づき、安全規制を行っている。さらに、全国の原子力施設所在地に原子力安全保安検査官事務所を設置して原子力安全保安検査官を駐在させ、保安規定の遵守状況、運転管理

状況および教育訓練の実施状況の調査、定期自主検査等の立ち合いなどの保安検査を実施している。しかし、原発の安全確保に重要な役割を発揮しなければならない原子力安全・保安院が原発の推進機関である経済産業省の一部門に組み込まれている状況は、わが国も批准している、原子力の規制部門と推進部門を分離するよう定めている国際条約「原子力の安全に関する条約」に違反しており、早急に改められないという指摘もある。

〔野口邦和〕

☞原子力安全・保安院、原子炉等規制法

## 原発の許認可制

[nuclear power plant licensing]
▶げんぱつのきょにんかせい

　電力会社が発電炉を設置しようとする場合、法的手続きとしては用地取得、事前調査、港湾建設、原子炉設置許可、電気工作物許可、工事計画認可、使用前検査など各段階で法律に定める許認可を必要とする。

【地点選定】原子力発電所の立地地点選定にあたっては、十分な面積の用地、器材搬入のための港湾施設、必要な冷却水などをそれぞれ確保できること、かつ地震など災害につながるような事態を生じないことなどの条件確認が必要である。電力会社はこれらの条件を考慮したうえで立地地点を選定し、立地地点の環境調査を行う。また、電力会社は環境調査の結果を「環境影響調査書」としてまとめ、所管行政省の経済産業省に提出し、環境審査を受ける。この際、原子力発電所の設置に関して住民の意見を斟酌するため、経済産業省は公開ヒアリング（第一次公開ヒアリング）を実施する。環境審査を終えると、電力会社の作成した発電所設置計画は経済産業省の諮問機関である総合エネルギー調査会電源開発分科会（旧電源開発調整審議会）で審議され、当該知事の同意を前提として決定され、電源開発基本計画に組み入れられる。

【設計・建設準備】電力会社は基本設計の審査として、原子炉等規制法に基づく原子炉設置許可の申請と電気事業法に基づく電気工作物変更許可の申請をそれぞれ行い許可を得る。このため、「原子炉設置許可申請書」を経済産業省に提出し、経済産業省による審査（一次審査）および原子力安全委員会と原子力委員会による審査（二次審査）を受ける。この段階で、原子力安全委員会は公開ヒアリング（第二次公開ヒアリング）を実施し、安全性について住民の意見を斟酌する。原子力安全委員会と原子力委員会の答申を受け、かつ文部科学大臣の同意を得た後、経済産業大臣は原子炉設置の許可をする。その後、電力会社は電気事業法に基づく電気工作物変更許可の申請、工事計画認可の申請、工事に係る電気主任技術者選任の届出、燃料体設置認可の申請などを経済産業省に行い、それぞれ必要な許認可または受理を得る。

【建設】建設工事中にも電気事業法に基づき、原子炉本体、原子炉冷却系統設備、計測制御系統設備、燃料設備、放射線管理設備、放射性廃棄物廃棄設備、原子炉格納設備、燃料体、発電機（蒸気）

## けんはつゆしゅ

タービンなどの主要機器に関する経済産業省の検査を受ける。また、同法に基づき、燃料体の炉心装荷時、原子炉臨界時、主要機器・設備の溶接、用地造成・地盤掘削など工事終了時などにも経済産業省の検査を受ける。その後、原子炉等規制法に基づいて核物質防護管理者選任の届出、核物質防護規程認可の申請、原子炉主任技術者選任の届出、保安規定認可の申請、運転開始から3年間の運転計画の届出を経済産業省に行い、それぞれ必要な受理、認可を得る。すべての工事が完了した後、初臨界試験、定格出力運転を行い経済産業省による使用前検査に合格すれば、営業運転を行うことができる。以上の記述から明らかなように、原子炉設置許可後の各段階における許認可は経済産業省により行われているが、開発推進機関である経済産業省が、原子力発電の安全の確保という観点からこれらの許認可権をどれだけ適正に行使しうるかについては疑問なしとしない。〔野口邦和〕

☞原子力発電、原子炉等規制法、公開ヒヤリング

### 原発輸出
[export of nuclear power plant]
▶げんぱつゆしゅつ

わが国の商業用原子力発電所の第1号は、すでに廃炉となった改良型コールダーホール炉の日本原子力発電東海発電所で、1966年7月に運転を開始した。商業用原子力発電所の第2号は現在も運転中の軽水炉の日本原子力発電敦賀発電所で、70年3月に運転を開始した。それ以来、商業用原発はすべて軽水炉が導入され、2008年3月末現在までに計55基、発電設備容量4958万kWの商業用軽水型原発が運転を開始するまでになり、米国、フランスに次ぐ世界3位の原発国となった。しかし、90年代に運転を開始した15基のうち11基は90年代前半に運転を開始したものであり、90年代後半に運転を開始したものは4基にすぎない。また、2000年代以降に運転を開始したものも4基にすぎず、09年12月に運転開始が予定されている、建設中の北海道電力泊発電所3号を加えたとしても、2000年代は計5基にとどまる見通しとなっている。90年代後半以降の日本国内における原発建設の低迷は今後も続くと予想され、日本の原子力プラントメーカーが生き残りをかけて新たな活路を見出そうとしているのが原発輸出、とりわけ台湾やインドネシアなどアジア諸国への輸出である。日本の原発輸出第1号となる台湾の第4原子力発電所では電気出力135万kWの改良沸騰水型軽水炉（ABWR）を2基建設しており、主契約は米国ゼネラル・エレクトリック（GE）となされているが、主な設備工事はほとんど日本の原子力プラントメーカーが担当している。06年10月に東芝が米ウェスチングハウス（WH）を買収したり、07年7月と9月に日立製作所と米GE、三菱重工とフランス最大の原子力プラントメーカーであるアレバ社がそれぞれ技術提携して新会社を設立したのも、原子力発電の国際展開を進めるためである。なお、05年10月に原子力委員会の決定した

原子力政策大綱は、こうした日本国内の原子力プラントメーカーが他国の製造事業者と協力して国際展開を進めるよう期待するとともに、日本政府がわが国の原子力産業を最大限支持・支援するよう求めている。　　　　　　　〔野口邦和〕
☞コールダーホール炉、軽水炉、原子力政策大綱

## 原発立地地域振興特措法
▶げんぱつりっちちいきしんこうとくそほう

　1999年9月末の東海村JCO臨界事故などの影響で原発立地が進まないことに危機感を抱いた自民党国会議員が事態を打開する「切り札」として準備し、自公保与党三党が共同で提案し、2000年12月に成立、01年4月に施行された10年間の有効期間を付した時限立法。正式には「原子力発電施設等立地地域の振興に関する特別措置法」である。この法律は、原発および核燃料サイクル関連施設の立地を促進させるため、都道府県知事が立案・申請した振興計画を原子力立地会議（議長は内閣総理大臣で、議員は財務大臣、文部科学大臣、経済産業大臣、国土交通大臣、環境大臣などの8名で構成）の審議により決定し、それらの施設が立地される市町村および周辺地域に対して、政府が公共事業費に対する国の補助率を通常の50％から55％にかさ上げするものである。また、補助金だけでは公共事業費がまかなえないため、そのために発行する地方債の元利償還費の一部を地方交付税で特別に措置することも含まれている。電源立地に伴う地元自治体への振興策としては、電源三法システムがある。三法とは、①電源開発促進税法、②電源開発促進対策特別会計法、③発電用施設周辺地域整備法である。電源三法システムとは、①によって電力会社に電力販売量に応じた税金を納めさせ、②の特別会計に繰り入れ、③に基づいて電源立地市町村および周辺地域の公共施設の整備に充当すべく交付金として配分するしくみである。もともと電源三法は1974年6月に旧来の地域振興策に代わるものとして制定された。しかし、原発立地地域振興特措法の登場は、電源三法システムの実効性が乏しかったことを図らずも物語るものである。　〔野口邦和〕
☞原子炉立地基準、東海村JCO臨界事故、電源三法交付金

## 原文振
▶げんぶんしん
➡日本原子力文化振興財団

# こ

## 高温ガス炉
[high temperature gas reactor (HTGR)]
▶こうおんがすろ

　冷却材として気体を用いる原子炉をガス（冷却）炉という。英国で開発され、かつて日本にもあった改良型コールダーホール炉は炭酸ガスを冷却材としたガス炉であり、取り出せる温度（冷却材出口温度）は400℃程度であった。冷却材をヘリウムなどに換えて780℃程度の高温を取り出せるようにしたのが高温ガ

ス炉である。独立行政法人日本原子力研究開発機構（JAEA）大洗研究開発センターに日本で最初の高温ガス炉である高温工学試験研究炉（HTTR）がある。

〔舘野 淳〕

☞冷却材、コールダーホール炉

## 公開ヒアリング [public hearing]
▶こうかいひありんぐ

公開ヒアリングは、実用発電用原子炉施設および開発段階にある原子力施設の立地点の選定に際し、地元住民の疑問や意見などを聴取し安全審査に参酌するために開催される制度で、第一次公開ヒアリングと第二次公開ヒアリングがある。第一次公開ヒアリングは経済産業省が主催し、地元住民の疑問や意見などに対して施設設置者が説明を行うもので、安全審査に参酌する対象事項は新増設する予定の原子力施設全般にかかわる諸事項である。一方、第二次公開ヒアリングは原子力安全委員会が主催し、地元住民の疑問や意見などに対して経済産業省が説明を行うもので、安全審査に参酌する対象事項は新増設する予定の原子力施設の安全性にかかわる諸事項である。いずれの公開ヒアリングにおいても、安全審査における地元住民の疑問や意見などの参酌状況は公表されることになっているが、開催地、開催日数、1人あたりの陳述もち時間など運営が極めて非民主的であり、安全審査に地元住民の疑問や意見を適正に反映させる制度的保障という点で、多くの問題が指摘されている。　〔野口邦和〕

☞原子力安全委員会

## 工学バリア [engineering barrier]
▶こうがくばりあ

わが国では2000年6月に制定された「特定放射性廃棄物の最終処分に関する法律」により、高レベル放射性廃棄物を地下300mより深い安定した岩盤の地中に埋設処分することになっている。深地中に埋設処分される高レベル放射性廃棄物は、ガラス固化などの方法により固化体とし、キャニスターと呼ばれるステンレス容器に収められ、さらにキャニスターをオーバーパックと呼ばれる肉厚10cmほどの金属製容器に密封したうえ、その周囲を水の浸透しにくいベントナイトなどの緩衝材で覆った状態にする。時間経過に伴ってキャニスターなどの人工的に設計・製造された構造物はやがて腐食し、高レベル放射性廃棄物は人工構造物を突破して岩盤中に漏れ出すにちがいない。漏れ出した放射性廃棄物はやがて地下水などに入って将来、地上にいる人間の生活環境に移行するが、人工構造物と岩石・土壌の両者による障壁（バリア）によってそうなるまでに長時間を要するため、放射能は無視できるレベルに減衰するはずである。これが深地中処分の基本的な考え方である。これらのバリアのうち人工構造物を工学バリア、岩石・土壌などを天然バリアという。工学バリアという用語は高レベル放射性廃棄物の深地中処分に使われることが多いが、低レベル放射性廃棄物の浅地中処分に使われることもある。また、放射性廃棄物の地中処分と無関係に、より一般的に有

## こうけいねんか

**高速増殖炉（FBR）のしくみ**

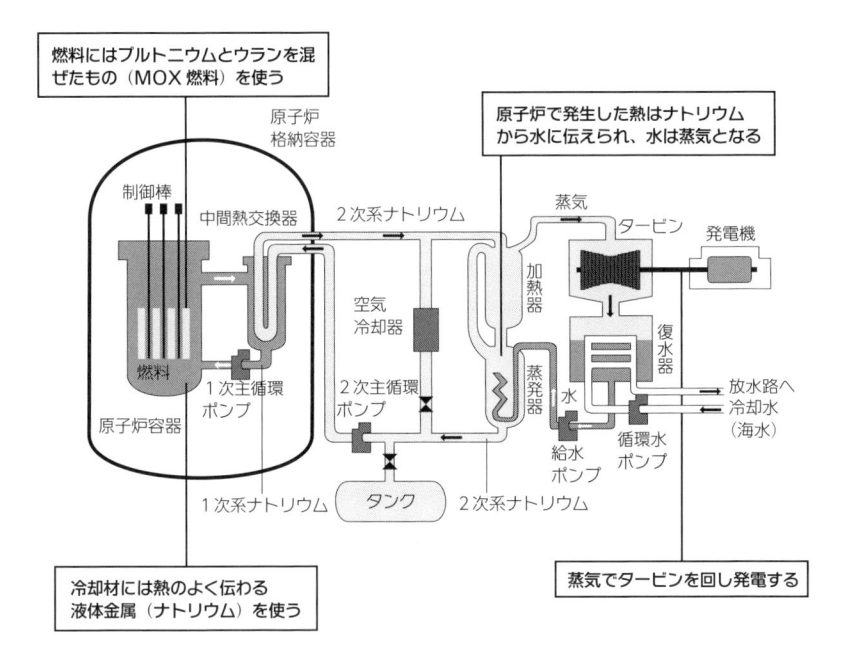

- 燃料にはプルトニウムとウランを混ぜたもの（MOX燃料）を使う
- 原子炉で発生した熱はナトリウムから水に伝えられ、水は蒸気となる
- 冷却材には熱のよく伝わる液体金属（ナトリウム）を使う
- 蒸気でタービンを回し発電する

害物質の管理における人工構造物の意味で使われることもある。〔野口邦和〕
☞特定放射性廃棄物処理法、ガラス固化、キャニスター、高レベル廃棄物

### 高経年化原発

[overage nuclear power plant]
▶こうけいねんかげんぱつ

運転開始以来の経過年数の長い原発をいう。わが国では1970年に関西電力美浜発電所1号および日本原子力発電敦賀発電所1号が運転を開始してからすでに40年近くが経過しており、こうした初期原発の老朽化問題が深刻になりつつある。原子力開発の初期段階では原発の寿命を設定せずに建設が行われたが、20年ぐらいは稼働可能とされていた。その後30年、40年は運転可能であると言われはじめ、2005年に原子力安全・保安院は、技術評価を行うことを前提に60年は運転可能であるという判断を示した。技術評価の際に留意すべき事項として、①圧力容器の中性子脆化、②応力腐食割れ、③疲労、④配管減肉、⑤ケーブルの絶縁低下、⑥コンクリート構造物の中性化などをあげている。このように寿命延長を認めた背景には、部品のこまめな交換によるリフレッシュ効果を考慮していると思われるが、美浜発電所3号炉の減肉配管破断事故のような見落

## こうそくぞうし

としが必ずあることを忘れるべきではない。また、地震と老朽化問題についてもなんら規制的措置はとられていない。

〔舘野　淳〕

☞原子力安全・保安院

### 高速増殖炉 [fast breeder reactor (FBR)]
▶こうそくぞうしょくろ

高速中性子による核分裂連鎖反応を利用する原子炉（高速中性子炉）。熱中性子による核分裂連鎖反応を利用する軽水炉などの熱中性子炉を使った原子力発電では、ウラン資源はたかだか1％程度しか利用できない。そのため、ウラン資源を有効利用する目的で考案されたのが高増殖炉である。高速増殖炉は、高速中性子によるウラン235やプルトニウム239の核分裂連鎖反応によりエネルギーを取り出すとともに、核分裂の際に放出される高速中性子を核分裂しにくいウラン238（天然ウランの約99.3％を占める）に吸収させ、消費した核分裂性核種の原子数より多くの原子数のプルトニウム239を生み出す（増殖という）ように設計されている。高速中性子による核分裂連鎖反応を利用した増殖炉という意味で、高速増殖炉と呼ばれる。

炉心冷却材にナトリウムを用いるため、高速増殖炉は軽水炉のように炉心冷却材を高圧とする必要がなく、冷却材温度が高く熱効率がよいなどの長所がある。しかし、蒸気発生器におけるナトリウム－水反応事故の可能性があるという致命的な短所がある。

ウラン資源の有効利用のためには高速増殖炉が重要な意味をもつため、原子力発電開発の当初から各国が実用化をめざしてきたが、技術的・経済的な困難に直面して計画の中止が相次いでいる。日本では旧動力炉・核燃料開発事業団（現在の原子力研究開発機構）が茨城県大洗町に高速実験炉「常陽」（熱出力14万kW）を建設、続いて福井県敦賀市に高速増殖原型炉「もんじゅ」（熱出力71.4万kW、電気出力28万kW）を建設した。しかし、「もんじゅ」は1994年4月の初臨界達成後の翌年12月に冷却材のナトリウム漏れ・火災事故をおこし、2008年8月現在時点で運転停止が続いている。

〔野口邦和〕

☞高速増殖炉の事故、冷却材

### 高速増殖炉の事故 [accident of fast breeder reactor]
▶こうそくぞうしょくろのじこ

高速増殖炉の事故の大きな特徴は、冷却材として使われているナトリウム漏れ事故である。高速増殖炉開発を最も強力に進めていたフランスでは、実証炉スーパーフェニックス（Super Phenix、電気出力124万kW）の段階まで開発が行われた。実験炉ラプソディ（Rapsodie、熱出力4万kW）は1966年に二次冷却系にナトリウムを再注入するために二次冷却系全体を予熱していたところ、予熱制御の不備から熱膨張の逃げ場がなくなってナトリウム注入用配管が破裂し、二重配管環状部および中間熱交換器がナトリウムで浸る事故がおこった。78年には一次冷却系の二重配管環

状部からナトリウム漏れがあった。81年の燃料交換時に原子炉容器の予熱用回路でナトリウム漏れが原因と考えられる窒素ガスの異常消費が見つかり、修理に膨大な時間と費用がかかるとして82年10月、フランス原子力庁は閉鎖を決定した。原型炉フェニックス（Phenix、電気出力25.0万kW）は、89年と90年に反応度（出力）が異常に低下する事故がおこった。その原因は当初、アルゴンガスがナトリウムの中に巻き込まれて炉心を通過したからであるとされていた。しかし、その後この原因は否定され、出力異常事故の原因は解明されていない。96年以降、運転停止状態にある。

　実証炉スーパーフェニックスは、初臨界から6ヵ月後の86年3月に炉外燃料貯蔵槽の溶接部からナトリウムが20 m$^3$も漏れる事故がおこった。その後、89年1月に運転を再開したが、90年7月に原子炉容器内のアルゴンガスの中に空気が混ざり、生成した酸化ナトリウムがナトリウムの中に混入した。その結果、酸化ナトリウムが冷却剤であるナトリウムの流路閉塞のおそれがあるとして運転を停止した。93年3-6月に行われた公聴の結果をふまえ、安全審査では厳しい条件をつけて運転再開を許可したが、運転が再開されないまま98年2月、フランス政府は閉鎖を発表し、スーパーフェニックス2号炉の開発計画は頓挫した。

　旧ソ連でも原型炉BN-350（電気出力35万kW）が14回、同BN-600（同60万kW）が27回もナトリウム漏れをおこしている。ナトリウム漏れ事故以外の高速増殖炉の事故としては、炉心・燃料関係では米国の実験炉EBR-Ⅰ（熱出力200kW）の炉心溶融、英国の実験炉DFR（電気出力1.5万kW）と旧ソ連の実験炉BR-5（熱出力5000kW）の燃料被覆の破損、米国の実験炉E.FERMI（電気出力6.6万kW）の燃料溶融、前述したフランスの原型炉フェニックスの反応度の異常がある。蒸気発生器関係ではBR-5、米国の実験炉EBR-Ⅱ（電気出力2万kW）、BN-350、英国の原型炉PFR（電気出力27万kW）、BN-600およびフェニックスの水漏洩、E.FERMIとPFRの伝熱管破損がある。ポンプなどの動的機器類関係ではBR-5の一次系のポンプ、EBR-Ⅱの一次系と二次系のポンプ故障、米国の実験炉FFTF（熱出力40万kW）の一次系のポンプ故障、PFRの一次系への潤滑油混入などが報告されている。

〔野口邦和〕

☞高速増殖炉

### 高レベル廃液 [high-level liquid waste]
▶こうれべるはいえき

　現在ほとんどの再処理工場で採用されているピューレックス法によって使用済み核燃料を再処理すると、放射性核分裂生成物溶液（非揮発性のみで希ガスは含まれない）、ウラン溶液、プルトニウム溶液の3成分に分離される。このうち放射性核分裂生成物溶液を高レベル廃液または高レベル放射性廃液という。高レベル廃液は大量の放射性核分裂生成物（放射性核分裂生成物の99.9％以上が含

## こうれへるはい

まれる）、少量のウランやプルトニウム（ウランやプルトニウムの約 0.1-0.2％が含まれる）、少量のその他のアクチノイド元素（アクチノイドの 99％以上が含まれる）が含まれる硝酸溶液である。発生時点の高レベル廃液は使用済み核燃料 1 t あたり 6 m$^3$ 程度であるが、硝酸を分解した後、蒸発缶で段階的に蒸発濃縮し、最終的に使用済み核燃料 1 t あたり 0.6 m$^3$ 程度の体積にまで減ずる。通常、高レベル廃液と呼んでいるものは、この最終段階のものである。最終段階における高レベル廃液の放射能レベルは、全 $\beta$ 放射能として 1 m$^3$ あたり 10$^7$ ベクレル（Bq）程度である。〔野口邦和〕

☞使用済み燃料

### 高レベル廃棄物 [high-level waste(HLW)]
▶こうれべるはいきぶつ

　法的規制を受ける一定レベル以上の放射能濃度と放射能量を有する放射性核種を含み、かつ廃棄の対象となる物質を放射性廃棄物という。放射性廃棄物はその形態により気体廃棄物、液体廃棄物、固体廃棄物に分類される。また、含まれる放射性核種の放射能濃度により低レベル廃棄物、中レベル廃棄物、高レベル廃棄物（高レベル放射性廃棄物）に分類される。

　元来、低、中、高は数量や程度の相対的位置を表す用語であるから、各レベルの境界はあいまいであり、絶対的なものではない。また、米国のように廃棄物中に含まれる放射性核種の放射能濃度で分類せず、使用済み核燃料および使用済み核燃料を再処理した結果発生する廃棄物を高レベル廃棄物、核燃料サイクルのその他のすべての過程で発生する廃棄物を低レベル廃棄物と分類している国もある。わが国では使用済み核燃料の全量再処理を核燃料政策の基本にしているため、使用済み核燃料は放射性廃棄物ではないが、使用済み核燃料を再処理した結果発生する廃棄物を高レベル廃棄物、核燃料サイクルのその他のすべての過程で発生する廃棄物を低レベル廃棄物と分類している点で、米国とよく似た分類法をとっている。

　再処理工程で発生する高レベル廃液中には、大量の放射性核分裂生成物（FP、死の灰）、少量のウランおよびプルトニウム、アメリシウムやキュリウムなど少量の超ウラン元素が含まれる。高レベル廃液は通常、取り扱いの容易な形態として固化される。固化法として広く採用されているのは、ガラス原料と混ぜて高温で溶かし、ステンレス製容器（キャニスター）に流し込んだ後に冷やして固めるガラス固化である。その他にセラミック固化やシンロック（合成岩石）固化も提案されている。

　日本を含め欧米諸国は、ガラス固化体を放射能の減衰と崩壊熱の冷却を待つために 30-50 年間冷却しながら貯蔵した後、地下数百mの（日本の場合は地下 300 mより深い）安定した地中の岩盤に埋設処分することにしている（深地中処分）。貯蔵と処分の違いは、高レベル廃棄物を回収することを前提に一時的に隔離するか、回収することなく隔離する

かの違いである。

　高レベル廃棄物の処分は、人間の生活環境から隔離しておく期間が非常に長くかつ現在の知見ではその期間中におこりうることが十分に予測できないため、極めて困難な課題である。また、高レベル廃棄物の処分は技術的困難さとは別に、国民の合意形成を図りながら処分場の適地をどのように選定するかという点でも、大きな困難を抱えている。最終処分場操業までの手順としては、第一段階の概要調査地区（2003-07年をめどに選定後、概要調査に4年）、第二段階の精密調査地区（08-12年をめどに選定後、精密調査に15年）、最終処分施設建設地（23-27年をめどに選定後、処分場建設に10年）の順で選定し、33-37年をめどに最終処分する予定で、最終処分の実施主体である認可法人原子力発電環境整備機構（原環機構、NUMO）が02年12月以来、第一段階の概要調査地区選定のための公募を行っている。応募地域の文献調査を2年間行い、その中から第一段階の概要調査地区を選定する青写真とはうらはらに、めどとされた概要調査地区選定の最終年度を過ぎても応募のない状況にある。　　　　　　　　　　〔野口邦和〕

☞使用済み燃料、ガラス固化

## 高レベル放射性廃液
　　　　　　▶こうれべるほうしゃせいはいえき
➡高レベル廃液

## 高レベル放射性廃棄物
　　　　　　▶こうれべるほうしゃせいはいきぶつ
➡高レベル廃棄物

## コールダーホール炉
[Calder Hall type power reactor]
　　　　　　　　▶こーるだーほーるろ

　英国のカンバーランド州コールダーホールに建設された原子炉を原形とする発電炉をいい、核燃料に天然ウラン、減速材に黒鉛、冷却材に炭酸ガスを用いるガス冷却炉の一種である。コールダーホール炉は軍事用のプルトニウム生産を主とし電力生産を従とする、いわゆる二重目的炉である。コールダーホール炉を電力生産だけを目的とするよう改良したのが改良型コールダーホール炉で、天然ウラン燃料の被覆材にマグネシウム合金の一種であるマグノックスを用いていることから、改良型コールダーホール炉をマグノックス炉ということもある。わが国では1957年7月に英国から改良型コールダーホール炉を導入することが決定され、同年11月に民間（主に九電力会社）が8割、政府関係（電源開発）が2割の出資で設立した日本原子力発電が改良型コールダーホール炉を導入した。66年7月に運転を開始した日本原子力発電東海発電所の原子炉がそれで、わが国の原発第1号となった。しかし、同社が東海発電所を建設している間に日本の原子力開発は軽水炉に方向転換し、その後、改良型コールダーホール炉が導入されることはなかった。　　　　〔野口邦和〕

☞軽水炉、マグノックス炉

## こくさいけんし

### 国際原子力機関
[International Atomic Energy Agency (IAEA)]
▶こくさいげんしりょくきかん

　1953年12月の国連総会における米国のアイゼンハワー大統領の提唱を受け、57年7月に国際連合により設立され、オーストリアのウィーンに本部をおく原子力の国際機関。その目的は、原子力の平和利用を促進するとともに、原子力活動が軍事転用されていないことを確認するための保障措置を実施すること、および原子力安全を確保することにある。

　国際原子力機関の活動内容は、原子力分野における技術的な情報交換や支援、さまざまな分野における放射性同位体（RI）および放射線の利用促進のための情報交換・人材育成・技術協力、原子力安全分野における国際基準・指針の作成・普及、核物質が軍事利用されないための保障措置、などである。保障措置とは、核兵器不拡散条約（NPT）または国際原子力機関憲章の中で国際原子力機関に委任された、核物質が平和的な活動から核兵器製造のため、または不明目的のために転用されることを防止することである。そのため、国際原子力機関と関係国との間では保障措置協定が締結され、国際原子力機関の査察官が関係国の核物質の物質収支などを査察によりチェックする。

　2008年の通常予算は約2億9533万ユーロで、主な財源は加盟国の義務的経費である分担金である。加盟国の分担金は、国連の通常予算に対する国連加盟国の分担率に準じて策定される基本分担率に基づき、保障措置予算に対する負担額の調整を行ったうえで定められる。07年9月現在の国際原子力機関の加盟国は144ヵ国で、総会は毎年1回、理事会は35ヵ国（日本を含む13ヵ国が常任理事国）で構成され、毎年4回開催される。また、07年5月現在の核兵器不拡散条約（NPT）の締約国は190ヵ国である。国際原子力機関およびモハメド・エルバラダイ（Elbaradai,M.）事務局長は、原子力エネルギーの平和的利用に対する貢献で、05年度のノーベル平和賞を受賞した。〔野口邦和〕

☞核査察

### 国際原子力事象評価尺度
[International Nuclear Event Scale (INES)]
▶こくさいげんしりょくじしょうひょうかしゃくど

　原子力発電所などで異常、故障、事故が発生した時、その重大さの程度を共通の物差しで国際比較できるように定められた尺度。国際原子力機関（IAEA）と経済協力開発機構原子力機関（OECD／NEA）が作成したもので、事象の重要度に応じて「レベル0」から「レベル7」までの8段階に分類し、「レベル4」以上を「事故」、「レベル3」以下を「事象」と呼んでいる。日本では1992年8月から運用が開始され、適用方法としては事故発生後に資源エネルギー庁が暫定評価を行い、原因究明が行われ再発防止策が確定した後、財団法人原子力発電技術機構に設置されている評価委員会が正式評価をすることになっている。その評

価基準は、「所外への影響」、「所内への影響」、「多重防護の劣化」の3種類で構成され、各基準ごとにそれぞれレベルを評価し、その中で最高のレベルがその異常、故障、事故のレベルとなる。1999年9月の茨城県東海村JCO臨界事故は「レベル4」(所外への大きなリスクを伴わない事故)、97年3月の旧動力炉・核燃料開発事業団の東海村再処理工場の火災・爆発事故は「レベル3」(重大な異常事象)、95年12月の旧動力炉・核燃料開発事業団の高速増殖原型炉「もんじゅ」のナトリウム漏れ・火災事故は「レベル1」(逸脱)とされている。2011年3月の福島第一原発事故はチェルノブイリ原発事故と同じ「レベル7」(深刻な事故)とされた。国際原子力事象評価尺度(INES)は生じた被害の大きさに注目して評価するものであり、それは必要なことであるが、生じた被害の大きさのみで異常、故障、事故を評価するのは問題である。その理由は仮に安全上、非常に重大な異常、故障、事故であったとしても、結果として生じた被害が小さい場合には、低いレベルの事故とされてしまうからである。　　〔野口邦和〕

☞国際原子力機関、東海村JCO臨界事故、もんじゅ、再処理工場の事故、福島第一原発事故

## 国際熱核融合実験炉計画
[International Thermonuclear Experimental Reactor Project (ITER)]
▶こくさいねつかくゆうごうじっけんろけいかく

　人類の将来のエネルギー源の1つとして期待される一方で、多額の資金を必要とする熱核融合炉の科学的、技術的な実現可能性の実証を目的に、21世紀中頃の実用化をめざし、そのための実験炉を国際協力の下で建設・運用する計画のこと(イーター計画ともいう)。多国間の国際約束であるITER機構設立協定により独自の法人格を有する国際機関であるITER機構が設立され、同機構が国際熱核融合実験炉(ITER)を建設・運用することとなる。

　同実験炉は、現在日本で稼働中の臨界プラズマ試験装置(JT-60)と熱核融合発電を実証するための熱核融合原型炉の中間段階に位置する装置である。1985年11月の米ソ首脳会談が契機となり、国際熱核融合実験炉(ITER)の概念設計活動が88-90年に行われ、その後92-2001年に同実験炉の工学設計活動が行われた。01年11月からITER機構設立協定の締結およびサイト選定に向けた政府間協議が開始された。05年6月の第2回6極閣僚級会合で、フランスのカダラッシュを同実験炉の建設サイトにすることが決定された。また、06年11月にITER機構設立協定およびITER特権免除協定の署名により、07年10月に同協定が発効し、同実験炉は建設期に入った。建設期間は約10年、運転期間は約20年を予定している。

　同実験炉の建設・運用にかかわる総資金は100億ユーロ(約1.6兆円)と見積もられているが、見積もりどおりにする保証はない。また、核融合は本当に将来のエネルギー源になるのか、はたしてこれほどの巨費を投じてまでやる必要があるのか、という点で強い批判もある。

なお、ITER計画は、概念設計活動、工学設計活動の当初は日本、欧州連合（EU）、米国、ロシアの4ヵ国・地域により開始されたが、その後同計画に新規参加、撤退する国もあって、06年11月のITER機構設立協定に署名したのは7ヵ国・地域（日本、欧州連合（EU）、ロシア、中国、韓国、インド、米国）である。　　　　　　　　　　〔野口邦和〕

## 国際放射線防護委員会
[International Commission on Radiological Protection (ICRP)]
▶こくさいほうしゃせんぼうごいいんかい

　国際放射線医学会議（ICR）に設置されている専門委員会の1つで、1928年に国際エックス線およびラジウム防護委員会として発足した。それ以来、放射線防護に関する国際的な勧告活動を通じて世界各国の放射線防護関連法規の枠組みを与えるなど、拘束力をもたない任意団体であるが大きな影響力をもっている。

　国際放射線防護委員会（ICRP）は主委員会（Commission）と5つの専門委員会（Committee）をもち、放射線防護に関する多様なテーマについて検討し、国際的な勧告を発表している。専門委員会のテーマは、第一専門委員会が放射線の影響に関する事項、第二委員会が放射線の線量に関する事項、第三委員会が医療領域の防護に関する事項、第四委員会が委員会勧告の適用に関する事項、第五委員会が環境への防護に関する事項である。また、必要に応じてタスク・グループが設置される。委員は放射線医学、放射線生物学、放射線物理学、放射線遺伝学、環境放射線学など関連領域での研究業績に基づき専門分野のバランスを考慮して選出され、原子放射線の影響に関する国連科学委員会（UNSCEAR）、国際原子力機関（IAEA）、世界保健機関（WHO）、国際労働機関（ILO）などからもオブザーバーが派遣されている。

　国際放射線防護委員会（ICRP）の勧告は、一連のICRP刊行物（ICRP Publications）として刊行されている。なお、国際放射線単位測定委員会（ICRU）も国際放射線医学会議（ICR）に設置されている専門委員会の1つで、国際放射線防護委員会（ICRP）とは姉妹委員会の関係にある。　　〔野口邦和〕
☞国際原子力機関

## 個人モニタ
[personal monitor, individual monitor]
▶こじんもにた

　放射線のモニタリング（監視）の目的で用いられる放射線測定器を放射線モニタといい、このうち個人の被曝線量を求めるための放射線モニタを個人モニタ、または個人線量計という。現在、主に用いられている個人モニタとしては、①フィルムバッジ（FB）、②熱ルミネッセンス線量計（TLD）、③光刺激ルミネッセンス線量計（OSL）、④蛍光ガラス線量計などがあり、いずれも小型・軽量化が図られ、人体の表面に装着し全身または局部の被曝線量を測定できるものである。①フィルムバッジは写真フィルムをバッジケースに入れたもので、感光乳剤に放射線が照射されると乳剤内に潜像が生じ、

これを現像すると潜像が黒化することを利用する。黒化の濃度（黒化度）は照射された放射線の量で決まるため、被曝線量を知ることができる。②熱ルミネッセンス線量計は熱ルミネッセンス物質をガラスカプセルに封入したもので、放射線を照射した後に加熱すると蛍光（熱ルミネッセンス）を放出することを利用する。蛍光の量は照射された放射線の量で決まるため、被曝線量を知ることができる。③光刺激ルミネッセンス線量計は、加熱する代わりに光を照射すると蛍光を放出することを利用する。④蛍光ガラス線量計は、銀活性アルカリアルミノ燐酸塩ガラスに放射線を照射すると安定な蛍光中心が生じ、これに紫外線やレーザー光を照射するとだいだい色の蛍光を放出することを利用する。以上の他にもポケット線量計、半導体式電子ポケット線量計などがある。〔野口邦和〕

☞被曝線量

## コバルト60 [cobalt60 ($^{60}$Co)]

▶こばると60

　元素の一種であるコバルトは、原子番号27、質量数59（すなわち中性子数32）の安定核種からなる単核種元素である。コバルトの放射性同位体であるコバルト60は、原子番号27、質量数60（すなわち中性子数33）の核種で、半減期5.271年で$\beta$壊変（詳しくは$\beta$マイナス壊変または陰電子壊変）して安定核種ニッケル60（$^{60}$Ni）になる。壊変の際に特有の1.173MeVと1.333MeVの$\gamma$線を放出するため、放出される$\gamma$線のエネルギー分析からコバルト60の存在の有無を知ることができる。また、同$\gamma$線の強度からコバルト60の放射能を知ることができる。コバルト60は、コバルトすなわちコバルト59を原子炉で中性子照射すると、コバルト59原子核が中性子を1個吸収することにより生成する。放射線を照射して物質の内部にあるキズなどを検査する放射線透過試験用の線源として利用されている。

〔野口邦和〕

# さ行

## さ

### 再処理 [reprocessing]
▶さいしょり

　石炭や石油などによる火力発電と異なり、核燃料は発電炉の中ですべてが核分裂連鎖反応をおこすわけではない。たとえば、約4％の低濃縮ウランを核燃料として使用すると、濃縮度が次第に低下するとともにキセノン135（半減期9.14時間）などの中性子を吸収する性質を有する核分裂生成物も次第に蓄積する。これを放置すると、発電炉の中性子密度が減少し核分裂連鎖反応を必要な熱出力で制御することが次第に難しくなる。そのため、濃縮度が約1％に低下した燃料（使用済み燃料という）は新しい核燃料と交換することになる。

　軽水型原発の使用済み燃料の元素組成は、平均燃焼度3万3000メガワット・日／t（MWd／t）、冷却期間を150日とすると、新燃料1tあたりウラン954kg、ネプツニウム0.749kg、プルトニウム9.03kg、アメリシウム0.14kg、キュリウム0.047kg、核分裂生成物30.9kgほどになる。その放射能は、$\alpha$放射体が470億ベクレル（Bq）の10万倍（$4.70 \times 10^{15}$Bq）、$\beta$放射体が155億Bqの1000万倍（$1.55 \times 10^{17}$Bq）である。

　燃料交換した使用済み燃料から、リサイクルを目的に未分裂のウランと新たに生成したプルトニウムを大量の核分裂生成物から分離・回収する工程が再処理である。再処理の方法は、使用済み燃料を酸などの化学薬品に溶解し水溶液の状態で処理する湿式再処理法と、水溶液にしないで処理する高温冶金法や高温化学法、フッ化物蒸留法などの乾式再処理法に大別される。湿式法は沈殿法、イオン交換法、溶媒抽出法などの通常の化学分離法を利用するものである。湿式法は、①何段階もの複雑な化学反応の工程がある、②使用済み燃料は放射能が非常に強いために化学薬品が放射線分解をおこしやすい、③水溶液中のプルトニウムは金属状態のものより臨界質量が小さいため臨界状態になりやすい、④放射性物質の閉じ込め対策、放射線の遮へい対策、事故の拡大防止対策などの安全対策上の配慮から装置が大型化する、という問題がある。一方、乾式法は、①化学薬品の放射線分解が少なく、②水溶液にしないため臨界質量が大きいので制御しやすい、③装置が比較的小型で済む、という点で湿式再処理より優れているが、高温加熱を必要とし腐食性環境となる点で技術的困難が伴う。

　現在、軽水型原発の使用済み燃料再処理法の主流になっているのは湿式法の一種である、リン酸トリブチル（TBP）による溶媒抽出を用いるピューレックス（Purex）法である。ピューレックス法の主な工程は、燃料集合体のせん断（せん断）→加熱硝酸による燃料の溶解（溶解）→リン酸トリブチル（TBP）によるウランとプルトニウムの溶媒抽出（共除染）→ウランとプルトニウムの分離・精

# さいしょりこう

**再処理の工程**

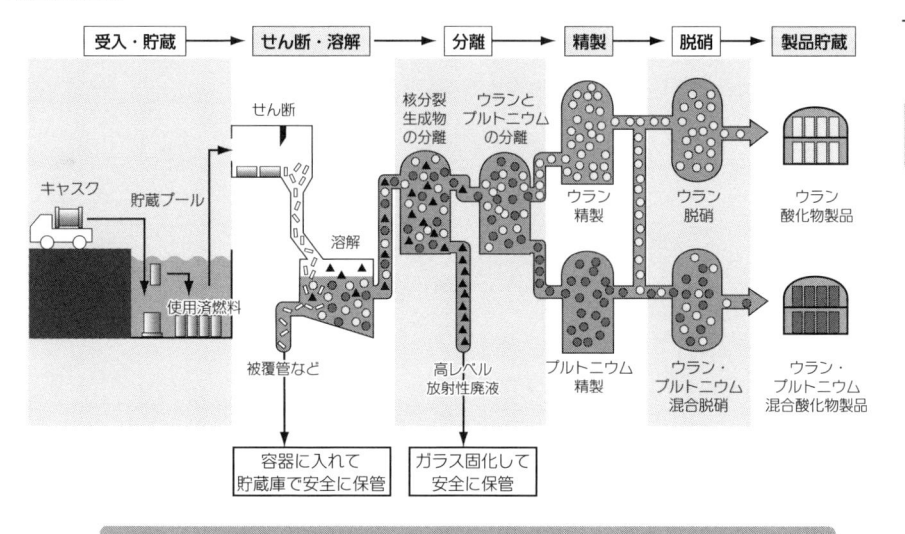

受入・貯蔵 → せん断・溶解 → 分離 → 精製 → 脱硝 → 製品貯蔵

- キャスク
- 貯蔵プール
- 使用済燃料
- せん断
- 溶解
- 核分裂生成物の分離
- ウランとプルトニウムの分離
- ウラン精製
- ウラン脱硝
- ウラン酸化物製品
- プルトニウム精製
- ウラン・プルトニウム混合脱硝
- ウラン・プルトニウム混合酸化物製品
- 被覆管など → 容器に入れて貯蔵庫で安全に保管
- 高レベル放射性廃液 → ガラス固化して安全に保管

○ ウラン　● プルトニウム　▲ 核分裂生成物（高レベル放射性廃棄物）　▮ 被覆管等

製→高レベル放射性廃液の蒸発・濃縮である。ピューレックス法以外の湿式法としては、かつて軍事用プルトニウム回収法として用いられたリン酸ビスマス法、メチルイソブチルケトンによる溶媒抽出を用いるレドックス（Redox）法、その他にもブテックス（Butex）法、ハレックス（Halex）法などがある。

ピューレックス法は軍事用プルトニウム生産炉などの天然ウラン金属燃料の再処理には相当の実績があるが、燃焼度がはるかに高い軽水型原発用の低濃縮酸化ウラン燃料に対しては種々のトラブルをおこしており、順調に運転している再処理工場は非常に少ない。その原因は、天然ウラン燃料を用いるガス冷却炉や軍事用プルトニウム生産炉と比較すると、軽水型原発用燃料は燃焼度が非常に高いため、核分裂生成物の不溶性残渣が多く、かつ放射能が強いために溶媒の放射線分解をもたらすためと考えられている。

〔野口邦和〕

☞軽水炉、使用済み燃料、キセノン、再処理工場

## 再処理工場 [reprocessing plant]

▶さいしょりこうじょう

使用済み燃料の再処理を行う工場・施設をいう。軽水炉など原子力発電の使用済み燃料を再処理する工場を商業用再処理工場、軍事用プルトニウムすなわち核弾頭に使用するプルトニウムの回収を目的とした再処理工場を軍事用再処理工場と呼ぶこともある。しかし、ガス冷却炉など原子力発電の使用済み燃料を再処理

## さいしょりこう

### 世界の再処理工場

**運転中** (2010年10月現在)

| 国名 | 運転者 | 設置場所（工場名） | 処理能力 | 操業開始年 |
|---|---|---|---|---|
| フランス | AREVA NC | ラ・アーグ UP2 | 1,000トン・HM*/年 | 1996 |
| | | ラ・アーグ UP3 | 1,000トン・HM*/年 | 1990 |
| イギリス | セラフィールド | セラフィールド（THORP） | 900トン・HM*/年 | 1994 |
| | | セラフィールド（Magnox Reprocessing Plant） | 1,500トン・HM*/年 | 1964 |
| ロシア | Mayak Production Association | チェリアビンスク（RT-1） | 400トン・HM*/年 | 1971 |
| 日本 | （独）日本原子力研究開発機構（JAEA） | 東海再処理工場 | 0.7トン・HM*/日 | 1977 |

**建設中**

| 国名 | 運転者 | 設置場所（工場名） | 処理能力 | 操業開始年 |
|---|---|---|---|---|
| 日本 | 日本原燃株式会社（JNFL） | 青森県六ヶ所村 | 800トン・HM*/年 | 2012（竣工予定） |

＊ HM:MOX中のプルトニウムとウランの金属成分の重量

することにより回収されたプルトニウムを軍事目的に転用することは可能であり、かつ世界の発電炉の約83％を占め主流となっている軽水型原発の使用済み燃料の再処理が技術的困難を抱えていることもあって、二十数ヵ国ある原子力発電国の中で商業用再処理を行っているのはフランス、英国、日本、ロシア、インドの5ヵ国で、このうち大型の商業用再処理工場を保有し海外からの再処理受託事業を展開しているのは、フランスと英国の2ヵ国にすぎない。

フランスには2008年3月現在、フランス原子力庁を主要株主とするアレバ社（AREVA）の傘下にあるコジェマ社（フランス核燃料公社：COGEMA）の管理の下、ラ・アーグにそれぞれ年間800トンUの処理能力（軽水炉の低濃縮ウラン燃料用）を有する再処理工場UP2-800（操業は1994年）とUP3（同89年）が操業している。UP3は海外からの再処理受託用である。英国には08年3月現在、イギリス核燃料公社（BNFL）の管理の下、セラフィールドにそれぞれ年間1500トンU（ガス冷却炉の天然ウラン燃料用）、年間1200トンU（軽水炉の低濃縮ウラン用）の処理能力を有する再処理工場B 205（操業64年）とソープ（THORP）がある。ソープ（THORP）は海外からの再処理受託用であるが、溶解工程で液漏れが9ヵ月間にわたっておこっていたことが

05年5月に発覚して運転停止の状態にあり、運転再開の見通しは立っていない。

日本には独立行政法人日本原子力研究開発機構（JAEA）東海研究開発センター核燃料サイクル工学研究所（旧動力炉・核燃料開発事業団）の管理の下に年間210トンU（1日0.7トンU、軽水炉の低濃縮ウラン用）の処理能力を有する東海村再処理工場（操業は1981年）がある。また、2011年3月現在、日本原燃の管理の下に年間800トンUの処理能力を有する六ヶ所再処理工場は試験運転中にある。本来なら1990年代後半に完成予定であったが、相次ぐ事故・故障によりこれまで18回も延期され、2012年10月完成予定と伝えられている。そのため建設費は当初の7600億円から2兆2000億円に膨らんでいる。

〔野口邦和〕

☞再処理、再処理工場の事故、軽水炉

**再処理工場の事故**［accident of reprocessing plant］

▶さいしょりこうじょうのじこ

再処理工場は、使用済み燃料のせん断、溶解、不溶性残渣の除去、有機溶媒による抽出、逆抽出、その際の酸化還元、分離したウラン溶液とプルトニウム溶液の濃縮、硝酸や高レベル廃液の加熱濃縮、ガラス固化などの多数の複雑な工程を含む。したがって、事故の種類も腐蝕による液漏れ、火災、爆発、臨界など多様である。そのいくつかを例示する。

【英国】1973年9月にウィンズケール（現セラフィールド）施設で、不溶性残渣が抽出工程の有機溶媒供給器の底に沈積し、残渣中の放射性ルテニウムの崩壊熱で高温になった残渣と有機溶媒が接触して発火した。そのため内圧が上昇し、放射性物質が操作室に流入して35人の作業者が被曝した。

【米国】1953年1月にサバンナリバー施設で、硝酸ウラニル溶液蒸発缶で溶液の加熱濃縮中に爆発し、建屋の屋根と壁が損傷して作業員2人が負傷した。原因は、多量の有機溶媒が硝酸ウラニル溶液に混入し、リン酸トリブチル（TBP）と硝酸ウラニルの錯化合物を生じ、これが急激に熱分解したものと推定された。75年2月にもサバンナリバー施設で、濃縮された硝酸ウラニル溶液を加熱脱硝中に爆発し、建屋が損傷して作業員2人が負傷した。原因は、多量の有機溶媒が蒸発缶に混入してTBPと硝酸ウラニル溶液の錯化合物を生じ、これが脱硝器に供給されて熱分解し、発生したガスが爆発したものと推定された。

97年5月にハンフォード施設で、試薬貯槽が爆発して貯槽のふたが吹き飛び、建屋のドアと屋根が損傷した。原因は、プルトニウム還元剤の硝酸ヒドロキシルアミンを含む溶液を4年間も放置していたために水分が自然蒸発し、不純物を触媒として化学反応が生じたものと推定された。

【ロシア】1957年9月にチェリャビンスク施設で、高レベル廃液の貯槽が爆発して高レベル廃液の1割、2000万キュリー（Ci）が飛散し、幅30-50km、長さ300kmにわたって汚染した。住民

## さんかうらん

3万4000人が被曝し、1万人が避難した。原因は、温度センサーと冷却系が故障し、貯槽内の廃液が崩壊熱により蒸発して硝酸ナトリウムと酢酸ナトリウムの混合乾燥物を生じ、これが爆発したものと推定された。この事故は「ウラルの核惨事」として知られている。

93年4月にトムスク7施設で、抽出工程の調整タンクが爆発して建屋を破壊し、敷地外にプルトニウムとジルコニウム95などの核分裂生成物が放出された。原因は、調整槽に有機溶媒を多量に含むウラン溶液が残留していたところに高温のウラン濃縮液を加え、さらに濃硝酸を加えたため、希釈剤の炭化水素やTBPの劣化物が濃硝酸と錯化合物を作り、これが急激な熱分解をおこしたものと推定された。

【日本】1997年3月に東海村再処理工場で、中低レベル廃液のアスファルト固化施設で火災が発生し、機器の破損、作業員の被曝、環境汚染をおこした。原因は、廃液に含まれていた沈殿物により微弱な発熱反応が蓄積し、アスファルトと硝酸ナトリウムの急激な反応が酸化反応を誘発したものと推定されている。この事故に先立つ81年12月、ベルギーのユーロケミック施設でも同様の事故がおこっている。〔野口邦和〕
☞ 再処理、再処理工場

### 酸化ウラン [uranium oxide]
▶さんかうらん

軽水炉燃料に用いられるウランの化合物。ウラン酸化物には$UO_2$、$U_3O_8$、$U_4O_9$などの多くの化合物が存在するが、燃料として用いられるのはこのうち二酸化ウラン$UO_2$である。酸化物燃料つまりセラミック燃料が用いられる理由は融点が2840℃と極めて高く、高温に耐えられる点であるが、この他にも高い熱伝導性や、温度の上昇下降をくり返しても結晶構造上安定であることなどが重視されたからである。〔舘野 淳〕
☞ ウラン

### 酸化プルトニウム [plutonium oxide]
▶さんかぷるとにうむ

核燃料に用いられるプルトニウムの化合物、$PuO_2$をいう。融点は2390℃と高く、高温に耐えられる性質がある。酸化物燃料としては通常、酸化ウランと混合してPu-U-O固溶体の形で燃料として用い、これをMixed - OXide fuel、すなわちMOX燃料と呼ぶ。〔舘野 淳〕
☞ MOX燃料、プルトニウム

### 三重水素
▶さんじゅうすいそ
➡ トリチウム

### 暫定規制値
▶ざんていきせいち
➡ 飲食物摂取制限

# し

### シーベルト [sievert (Sv)]
▶しーべると

人間に対する放射線の影響は、たとえ吸収線量が同じであっても、放射線の種

類やエネルギー、放射線の空間的分布や時間的分布などによって異なる。シーベルトは、人間に対する被曝の影響をすべての放射線に対して共通の尺度で評価するために、放射線防護の目的で使用する被曝線量を表す尺度の単位で、単位記号はSv。人間の被曝線量を表す尺度には等価線量や実効線量などがある。等価線量は、国際放射線防護委員会（ICRP）の1990年勧告で定義された線量で、組織・臓器Tの等価線量 $H_T$ は次式により与えられる。

$$H_T = \Sigma\ w_R \cdot D_{T,R}$$

ここで $w_R$ は放射線荷重係数、$D_{T,R}$ は放射線の種類Rに起因する組織・臓器Tの平均吸収線量である。また、実効線量も国際放射線防護委員会（ICRP）の90年勧告で定義された線量で、実効線量Eは、組織・臓器Tの等価線量に組織荷重係数を乗じ、これをすべての組織・臓器について加算した量として与えられる。

$$E = \Sigma\ w_T \cdot H_T$$

ここで $w_T$ は組織・臓器Tの組織荷重係数、$H_T$ は組織・臓器Tの等価線量である。　　　　　　　　　〔野口邦和〕
☞被曝線量、国際放射線防護委員会

### 志賀原発の臨界事故隠し
[concealment of criticality accident at Shika nuclear power plant]
▶しがげんぱつのりんかいじこかくし

北陸電力志賀原子力発電所1号機で1999年6月に臨界事故が発生したにもかかわらず、北陸電力が国と関係自治体に報告することなく、隠ぺいしていたことが2007年3月に発覚した事件。北陸電力の発表によれば、①制御棒駆動機構の弁の誤操作が原因で3本の制御棒が脱落した、②原子炉が臨界状態になり自動停止信号が発生したにもかかわらず、制御棒の緊急挿入に失敗した、③弁の手動操作により臨界事故は収束した、というものである。臨界状態は15分間継続したという。発電所幹部らは事故後に対応を協議し、所長が社外に報告しないことを決めた。臨界事故を隠すため、炉心中性子束モニタの記録計チャートに「点検」とうその書き込みも行ったという。

志賀1号機で臨界事故がおきたのは、同2号機をめぐる節目の時期でもあった。99年4月に国は2号機増設に許可を出し、臨界事故から1ヵ月半後の99年8月初めに石川県、志賀町などが増設を了承し、北陸電力は8月末に2号機増設に着手した。もし臨界事故を隠ぺいせずに公表していたら、その1ヵ月半後の2号機増設の地元自治体の了承は得られなかった可能性が高い。原子力発電所の臨界事故はその後、東京電力福島第一原子力発電所3号機で78年、同2号機で84年にも発生していたことが判明した。また、制御棒に関連するトラブルは、4電力14原発でおこっていたことも判明した。　　　　　〔野口邦和〕
☞臨界事故、制御材

### しきい線量　　　　　▶しきいせんりょう
➡閾値（放射線被曝）

### 自然放射線 [natural radiation]
▶しぜんほうしゃせん

自然界に存在する放射線のことで、環

## しつけんようけ

境放射線ということもある。自然放射線源としては、①地球の外部から地球上に飛び込んでくる一次宇宙線、一次宇宙線と地球大気との衝突により生成する二次宇宙線の他に、②地球誕生時から存在し、半減期が長いために現在も壊変しつくさずに生き残っているウランやトリウムなどの一次放射性核種の放出する放射線、③一次放射性核種の壊変により生成する子孫核種である二次放射性核種の放出する放射線、④自然界におこっている核反応により現在も生成し続けている誘導放射性核種の放出する放射線、⑤人工放射性核種が大気圏内核実験や原子力施設の事故などにより自然界にばらまかれた結果、自然界で広く検出することのできる人為放射性核種の放出する放射線、がある。②から⑤は大地放射線を構成する。原子放射線の影響に関する国連科学委員会(UNSCEAR)報告書によれば、通常の地域における自然放射線に起因する年実効線量の世界平均は、体外被曝が約0.8 mシーベルト(Sv)、体内被曝が約1.6mSv、合計約2.4mSvとされている。自然放射線に起因する日本各地における年実効線量は、合計約1.5mSvとされている。　　　　　　　〔野口邦和〕

### 実験用原子炉　　▶じっけんようげんしろ
➡実験炉

### 実験炉 [experimental reactor]
　　　　　　　　　　　▶じっけんろ

　実用原子炉(実用炉)を開発する場合、一般に実験炉→原型炉→実証炉の段階を順次へて、実用炉(商用炉)を製作することが多い。実験炉(実験用原子炉)は実用炉に向けた開発段階の最初の原子炉で、設計、建設および運転を通じて、次の段階の原型炉の開発に必要な技術的経験を取得し、実用炉製作の基礎データを得るためのものである。

　高速増殖炉の開発を例にすると、実験炉(高速増殖実験炉)は独立行政法人日本原子力研究開発機構(JAEA)大洗研究開発センターにある「常陽」である。「常陽」は1977年4月に初臨界に達して以来、高速増殖炉の炉心設計、燃料の設計と製造技術、プラント特性、崩壊熱の除去など炉心、燃料、プラントシステム、計測技術、運転・保守支援技術などについて、多くの貴重な成果をあげている。しかし、その技術が十分には「もんじゅ」に生かされなかったとの指摘がなされた。　　　　　　　〔野口邦和〕
☞実用炉、実証炉、高速増殖炉、もんじゅ

### 実証炉 [demonstration reactor]
　　　　　　　　　　　▶じっしょうろ

　実用原子炉(実用炉)を開発しようとする場合、一般に実験炉→原型炉→実証炉の段階を順次へて、実用炉(商用炉)を製作することが多い。実証炉は実用炉の最終開発段階の原子炉で、実用規模プラントの技術の実証と経済性の見通しを確立するために製作される原子炉である。高速増殖炉の開発を例にすると、世界で唯一臨界に達した実証炉(高速増殖実証炉)は、フランスで建設されたスーパーフェニックス1号(SPX-1、熱出力

300万kW、電気出力124万kW）である。SPX-1は1985年に初臨界に達し運転を開始したが、87年3月に冷却材の液体金属ナトリウムの漏えいにより運転を停止した。その後、94年8月にプルトニウム燃焼、アクチニド消滅の試験炉として目的変更したうえで再び運転を始めたが、97年6月にジョスパン首相が議会でSPX計画の放棄を発表し、98年12月に廃止措置が決定した。

〔野口邦和〕

☞実験炉、実用炉、高速増殖炉

## 実用炉 [commercial reactor]
▶じつようろ

実用原子炉（実用炉）を開発しようとする場合、一般に実験炉→原型炉→実証炉の段階を順次へて、実用炉（商用炉）を製作することが多い。実用炉はこの研究開発期をへて実用の段階に達したと考えられる原子炉で現在、営業運転中の軽水炉などの発電炉は実用炉といえる。

〔野口邦和〕

☞実験炉、実証炉、軽水炉

## 質量とエネルギーの同等原理
[mass-energy equivalence principle]
▶しつりょうとえねるぎーのどうとうげんり

20世紀最大の物理学者として知られるドイツ出身のアルベルト・アインシュタイン（Einstein,A.）が1905年に発表した特殊相対性理論の1つの結論として導き出したもので、これより質量mとエネルギーEは同等（等価）であることがわかっている。その公式は有名な$E = mc^2$（$c$は真空中での光速度）で表され、質量mをエネルギーに換算するとEとなることを意味する。

〔野口邦和〕

## 自発核分裂 [spontaneous fission (SF)]
▶じはつかくぶんれつ

中性子などによる衝撃を加えられることなく原子核が自発的に核分裂する現象。原子炉の中でおこっている核分裂は核反応の一種で、これは誘導核分裂と呼ばれる。一方、ある種の非常に重い原子核は自発核分裂する。自発核分裂は放射性壊変の一種である。重い原子核に特有の放射性壊変として$\alpha$壊変があり、ほとんどの自発核分裂性核種は$\alpha$壊変する。自発核分裂性核種として最も有名な核種はカリホルニウム252である。カリホルニウム252は半減期2.65年で放射性壊変するが、このうち96.9%は$\alpha$壊変、3.1%は自発核分裂をする。カリホルニウム252は1回の自発核分裂で3.7675個の中性子を放出する。これはカリホルニウム252が1gあると、1秒間に約$2.31 \times 10^{12}$個の中性子が放出されることを意味する。この事例からわかるように、自発核分裂性核種は中性子発生源として利用できる。

〔野口邦和〕

☞核反応、中性子

## シビアアクシデント
[severe accident (SA)]
▶しびああくしでんと

あらかじめ想定された、いわゆる設計基準ベースを超えるような事象であって、しかも安全装置によって炉心冷却や核反

応の制御ができず、その結果、重大な炉心の損傷にいたるような深刻な事故をいう。苛酷事故ともいう。炉心の損傷の程度や環境に放出された放射能の量によって重大さが決まる。米国のスリーマイル島原発事故、旧ソ連のチェルノブイリ原発事故、福島第一原発事故がこれに相当する。　　　　　　　　　　〔舘野 淳〕

☞スリーマイル島原発事故、チェルノブイリ原発事故、福島第一原発事故

## 重水炉 [heavy water reactor (HWR)]
▶じゅうすいろ

重水を減速材として利用した原子炉の総称。したがって、さらに冷却材として重水を用いるものと、軽水を用いるものとに分けることができる。前者としてはカナダで開発された、CANDU-PHW 炉があり、後者としては同じくカナダの CANDU-BLW 炉、英国で開発された SGHWR 炉、わが国で開発された新型転換炉（ATR：原型炉「ふげん」）がある。これらはすべて動力炉としての開発を目的としたものであるが、この他にわが国の JRR-2 のような重水を用いた研究炉も存在する。　　　　　〔舘野 淳〕

☞軽水炉、冷却材

## 蒸気発生器 [steam generator (SG)]
▶じょうきはっせいき

加圧水型軽水炉（PWR）において、高温の一次冷却水から、熱を二次冷却水に渡してこれを蒸気に変える装置。一種の熱交換器。わが国の PWR の場合インコネル（鉄・ニッケル・クロム合金）製 U 字管を伝熱管（蒸気細管）とする縦置き型であり、一次冷却水は、蒸気発生器と一次冷却材ポンプよりなるループを循環する。原子炉が大型化しての出力が増加するにつれて、ループ数は 2、3、4 と増加している。1 つの蒸気発生器には 3000 本以上の伝熱管があり、1 本の太さは 22.23mm、肉厚は 1.27mm、長さは 20 m もあり、伝熱管全体での伝熱総面積は 800 m$^2$ にも及ぶ。1970 年代後半から 80 年代にかけてこの伝熱管の破損が多発したが、破損した管に栓をするなど部分的に修理して運転が継続された。91 年に関西電力美浜発電所 2 号機で伝熱管破断を原因とする大事故が発生したため、多くの初期原発で改良された蒸気発生器への交換が行われた。
　　　　　　　　　　〔舘野 淳〕

☞冷却材、軽水炉

## 使用済み燃料 [spent fuel (SF)]
▶しようずみねんりょう

原子炉を運転していると燃料棒中の核分裂性のウラン 235 が減少し、同時に核分裂生成物（Fission Products：FP）が蓄積する。このため 1 年で炉心の約 3 分の 1 程度の燃料を取り出して新しい燃料と交換するが、取り出した燃料を使用済み燃料という。交換に際しては原子炉圧力容器の上ぶたを開け、上部からクレーンで燃料集合体を引き上げ、放射線を防御するために水を張った通路を通して移動し、格納容器内（BWR）、または補助建屋内（PWR）の燃料貯蔵プールに貯蔵する。核燃料がどの程度燃えた

## しようすみねん

### 各原子力発電所の使用済燃料の貯蔵量

(単位：トン・U)

| 電力会社 | 発電所 | 1炉心 | 1取替分 | 2010年9月末 貯蔵量 | 2010年9月末 管理容量 |
|---|---|---|---|---|---|
| 北海道電力 | 泊 | 170 | 50 | 350 | 1,000 |
| 東北電力 | 女川 | 260 | 60 | 390 | 790 |
| 東北電力 | 東通 | 130 | 30 | 60 | 230 |
| 東京電力 | 福島第一 | 580 | 140 | 1,820 | 2,100 |
| 東京電力 | 福島第二 | 520 | 120 | 1,130 | 1,360 |
| 東京電力 | 柏崎刈羽 | 960 | 230 | 2,210 | 2,910 |
| 中部電力 | 浜岡 | 410 | 100 | 1,090 | 1,740 |
| 北陸電力 | 志賀 | 210 | 50 | 120 | 690 |
| 関西電力 | 美浜 | 160 | 50 | 360 | 680 |
| 関西電力 | 高浜 | 290 | 100 | 1,160 | 1,730 |
| 関西電力 | 大飯 | 360 | 110 | 1,350 | 2,020 |
| 中国電力 | 島根 | 170 | 40 | 370 | 600 |
| 四国電力 | 伊方 | 170 | 50 | 550 | 940 |
| 九州電力 | 玄海 | 270 | 90 | 760 | 1,070 |
| 九州電力 | 川内 | 140 | 50 | 850 | 1,290 |
| 日本原電 | 敦賀 | 140 | 40 | 580 | 860 |
| 日本原電 | 東海第二 | 130 | 30 | 370 | 440 |
| 合計 |  | 5,070 | 1,340 | 13,530 | 20,420 |

注1．管理容量は、原則として「貯蔵容量から1炉心＋1取替分を差し引いた容量」である。
2．中部電力の浜岡は、1・2号機の運転終了により、「1炉心」、「1取替分」を3〜5号機の合計値としている。
3．四捨五入の関係で合計値は、各項目を加算した数値と一致しない部分がある。

かは、取り出したエネルギー量で示す燃焼度を用いて表す。　　　〔舘野 淳〕

### 使用済み燃料再処理

▶しようずみねんりょうさいしょり

➡再処理

### 使用済燃料貯蔵プール

[spent fuel storage pool]

▶しようずみねんりょうちょぞうぷーる

　原子炉の3〜4年の運転後、交換のために炉心から取り出した使用済燃料棒を冷やして温度上昇を防ぐとともに放射線が外部に出ないようにするために水で覆う施設をいう。核分裂反応はしていなくても放射性壊変はしているので崩壊熱が発生するという放射性物質の特質があるため、冷却が必要となる。施設は、楯横約10m、深さ約12メートルで、使用済燃料はラックに立てるようにして置き、上端から水面までほぼ8mの水で覆う。　　　〔野口邦和〕

## しようようろ

**商用炉** ▶しようようろ
➡実用炉

**食品照射** [food irradiation]
▶しょくひんしょうしゃ

　ジャガイモなどの発芽防止、食品の殺菌・殺虫・熟成遅延による保存性の向上を目的として、放射線を食品に照射すること。放射線照射された食品を照射食品という。照射する放射線はコバルト60やセシウム137のγ線の場合がほとんどであるが、10MeV以下の電子線や5MeV以下の電子線変換X線を用いることもある。日本では発芽防止の目的でジャガイモへの照射だけが許可されているが、50ヵ国以上で食品照射が許可され、30ヵ国以上で食品照射が実際に行われ、タマネギ、豆類、ニンニク、小麦、乾燥野菜、鶏肉など約40品目が実用化されている。照射食品の健全性に問題のない照射量としては、国際連合食糧農業機関（FAO）、国際原子力機関（IAEA）、世界保健機関（WHO）の食品照射合同専門家委員会が1980年に10キログレイ（kGy）以下としており、基本的に現在もこの値が引き継がれている。

〔野口邦和〕

**除染** [decontaminatio]
▶じょせん

　人体や施設に放射性物質が付着している状態を汚染といい、汚染されている人体や施設からこの放射性物質を取り除くことを除染（汚染除去）という。汚染は、放射性物質を取り扱う者の不注意や事故でおこる場合もあるが、たとえ不注意や事故がなくとも放射性物質を取り扱っている限り、微量の汚染は避けられない。除染操作の留意点としては、①汚染後の経過時間が長くなるほど除染しにくくなるので、汚染した場合、早期に除染すること、②除染することにより汚染範囲を広げることのないよう汚染拡大防止に努めること、③放射性廃棄物が増えないよう除染操作に用いる道具を工夫すること、などである。除染方法としては、ブラッシングや研磨などの機械的方法と、洗剤・酸・酸化剤・有機溶媒・キレート剤などの薬剤（除染剤）を用いた洗浄方法がある。人体表面が汚染された場合は、中性洗剤で洗浄し除染すると皮膚を傷つけることがなくてよい。汚染のひどい衣類などは、除染せずにそのまま廃棄することもある。

〔野口邦和〕

☞除染係数

**除染係数** [decontamination factor (DF)]
▶じょせんけいすう

　除染の程度（効果）を表す指標で、除染処理前の放射能濃度を除染処理後の放射能濃度で除した値をいう。すなわち、除染係数（DF）＝（除染処理前の放射能濃度）／（除染処理後の放射能濃度）である。除染係数の値が大きいほど、放射性核種による汚染が除去されたことを意味する。なお、除染係数の常用対数をとった値を除染指数（decontamination index：DI）という。すなわち、DI＝$\log_{10}$DFである。除染指数も、除染係数

と同様に除染の程度（効果）を表す指標である。　　　　　　　　　　〔野口邦和〕

☞除染

## ジルコニウム合金 [zirconium alloy]
▶じるこにうむごうきん

ジルコニウムは原子番号40、元素記号Zr、周期表の4属の元素の1つで、原子量は91.22である。銀白色の硬い金属で、融点と沸点はそれぞれ1852℃と3578℃である。ジルコニウムは高温水中で腐食しにくく、かつ熱中性子吸収断面積が小さい（要するに熱中性子を吸収しにくい）ため、その合金は燃料被覆管や原子炉の構造材料に用いられるなど、原子力産業を象徴する金属である。ジルコニウム合金の代表例は原子炉の材料用として開発されたジルカロイで、ジルコニウムにスズ（重量%で1.5%）、鉄（同0.13%）、ニッケル（同0.05%）、クロム（同0.1%）を添加したジルカロイ-2や、ジルコニウムにスズ（同1.5%）、鉄（同0.21%）、クロム（同0.1%）を添加したジルカロイ-4がある。この他に上記元素などの含有成分の重量%の違いによりジルカロイ-1やジルカロイ-3もある。　　　　　　　　　　〔野口邦和〕

## 新型転換炉
[advanced thermal reactor (ATR)]
▶しんがたてんかんろ

1950年代には、世界中で濃縮ウランを使用しないで発電できる発電炉や経済効率のよい発電炉の研究開発が盛んに行われ、50年代後半から60年代にそれらの原型炉の建設が行われた。厳密な意味での定義はないが、軽水炉とは異なり、この時期に研究開発された一連の発電用熱中性子炉を新型転換炉と呼んでいる。これまでに研究開発された新型転換炉をふり返ると、①減速材に軽水（$H_2O$）ではなく重水（$D_2O$）を用いている（重水素は通常の水素より熱中性子吸収断面積が非常に小さい）、②多くは圧力容器を用いない圧力管型（いわゆるチャンネル型）である、③冷却剤として軽水、有機材、炭酸ガス、重水を使用できる、④核燃料としては天然ウラン以外にも、濃縮度1～2.4%程度の微濃縮ウラン、天然ウラン＋1.4～2.6%程度のプルトニウムなども使用できる、などの特徴を有する。

日本で研究開発された核燃料サイクル開発機構（現・独立行政法人日本原子力研究開発機構〈JAEA〉）の新型転換原型炉「ふげん」（電気出力16万5000kW）は圧力管型の重水減速・沸騰軽水冷却炉で、1978年3月に初臨界に達し、同年7月から送電を開始して03年3月に運転を終了した。この間の総発電量は219億kWh、設備利用率は約62%に達している。また、2000年3月までに累計726体のMOX燃料を装荷し、1原子炉としては世界最高のMOX燃料使用実績を有している。その実績には目を見張るものがあるが、実証炉（電気出力60万6000kW）の建設計画は経済性を理由に95年8月の原子力委員会の決定により中止され、日本の新型転換炉計画は頓挫した。　〔野口邦和〕

# しんこつせいふ

☞ふげん、MOX燃料、実証炉

## 親骨性物質 [bone-seeker]
▶しんこつせいぶっしつ

体内に取り込んだ場合、骨に集まりやすい物質。好骨性物質、向骨性物質ともいう。親骨性元素としては周期表2族のマグネシウム（Mg）、カルシウム（Ca）、ストロンチウム（Sr）、バリウム（Ba）、ラジウム（Ra）が有名であるが、この他にも亜鉛（Zn）、カドミウム（Cd）、リン（P）、ニッケル（Ni）、イットリウム（Y）、ウラン（U）、プルトニウム（Pu）などが知られている。親骨性放射性核種は親骨性元素の放射性同位体ということになるが、物理的半減期と生物学的半減期がともに長い場合には長期間にわたって骨にとどまって骨髄などを照射しつづけるため、これらの核種が体内に入ると非常にやっかいである。

〔野口邦和〕

☞ストロンチウム90

## シンロック固化 [SYNROC method]
▶しんろっくこか

高レベル廃棄物の固化処理法の一種。高レベル廃棄物の煆焼体を酸化カルシウム（CaO）、ジルコニア（$ZrO_2$）などと混合して高温で反応させ、ペロブスカイト、灰チタン石などの鉱物を合成して、核分裂生成物などの放射性核種を結晶内のイオンとして固定させること。シンロック固化体は、ガラス固化体などと同様に深地中処分を行うことになる。ガラス固化よりも放射能を安定的に閉じ込められ、放射性物質の溶出がおこりにくいとされている。

〔舘野 淳〕

☞高レベル廃棄物、ガラス固化

# す

## 水素爆発 [hydrogen explosion]
▶すいそばくはつ

ウラン燃料を包むジルコニウム合金からなる燃料被覆管が高温の水蒸気と反応して水素ガスを生じ、それが酸素と爆発的に結合することをいう。福島第一原発では、全交流電源喪失によりジルコニウム合金の燃料被覆管が冷却できなくなったことによって高温となり、周囲の水蒸気と化学反応を起こし、水素ガスを発生した。この水素ガスが原子炉建屋の上部に溜まって爆発限界（4％）を超え、酸素と急激に反応して水素爆発をおこした。原子炉建屋上部が水素爆発によって破壊され、建屋内にまで漏出していた気体状放射性物質や揮発性放射性物質が主に大気中に放出された。

〔野口邦和〕

## スクラップ [scrap]
▶すくらっぷ

スクラップを直訳すれば廃物、くず、ごみという意味。放射性物質とのかかわりで問題になるのは、金属スクラップ業者などが輸入した鉄くずなどの金属スクラップ中に放射性物質が誤って混入していることがあり、金属スクラップ業者から鉄鋼メーカーなどに納入される際、放

射線モニターで放射性物質が発見されることである。放射性物質が誤って混入する原因は不明であるが、放射線源保管者側の保管管理の一層の徹底と、金属スクラップ業者や鉄鋼メーカー側での放射線モニタリングの強化が求められる。

〔野口邦和〕

## ストロンチウム90
[strontium-90 ($^{90}$Sr)]

▶すとろんちうむ90

原子番号38、質量数90(すなわち中性子数52)の放射性核種。ストロンチウムは周期表2族の元素で、カルシウムとよく似た化学的性質を有する。そのため体内に入ると骨に集まりやすく、代表的な親骨性元素として知られる。ストロンチウム90も体内に入ると骨に集まりやすい。

ストロンチウムの放射性同位体であるストロンチウム90は、半減期28.74年で$\beta$壊変(詳しくは$\beta$マイナス壊変または陰電子壊変)して娘核種イットリウム90になる。イットリウム90は半減期64.10時間で$\beta$壊変(詳しくは$\beta$マイナス壊変または陰電子壊変)して安定核種ジルコニウム90になる。そのため最初はストロンチウム90しか存在しなくとも、やがてイットリウム90が生成し、約17-18日経過すると放射平衡状態となる。すなわち、イットリウム90の放射能はストロンチウム90の放射能と等しくなり、見かけ上、ストロンチウム90と同じ半減期で放射能が減衰するようになる。イットリウム90は高エネルギーの$\beta$線(最大エネルギー2.280MeV)を放出するため、ストロンチウム90の$\beta$線(同0.546MeV)による体内被曝を考える場合、必ずイットリウム90の$\beta$線による体内被曝を含めて考えなければならない。

なお、ストロンチウム90は代表的な核分裂生成物の一種で、ウランやプルトニウムを中性子照射することにより生成する。工業的には厚さ計測の線源などに利用されている。

〔野口邦和〕

☞親骨性物質、体内被曝

## SPEEDI
[System for Prediction of Environmental Emergency Dose Information]

▶すぴいーでぃー

原子力発電所などから大量の放射性物質が放出されたり、そのおそれがあるという緊急事態に、周辺環境における放射性物質の大気中濃度および被ばく線量など環境への影響を、放出源情報、気象条件および地形データを基に迅速に予測するシステム。緊急時迅速放射能影響予測ネットワークシステムともいう。独立行政法人日本原子力研究開発機構が研究・開発した。関係府省と関係道府県、オフサイトセンターおよび日本気象協会とが、原子力安全技術センターに設置された中央情報処理計算機を中心にネットワークで結ばれ、関係道府県からの気象観測点データとモニタリングポストからの放射線データ、および日本気象協会からのGPVデータ(Grid Point Valueのことで格子点のデータのこと)、アメダスデータを常時収集し、緊急時に備える。こ

れらの結果は、ネットワークを介して文部科学省、経済産業省、原子力安全委員会、関係道府県およびオフサイトセンターに迅速に提供され、防災対策を講じるための重要な情報として活用される。福島第一原発事故の際、事故直後にSPEEDIの結果が利用されなかったことが問題になった。　　　　　〔野口邦和〕

## スミア法 [smear test]
▶すみあほう

　放射性物質で汚染された機器表面、実験台や床などの表面をろ紙などでふき取ると、表面から剝離しやすい放射性物質はろ紙に付着する。放射性物質の付着したろ紙の放射能を分析することにより、剝離しやすい放射性物質による表面汚染の程度を知る方法をいう。スミア法をふき取り試験と呼ぶこともある。なお、スミア法によりわかる放射性物質の表面汚染の程度はあくまでも剝離しやすい部分の表面汚染の程度であるから、剝離しにくい部分も含めた全体の表面汚染の程度を知るためには、サーベイメータなどの携帯用の放射線測定器により表面を検査する必要がある。　　　　　〔野口邦和〕

## スリーマイル島原発事故
[accident of Three Mile Island nuclear power plant (TMI accident)]
▶すりーまいるとうげんぱつじこ

　1979年3月28日にアメリカのペンシルベニア州スリーマイル島原子力発電所2号炉（TMI-2、加圧水型軽水炉（PWR）、電気出力95.9万kW）で発生した炉心溶融事故。86年4月26日の旧ソ連ウクライナ共和国のチェルノブイリ原子力発電所4号炉の事故がおこるまでは原子力発電開発史上最悪の事故と呼ばれた。

　スリーマイル島原発2号炉はバブコック・アンド・ウィルコックス（B＆W）社製の加圧水型軽水炉で、事故のおこる約3ヵ月前の78年12月に運転を開始したばかりの最新鋭の発電炉であった。スリーマイル島原発事故は、タービンを出た二次冷却水を蒸気発生器の二次側へ送る主給水ポンプの故障が発端となって蒸気発生器の二次側が空焚き状態となり、一次冷却材の温度と圧力の急上昇により圧力逃し弁が開いて原子炉は緊急停止したものの、圧力が低下しても圧力逃し弁が故障により開いたままの状態が続き、運転員もこれに気づかなかったため一次冷却材が失われ、冷却材喪失から炉心溶融へと突き進んだ典型的な炉心溶融事故であった。炉心の45％、62 tが溶融し、このうち約20 tが炉心まわりの内槽を溶融・貫通して原子炉容器の底部にたまった。さいわい一次冷却材が残っていたために原子炉容器の貫通は免れたが、事故から10年後の調査で原子炉容器底部内壁面にひび割れが生じていたことがわかった。もし原子炉底部のひび割れが拡大して溶融物がこれを貫通していたら、チャイナ・シンドロームと呼ばれる危機的な状態にいたった可能性が高い。

　日本では、原子力安全委員会の下に事故調査委員会が設置され第3次報告書まで提出されたが、原子炉内部の本格的

調査が開始された3年後以降は調査・報告を止めてしまった。米国では10年間に及ぶ事故調査・検討が続けられ、88年に米国原子力学会のTMI特別会議で報告され、学会誌TMI特集号（Vol. 87、1989年）に収録された。この和文訳も刊行されている。

事故直後、州知事が半径8km圏内の妊婦と幼児に避難を勧告した。しかし、実際は家族全員で避難する場合がほとんどで、スリーマイル島原発の所在地ゴールズボロでは3月31日夕方までに住民の90％が避難したという。事故により大気中に放出された放射性物質は、放射性希ガス（主に半減期5.243日のキセノン133）が$3.70 \times 10^{17}$Bq（370PBq）、ヨウ素131が$5.50 \times 10^{11}$Bq（550GBq）と報告されている。〔野口邦和〕

☞チェルノブイリ原発事故、冷却材、冷却材喪失事故

# せ

## 制御材 [control material]

▶せいぎょざい

原子炉内の核分裂連鎖反応を制御する材料。制御材としては、核分裂反応をおこしている中性子吸収能力が非常に高いこと、すなわち中性子吸収断面積の非常に大きいことが要求される。そのような物質としてはカドミウム（Cd）、サマリウム（Sm）、ユウロピウム（Eu）、ガドリニウム（Gd）などが知られている。制御材のうち棒状に成形加工されたものを制御棒という。また、ホウ素も中性子吸収断面積の非常に大きい元素として知られ、加圧水型軽水炉（PWR）では冷却材にホウ素を溶かして、制御材として利用している。〔野口邦和〕

☞吸収材

## 制御棒

▶せいぎょぼう

➡制御材

## 脆性破壊 [brittle fracture]

▶ぜいせいはかい

鋼鉄などの材料はある温度（脆性遷移温度）以下ではもろくなり、強い衝撃を受けると割れてしまう。原子炉の圧力容器は使用中に大量の中性子を浴びるが、照射量が増加するにつれて、脆性遷移温度は上昇し、もろい範囲が次第に高温側に広がる。もろい領域で、非常用炉心冷却装置が作動し冷水が注入されると、熱衝撃によって、圧力容器が割れてしまう可能性がある。これを圧力容器の脆性破壊と呼び、いくら注水しても炉心を冷やすことができず、炉心溶融などのおそろしい事故につながる可能性がある。沸騰水型軽水炉（BWR）に比べて加圧水型軽水炉（PWR）のほうが、シュラウド（炉心隔壁）などがないため圧力容器への照射量が多く、かつ肉厚であるため熱衝撃の際のひずみが大きく、脆性破壊の危険性は大きい。また、圧力容器の鋼材中のリン、ニッケル、銅などの不純物が多いと、脆性遷移温度の上昇は大きい。初期の原発、特に米国で作られた初期の

原発の圧力容器にはこの不純物が多く含まれるため、脆性遷移温度が大幅に上昇している危険な原発が存在する。

〔舘野　淳〕

☞圧力容器

## 生物濃縮 [biological concentration]

▶せいぶつのうしゅく

生物が外界の化学物質を環境中よりも高い濃度で蓄積する現象。たとえば、プランクトンを小魚が食べ、小魚が大きな魚の餌となり、最後に大きな魚を人が食べるという時、食物連鎖をとおしてある特定の物質が生物内に濃縮される。当該物質の海水中の濃度に対する海洋生物中の濃度の比率を濃縮係数という。

〔野口邦和〕

## 世界保健機関　　　　▶せかいほけんきかん

➡ WHO

## セシウム137 [caesium-137 ($^{137}C_s$)]

▶せしうむ137

原子番号55、質量数137（すなわち中性子数82）の放射性核種。セシウムは周期表1族の元素で、ナトリウムやカリウムとよく似た化学的性質を有する。そのため体内に入ると全身（骨および脂肪組織を除く）にほぼ均等分布する元素として知られる。セシウム137も体内に入るとほぼ全身に均等分布する。セシウムの放射性同位体であるセシウム137は、半減期30.04年で$\beta$壊変（詳しくは$\beta$マイナス壊変または陰電子壊変）して94.4％は放射性のバリウム137m、5.6％は安定なバリウム137になる。バリウム137mは半減期2.552分で$\beta$壊変（詳しくは$\beta$マイナス壊変または陰電子壊変）して安定核種バリウム137になる。そのため最初はセシウム137しか存在しなくとも、やがてバリウム137mが生成し、約17分経過すると放射平衡状態となる。すなわち、バリウム137mの放射能はセシウム137の94.4％の放射能となり、見かけ上セシウム137と同じ半減期で放射能が減衰するようになる。なお、セシウム137は代表的な核分裂生成物の一種で、ウランやプルトニウムを中性子照射することにより生成する。工業的には厚さ計、密度計、レベル計の線源など、医学的にはがんの放射線治療用の線源に利用されている。

〔野口邦和〕

## 設計基準事故
[design basis accident (DBA)]

▶せっけいきじゅんじこ

原子力施設の安全装置の設計にあたっては一定の事故を想定し、これに対処しうるような設計を行う。その際に想定される事故が設計基準事故（設計想定事故）である。安全審査における事故解析の対象となる事故は、設計基準事故である。設計基準事故の範囲内にある事故は、原理的には安全装置によって安全に防護できることになっている。スリーマイル島原発事故（1979年3月）、チェルノブイリ原発事故（86年4月）、福島第一原発事故（2011年3月）は設計基準事故をはるかに上回るものであり、設計

段階では対処する責任のない事故であるとされている。しかし、現実には設計基準事故をはるかに上回る深刻な事故（シビアアクシデント、苛酷事故）が比較的短期間に相次いでおこったわけで、このような事故にどう対処するか、シビアアクシデントへの拡大防止策やシビアアクシデントにいたった場合の影響緩和策などが（アクシデントマネジメント）世界各国で検討されている。　〔野口邦和〕

☞シビアアクシデント、スリーマイル島原発事故、チェルノブイリ原発事故

## セラフィールド再処理工場
[Sellafield reprocessing plant]
　　　　　▶せらふぃーるどさいしょりこうじょう

　イングランド北西端、カンブリア州アイリッシュ海沿いセラフィールドの近くにあるイギリス原子燃料公社（BNFL）所有の再処理工場をいう。以前はウィンズケール再処理工場といった。セラフィールドには現在、2つの再処理工場がある。コールダーホール炉の天然ウラン金属燃料の再処理用として1964年に操業を開始したB-205（処理能力は年間1500トンU、ピューレックス法）と、軽水炉の低濃縮ウラン酸化物燃料の再処理用として海外顧客（日本を含む）向けに1994年に操業を開始したTHORP（ソープ、処理能力は年間1200トンU、ピューレックス法）である。このうちTHORPは2005年4月に前処理工程用の施設内で硝酸溶液が大量に漏れ出ていることが発見されて以来、運転停止状態にある。この他、セラフィールドには天然ウラン金属燃料の再処理用として1952年に操業を開始したB-204（処理能力は年間500トンU、ブテックス法）もあったが、64年に閉鎖された。
　　　　　　　　　　　〔野口邦和〕

## 線質係数 [quality factor (QF, Q)]
　　　　　▶せんしつけいすう

　放射線の種類やエネルギーの違い、すなわち線質の違いによる人体影響の程度の違いを考慮に入れて、吸収線量（単位グレイ、Gy）を線量当量（同シーベルト、Sv）に換算するために導入された補正係数。線質係数が大きいほど人体影響の程度は大きくなる。

　（線量当量）＝（吸収線量）×（線質係数）あるいは（シーベルト）＝（グレイ）× QF

　線質係数の値は、放射線が水中を通過する時に、飛跡1μSvあたりに失うエネルギーの大きさ（線エネルギー付与、LETという）との関係で定義されている。しかし、放射線のLETが不明の場合は、線質係数は$\alpha$線20、中性子および陽子10、熱中性子2.3、X線、$\gamma$線および電子線1と定められている。国際放射線防護委員会（ICRP）の1990年勧告で定義されている放射線荷重係数（$W_R$）は、臓器・組織の平均吸収線量に乗じて臓器・組織の等価線量を求めるための概念として導入されたものである。これに対し線質係数は、空間の任意の点における吸収線量に乗じて線量当量を求めるための概念として導入されたものである。国際放射線防護委員会（ICRP）

の90年勧告の中で、線質係数が放射線荷重係数に改称されたとする記述をしばしば見かけるが、この記述は間違いである。　　　　　　　　　　〔野口邦和〕

☞国際放射線防護委員会

## 染色体異常 [chromosome aberration]
▶せんしょくたいいじょう

　放射線により突然変異が誘発されることを放射線突然変異というが、放射線突然変異は遺伝子突然変異と染色体異常に大別される。前者は遺伝子の本体であるDNA（デオキシリボ核酸）に生じた突然変異であり、点突然変異と呼ばれることもある。後者は染色体の構造自体が変化するもので、①染色体の一部が失われる欠失、②染色体の一部が重複する重複、③切断された染色体の断片が別の染色体に付着する転座、④染色体の一部が逆になる逆位がある。染色体異常による疾患には、①胎内早期死亡、②流産、③染色体が減数分裂する時にうまく分離できないこと（染色体の不分離現象という）に由来する疾患がある。　　　〔野口邦和〕

☞突然変異

## 全致死線量　　　　　▶ぜんちしせんりょう
➡致死線量

## 潜伏期 [latent period]
▶せんぷくき

　放射線被曝により生ずる障害を放射線障害という。障害の症状が現れるまでの期間が潜伏期または潜伏期間である。潜伏期の長さは被曝線量や障害の症状によって異なる。通常は、数時間から2-3ヵ月以内に障害の症状が現れるものを急性障害（または早期障害という）、数ヵ月以上たってから障害の症状が現れるものを晩発障害という。晩発性障害の代表例は白内障、発がん、白血病、遺伝的障害などであり、その他のほとんどの障害は急性障害であるとされている。一般に、潜伏期の短い放射線障害は因果関係の有無の立証は比較的容易であるが、潜伏期の長い放射線障害は因果関係の有無の立証が非常に難しいといえる。　〔野口邦和〕

☞放射線障害、被曝線量、急性障害、晩発障害

## 線量効果関係 [dose-effect relationship]
▶せんりょうこうかかんけい

　放射線の被曝線量と生ずる生物学的効果との関係をいう。線量効果関係はしばしば横軸に被曝線量、縦軸に生ずる生物学的効果（たとえば細胞の生存率、個体の致死率、急性障害の発生率、突然変異の発生率、発がん率など）をとって表され、こうした曲線を線量効果曲線と呼ぶこともある。ある限界線量（しきい値）を超えて被曝した場合におこる確定的影響と限界線量が存在しないと考えられている確率的影響の線量効果曲線は図のごとくである。ただし、低線量領域における線量効果関係については、低線量領域で発がんなどの確率的影響についてもしきい値があるのではないか、反対に発がん率などの確率的影響は高線量領域からの単純外挿より高くなるのではないかなど、現在もさまざまな議論があり決着がついていない。そのため放射線防護の立

場からは、低線量領域における確率的影響の線量効果関係は高線量領域における線量効果関係から原点を通るように直線で外挿した関係が成り立つものと仮定している。　　　　　　　　　　〔野口邦和〕

☞閾値（放射線被曝）

### 確率的影響と確定的影響についての線量─効果曲線

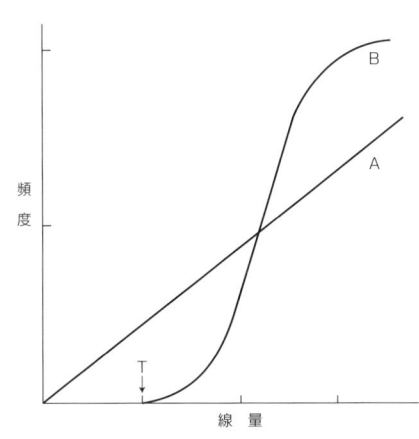

A　確率的影響，発がんや遺伝子的障害。
　　線量─効果関係は直線であると仮定する。
B　非確率的影響（確定的影響），一般的身体障害。
　　シグモイド型を示し，しきい値（T）がある。

## 線量制限体系

[system of dose limitation]

▶せんりょうせいげんたいけい

　国際放射線防護委員会（ICRP）は、放射線防護の目的を、①確定的影響の発生を防止し、確率的影響の発生確率を社会的に容認できると思われるレベルにまで制限すること、②放射線被曝を伴う行為が確実に正当とされるようにすること、であると勧告している。また、被曝線量を制限するための次のような体系的な考え方を勧告している。それは、（a）いかなる被曝行為も、その導入が正味でプラスの利益を生むのでなければ、採用してはならない（正当化の原則）、（b）すべての被曝は、経済的および社会的な要因を考慮に入れながら、合理的に達成できるかぎり低く保たれなければならない（最適化の原則）、（c）個人に対する線量は、委員会がそれぞれの状況に応じて勧告する限度を超えてはならない（線量限度遵守の原則）、である。被曝を伴う行為を（a）→（b）→（c）の順番で適用し、これをすべてクリアできた行為のみが認められるとする考え方が線量制

限体系である。ただし、医療行為については一概に限度を勧告するのは困難かつ医療行為の妨げになる可能性があるため（a）→（b）を順番にクリアできればよく、（c）は適用されない。〔野口邦和〕
☞被曝線量、国際放射線防護委員会

## 線量当量 [dose equivalent]
▶せんりょうとうりょう

人間の被曝線量を表す尺度の1つで、任意の点における吸収線量に、放射線の種類やエネルギーによって決まる線質係数（QF）を乗じて求める。

（線量当量）=（吸収線量）×（線質係数）あるいは（シーベルト）=（グレイ）× QF

線量当量の単位は、等価線量や実効線量の単位と同じシーベルト（Sv）である。放射線防護量である等価線量および実効線量は、いずれも人体内部における線量として定義されているため、実際に測定するのは極めて困難である。そのため等価線量および実効線量の測定可能な実用量として、国際放射線単位・測定委員会（ICRU）が定める人体組織と同じ組成、同じ密度を有するファントム（組成の重量％が酸素76.2％、炭素11.1％、水素10.1％、窒素2.6％、密度$1g・cm^{-3}$、直径30cmの球形プラスチックでICRU球と呼ばれている）内における線量として導入されたのが線量当量である。ファントム表面からの深さが70μmなら70μm線量当量、1cmなら1cm線量当量という。現在までのところ、皮膚の等価線量の実用量は70μm線量当量、水晶体の等価線量の実用量は70μm線量当量か1cm線量当量のいずれか、実効線量と腹部表面の等価線量の実用量は1cm線量当量を用いることになっている。サーベイメータなどの携帯用放射線測定器の指示値は、通常は1cm線量当量や1cm線量当量率を表示するよう設計されている。〔野口邦和〕
☞被曝線量

# そ

## 早期通報条約
[Convention on Early Notification of a Nuclear Accident]
▶そうきつうほうじょうやく

正式名称は、原子力事故の早期通報に関する条約。国境を越える影響をともなう原子力事故が発生した際、影響を受ける可能性のある諸国が早期に事故に関する情報を入手することで、被害を最小限にとどめることを目的としている。1986年4月のチェルノブイリ原子力発電所事故を契機に、1986年10月発効した。2006年1月現在、日本を含めて95ヵ国、3国際機関が締結している。締約国の義務として、原子力事故が発生した場合に、IAEAおよび被害を受ける可能性のある国への早期通報、さらに事故原因、放出放射能量、拡散予測等の安全対策上必要なデータの提供等を定めている。〔野口邦和〕

## 相互援助条約

[Convention on Assistance in the Case of a Nuclear Accident or Radiological Emergency]

▶そうごえんじょじょうやく

正式名称は、原子力事故または放射線緊急事態の場合における援助に関する条約。本条約は、早期通報条約と同じ経緯で採択され、1987年2月に発効し、2006年1月現在、日本を含めて93ヵ国、3国際機関が締結している。原子力事故や放射線緊急事態の場合に、専門家派遣や資機材提供などの援助を容易にするための国際的枠組みを定め、これにより事故や緊急事態の拡大を防止し、またその影響を最小限にとどめることを目的としている。

〔野口邦和〕

## 組織荷重係数

[tissue weighting factor ($w_T$)]

▶そしきかじゅうけいすう

発がんおよび遺伝的影響などの確率的影響は被曝部位に依存し、被曝した臓器・組織の等価線量が等しいからといって必ずしも同じ確率で発生するわけではない。それゆえ、異なる複数の臓器・組織に異なる線量を受けた場合の確率的影響の程度を評価するには、各臓器・組織の放射線感受性の違いを考慮する必要がある。各臓器・組織の相対的な放射線感受性を表す補正係数が組織荷重係数で、実効線量(E)、臓器・組織Tの等価線量($H_T$)、臓器・組織Tの組織荷重係数($w_T$)の間には、次式が成り立つ。

$$E = \Sigma\ w_T \times H_T$$

当該の臓器・組織の組織荷重係数は、個々の臓器・組織の単位線量あたりの致死的がんの発生確率(生殖腺については致死的な遺伝的影響の発生確率)、すなわち確率係数をすべての臓器・組織について合計し、この合計値に対する当該臓器・組織の確率係数の比として算出される。したがって、組織荷重係数の合計は1.0となる。国際放射線防護委員会(ICRP)の1990年勧告で与えられている組織荷重係数で示すと、生殖腺0.20、骨髄(赤色)、結腸、肺、胃は各0.12、膀胱、乳房、肝臓、食道、甲状腺は各0.05、皮膚、骨表面は各0.01、残りの臓器・組織は計0.05である。なお、残りの臓器・組織は副腎、脳、大腸上部、小腸、腎臓、膵臓、筋肉、脾臓、胸腺および子宮からなるとされている。

〔野口邦和〕

# た行

## た

### 体外被曝 [external exposure]

▶たいがいひばく

体外にある放射線源からの放射線により被曝すること。外部被曝ともいう。人体の表面に装着し、全身および局部の被ばく線量を測定する個人モニタとして知られるフィルムバッジ（FB）、熱ルミネッセンス線量計（TLD）、光刺激ルミネッセンス線量計（OSL）、蛍光ガラス線量計などはすべて体外被曝線量を測定する線量計である。サーベイメータと総称される電離箱式、GM管式、シンチレーション式および半導体式サーベイメータなどの空間線量率計もすべて体外被曝線量率を測定する放射線測定器である。体外にある放射線源による放射線被曝線量を低減させるには、①遮へい（線源を遮へいする）、②距離（線源から遠ざかる）、③時間（線源を取り扱う時間を短くする）を上手に組み合わせればよく、これを放射線防護三原則（正しくは体外被曝防護三原則）という。〔野口邦和〕

☞体内被曝、被曝線量

### 耐震設計

▶たいしんせっけい

原子力発電所の耐震設計の目的は、大地震に遭遇しても安全機能が失われることなく、一般公衆および発電所内の労働者に過度の放射線被曝をもたらすことのないように施設を設計することである。そのため、原子炉圧力容器、制御棒、原子炉格納容器、非常用発電機、放射性廃棄物処理設備など、その損傷・破壊によって一般公衆や発電所内の労働者が過度に被曝する可能性の高い施設については、重要度に応じて、発電所内のその他の施設よりも厳しい耐震設計をすることになっている。

【耐震設計の基本方針】原発の耐震設計の基本的な方針として従来は、1981年7月に原子力安全委員会がまとめた「発電用原子炉施設に関する耐震設計審査指針」が用いられてきたが、現在は2006年9月にまとめた同名の新指針が用いられている。耐震設計の基本方針は、①原発は活断層の上に建設しない。②建物・構築物は十分な支持性能を有する地盤に建設する。③耐震設計では、考えられる最大の地震を想定する。④重要な機器・建物の地震応答を精確に評価する。⑤設定された値を超える振動を感知したら、原子炉は自動停止する機能を有する。⑦重要な機器類は大型振動台を用いた試験を行い、耐震安全性を確認する。⑧敷地周辺斜面の崩壊によって安全機能が重大な影響を受けるおそれがないこと、津波の影響についても安全性を確認する。さらに、策定された地震動を上回る地震動の発生によるリスク、すなわち残余のリスクの可能性についても適切に考慮し、それを可能なかぎり小さくする努力が求められる。

【耐震設計上の重要度分類】地震によって発生する可能性のある環境への放射線被害の観点から、施設の耐震上の重要

度を耐震重要度の高い順にＳ、Ｂ、Ｃの3クラスに分類する。

【耐震設計の手順】原発の耐震設計の手順は、①立地地点および周辺の地盤を調査して活断層を避ける。②発生する可能性のある設計上考慮すべき地震を想定する。③想定した地震により敷地に予想される基準地震動 $S_S$ を策定する。④Ｓクラスの施設は基準地震動 $S_S$ による地震力に対して安全機能が保持できること、かつ $S_S$ に基づき工学的判断から策定された弾性設計用地震動 $S_d$ による地震力か、静的地震力のいずれか大きいほうに耐えること。Ｂクラスの施設は静的地震力に耐えること、共振のおそれのある施設については、その影響について検討すること。Ｃクラスの施設は静的地震力に耐えること。⑤基準地震動や耐震重要度分類などに基づいて設定された設計基本条件に従って建屋・構造物の耐震解析、機器・配管系の耐震解析、支持地盤の安定解析をそれぞれ行い、原子力発電所の安全性の確認をする。新指針を要約すれば上記のようになるが、専門家によって敷地近くに活断層の存在が指摘されているにもかかわらず、電力会社が予見可能な活断層の存在を否定（あるいは活断層の長さを短く見積もることにより基準地震動を小さくする）し、安全審査でも電力会社の主張を追認して原発の増設を許可した事例もある（中国電力島根原子力発電所3号機、東京電力柏崎刈羽原子力発電所6・7号機）。現在の地形学的、地質学的調査に基づく活断層や地下構造に関する情報が非常に不十分である可能性があり、そもそも活断層の予見が可能かという点も指摘されている。

2007年7月の新潟中越沖地震による柏崎刈羽原発の被害は現在も原子炉すべてを停止して調査中であるが、想定地震動を大きく超えた事例として、調査結果や教訓、今後の対応などが注目されている。〔野口邦和〕

☞労働者被曝

## 体内被曝 [internal exposure]

▶たいないひばく

体内にある放射線源からの放射線により被曝すること。内部被曝ともいう。体内に放射性物質を取り込む経路としては、①飲食物の摂取（経口摂取）、②呼吸による摂取（吸入摂取）、③傷口からの侵入、がある。体外被曝線量を測定する個人モニタや空間線量率計は多数開発されている。しかし、体内被曝線量を測定することはかなり難しく、間接的に推定せざるを得ない。体内被曝線量の推定は、一般には排泄物中に含まれる放射性物質の種類、放射能、体内に取り込んでからの経過時間から体内に残留している放射性核種、放射能、沈着している主要な臓器・組織を推定し、さらに被ばく線量の推定を行うことになる。しかし、放射性核種の残留関数、実効半減期、当該臓器・組織の重量など個人差が非常に大きいため、高い精度で体内被曝線量を推定するのは困難であるといってよい。唯一の例外は$\gamma$線を放出する放射性核種による体内被曝線量の推定で、体内から放出される$\gamma$線をヒューマンカウンタ（ホー

ルボディカウンタ）により体外から測定でき、放射性核種の主要沈着部位や放射能をそれなりの精度で推定できるからである。　　　　　　　　　〔野口邦和〕

## ダウンストリーム [downstream]
▶だうんすとりーむ

核燃料サイクルのうち、原子炉以降の部分をいう。バックエンドと呼ぶこともある。これに対し、原子炉以前の部分をアップストリームまたはフロントエンドと呼ぶ。ダウンストリームには使用済み燃料の貯蔵、再処理、放射性廃棄物の処理・処分・管理などが含まれる。アップストリームに比べると技術的に未確立の部分が多い。その理由は、強放射性の核分裂生成物や大量のプルトニウムを取り扱ううえでの知識や技術が未だに不十分であるからである。　　　〔野口邦和〕

☞アップストリーム

## WHO [World Health Organization]
▶だぶりゅーえいちおー

世界保健機関憲章に基づいて1948年に設立された国連の専門機関。すべての人びとが可能なかぎり最高の健康水準に到達することを目的とし、保健衛生に関する国際協力の推進を任務とする。これまで、伝染病撲滅や難病の予防・治療に加え、飲料水の供給と衛生に重要な役割を果たした。近年、有害化学物質や気候変動から人びとの健康、特に途上国の女性や子どもの健康を保護するために、国連環境計画などと連携して環境問題に取り組んでいる。　　　　　　〔野口邦和〕

# ち

## チェルノブイリ原発事故
[Chernobyl accident]
▶ちぇるのぶいりげんぱつじこ

1986年4月26日に旧ソ連ウクライナ共和国チェルノブイリ原子力発電所4号炉（沸騰水型黒鉛減速軽水冷却チャンネル炉（RBMK）、熱出力320万kW、電気出力100万kW）で発生した暴走事故（反応度事故ともいう）。現在までのところ、原子力開発史上最大最悪の事故と呼ばれている。事故をおこす直前の85年12月末時点では、旧ソ連には計43基の発電炉が稼働中で、RBMKは基数こそ14基と旧ソ連式の加圧水型軽水炉（VVER）の18基に次ぐ数であったが、発電設備容量はVVERを上回り、全原発設備容量の約53％に相当する1450万kWを占め、いわば旧ソ連で最も発電実績のある発電炉であった。

旧ソ連政府の事故報告書によれば、チェルノブイリ原発事故は、所外からの送電が止まる事故（外部電源喪失事故という）がおきた時に備え、タービン発電機の回転慣性エネルギーがどれだけ所内の電力需要に利用できるかを試す実験を行っている最中に、運転員の犯した6項目の規則違反が原因でおこったとされている。しかし、事故後、再発防止対策として旧ソ連政府は全RBMKの制御機構の改善を行っており、制御機構にさまざまな欠陥のあったことがわかった。また、

事故後、低出力下における制御の困難性という炉心特性上の欠陥も明らかになった。それゆえ、運転員の規則違反が引き金になったとはいえ、チェルノブイリ原発事故の本質的原因は RBMK 自体に内在していたとみるべきである。

事故直後の消火活動に参加した消防士および原発従業員のうち 203 人が急性放射線障害と診断され、このうち 29 人が 86 年 8 月までに死亡した。この他、事故時の爆発と火傷により 2 人、事故初期の段階でヘリコプターが燃料交換クレーンに衝突してパイロットが 1 人、避難中のショックで住民が 1 人死亡したとされている。事故直後、半径 30km 圏内の全住民 13 万 5000 人が避難し、これらの住民の集団線量は 1 万 6000 人・Sv と推定されている。半径 30km 圏内は、事故から 25 年たった 2011 年 4 月現在も立入禁止区域のままである。事故により大気中に放出された放射性物質は $1 \sim 2 \times 10^{18}$Bq （$1 \sim 2$EBq）、このうち放射性希ガスが原子炉内の全量、揮発性のヨウ素 131 が $6.30 \times 10^{17}$Bq（630PBq）、セシウム 137 が $70 \times 10^{16}$Bq（70PBq）、セシウム 134 が $3.5 \times 10^{16}$Bq（35PBq）、非揮発性の放射性核種は原子炉内の 3-4% と報告されている。放射性物質は国境を越えて広がり、欧州諸国はもちろんのこと、8000km 以上離れた日本にも降下するなど、広い範囲にわたって放射能汚染を引きおこした。　　　　　　〔野口邦和〕

☞放射線障害、放射線汚染

## チェレンコフ効果 [Cherenkov effect]
▶ちぇれんこふこうか

物質中を高エネルギーの荷電粒子が通過する際、その速度が物質中における光の速度（真空中における光の速度を物質の屈折率で除した値）より大きい場合に電磁波を放出する現象。1934 年に旧ソ連のチェレンコフ（Cherenkov,P.A.）が発見した現象で、放出される電磁波は X 線から紫外線領域、一部は可視光線の短波長領域（青白）の広い範囲にまでわたる。放出される電磁波、特に青白い可視光線をチェレンコフ光という。チェレンコフ効果がおこりやすいのは高エネルギーの電子（$\beta$ 線など）が水を通過する場合で、運転中の水冷却型の原子炉の炉心やプールに貯蔵中の使用済み燃料の周囲で見られる青白い光はチェレンコフ光である。　　　　　　　　　〔野口邦和〕

☞エックス線、使用済み燃料

## 致死線量 [lethal dose（LD、$LD_{100}$）]
▶ちしせんりょう

放射線を被曝した時に急性放射線障害により死にいたる線量。全致死線量または 100% 致死線量（$LD_{100}$）ともいう。実験動物とは異なり人間は照射実験ができないため、重大な被曝事故の犠牲者などのデータから、人間の致死線量は 7 グレイ（Gy）と推定されている。また、放射線を被曝した時に急性放射線障害により集団の半数が死にいたる線量を半致死線量または 50% 致死線量（$LD_{50}$）という。人間に対する半致死線量 $LD_{50/60}$

(／60は60日以内にという意味)は4Gyと推定されている。　〔野口邦和〕

☞放射線障害

## 地中処分（放射性廃棄物の）
[geological disposal of radioactive wastes]
▶ちちゅうしょぶん（ほうしゃせいはいきぶつの）

　放射性廃棄物を地中に処分すること。放射性廃棄物は日本の場合、使用済み燃料を再処理した結果として発生する、主として放射性核分裂生成物からなる高レベル廃棄物と、再処理工場以外の核燃料サイクル施設から発生する低レベル放射性廃棄物に大別されている。このうち高レベル廃棄物（高レベル放射性廃液はすべて固体状に処理するので固化体が前提）はキャニスターと呼ばれるステンレス製容器に詰め、30-50年間貯蔵して放射能を減衰させた後、オーバーパックと呼ばれる肉厚10cmほどの金属容器に密封し、さらに水を通しにくい緩衝剤（ベントナイトなどの粘土）で覆い、地下の深い地中に造った処分場に埋設処分する（深地中処分）ことにしている。また、低レベル廃棄物はドラム缶に詰め、地下の浅い地中に埋設処分する（浅地中処分）ことにしている。

　地中処分を地層処分というのは間違いである。その理由は、地層とは本来、泥・砂・礫・火山灰・生物の死骸などが沈積して層状に固まった堆積岩・火山砕屑岩となったものであるからである。高レベル廃棄物の処分場の天然バリアとして日本では地中の軟岩系（堆積岩）と硬岩系（花崗岩）とを問わず総合的に検討しており、後者の硬岩系のほうが有望と考えられている。　〔野口邦和〕

☞放射性廃棄物、高レベル廃棄物、低レベル廃棄物、キャニスター

## 中間貯蔵
[interim storage, transitional storage]
▶ちゅうかんちょぞう

　日本政府は、商業用原子力発電所から取り出された使用済み燃料を全量再処理することを核燃料政策の基本に据えている。しかし、現在の商業用原発から取り出される高燃焼度使用済み燃料の再処理は技術的に非常に難しく、また2013年中に操業予定の日本原燃の六ヶ所再処理工場（年間処理能力800トンU）だけでは全量再処理の核燃料政策はもともと成り立たないため、使用済み燃料を再処理するまでの間、原発サイト内にある使用済み燃料貯蔵プールで一定期間貯蔵した後に原発サイト外にある施設に運び出し、この施設（中間貯蔵施設）で一時的に貯蔵することを中間貯蔵という。現在構想されているのは東京電力が他の電力会社と共同で設立する中間貯蔵管理会社で、青森県むつ市に中間貯蔵施設を設置するというものである。これによれば、建設費用は約1000億円、年間200-300トンUの使用済み燃料を搬入し、最終的貯蔵量は5000-6000トンUという。中間貯蔵はもともと成り立たない全量再処理路線の破たんを覆い隠すものでしかない。　〔野口邦和〕

☞使用済み燃料、再処理

## 中性子 [neutron（n）]

▶ちゅうせいし

　陽子とともに、原子核を構成する素粒子の1つ。無電荷、すなわち電気的に中性であることから「中性子」と命名された。イギリスの物理学者ジェームス・チャドウィックが1932年に発見した。中性子は原子核外において単独で存在すると、半減期10.5分で$\beta$壊変（詳しくは$\beta$マイナス壊変）して陽子になる。電気的に中性であるため容易に原子核内に入ることができるため、中性子の発見後の30年代中頃から中性子による核反応の研究が盛んに行われ、38年末から39年1月のウラン核分裂の発見に結びついた。中性子は無電荷であるため人工的に加速することはできないが、減速材により減速することができる。エネルギーでおおまかに分類すると、0.5MeV以下のものを遅い中性子、0.5MeV以上のものを速い中性子という。遅い中性子のうち常温（20℃）で0.025eV程度のものを熱中性子、0.4eV-0.5MeVのものをエピサーマル中性子という。また、エピサーマル中性子のうち1eV-1keVのものを共鳴中性子、1keV-0.5MeVのものを中速中性子などという。核分裂により放出される中性子のエネルギーは0-25MeVの範囲で分布し、全中性子の99％以上は0.1MeVにあり、平均エネルギーは約2.0MeVである。〔野口邦和〕

## 中性子吸収材　▶ちゅうせいしきゅうしゅうざい

➡制御材

## 超ウラン元素
[transuranium elements（TRU）]

▶ちょううらんげんそ

　原子番号92のウランよりも原子番号の大きな元素の総称で、TRUということもある。すべて放射性元素で人工的に発見（合成）されたものである。ただし、ネプツニウムとプルトニウムについては、天然でおこっている核反応によってウラン鉱石中に極めてわずかながら存在することが確認されている。これまでに発見（合成）されたTRUは、ネプツニウム（$_{93}$Np）、プルトニウム（$_{94}$Pu）、アメリシウム（$_{95}$Am）、キュリウム（$_{96}$Cm）、バークリウム（$_{97}$Bk）、カリホルニウム（$_{98}$Cf）、アインスタイニウム（$_{99}$Es）、フェルミウム（$_{100}$Fm）、メンデレビウム（$_{101}$Md）、ノーベリウム（$_{102}$No）、ローレンシウム（$_{103}$Lr）、ラザホージウム（$_{104}$Rf）、ドブニウム（$_{105}$Db）、シーボーギウム（$_{106}$Sg）、ボーリウム（$_{107}$Bh）、ハッシウム（$_{108}$Hs）、マイトネリウム（$_{109}$Mt）、ダームスタチウム（$_{110}$Ds）、レントゲニウム（$_{111}$Rg）、112番元素、113番元素、114番元素、115番元素、116番元素、118番元素などで、112番元素以降は元素名が確定していない。TRU核種の多くは$\alpha$放射体で、原子番号が大きくなるにつれて自発核分裂をするものも増えてくる。

〔野口邦和〕

## 超ウラン元素廃棄物

▶ちょううらんげんそはいきぶつ

## つるかけんはつ

➡ TRU 廃棄物

## つ

### 敦賀原発事故
▶つるがげんぱつじこ

　1981年3月初め、日本原子力発電敦賀発電所の放射性廃液処理建屋内にあるフィルタースラッジ貯蔵タンク室で放射性廃液があふれだす事故があった。あふれだした放射性廃液の一部は一般排水路を通して浦底湾に流出し、これが事故の約1ヵ月後に福井県衛生研究所（現福井県衛生環境研究センター）が定期的に行っている海底土やホンダワラ（海藻の一種）の放射能分析によって発見された。これが敦賀原発事故である。浦底湾に流出した放射能の量は十数ミリキュリー（mCi）から数十 mCi（当時の放射能の強さの単位）と推定され、敦賀原発の当時の放射性液体廃棄物の浦底湾への放出実績（法令に基づく）からすると、おおむね1年分程度を一度の事故で放出したといえる。放出された放射能の量は人体に甚大な影響をもたらすものではなかったが、事故が報告されずに隠ぺいされ続けた事実、放射性廃液処理建屋の地下に本来あってはならない一般排水路があり、地中にしみ込んだ放射性廃液が一般排水路に流出した経緯など、多くの教訓を与えてくれた事故である。この事故を契機に敦賀原発の徹底調査が行われ、新廃棄物施設での高濃縮廃液漏出事故や復水器の蒸気漏れなど、多くの事故隠しや故障隠しが次々に明らかにされた。

〔野口邦和〕

☞放射性廃液物

## て

### TRU 元素
▶てぃーあーるゆーげんそ
➡超ウラン元素

### TRU 廃棄物 [TRU radioactive waste]
▶てぃーあーるゆーはいきぶつ

　周期律表においてウランより原子番号の大きい元素、すなわちネプツニウム（Np）、プルトニウム（Pu）、アメリシウム（Am）、キュリウム（Cm）などを、超ウラン元素（TRU）といい、TRUを主成分とする放射性廃棄物をTRU廃棄物（超ウラン元素廃棄物）という。使用済み燃料の再処理やMOX燃料の加工の際に発生する。数千年から数十万年と極めて長い半減期をもつこと、主としてアルファ（α）線を放出することが、その特徴である。

〔舘野 淳〕

### TMI 事故
▶てぃーえむあいじこ
➡スリーマイル島原発事故

### 定格出力 [rated output]
▶ていかくしゅつりょく

　製造者が設計した適正条件の下で保証する工学機器などの出力の限度。原子力発電の場合は、原子炉メーカーが保証する原子炉の出力の限度をいい、定格熱出力や認可出力（電気出力）が該当する。

# てい れ へ る は い

たとえば、東京電力の柏崎刈羽原子力発電所1号機の定格出力は、熱出力が329.3万kWまたは3293MW、認可出力（電気出力）が110万kWまたは1100MWなどという。〔野口邦和〕

☞原子力発電、電気出力

## 低人口地帯 [low population zone（LPZ）]
▶てい じん こう ち たい

原子力安全委員会の専門審査会である原子炉安全専門審査会が、陸上に定置する原子炉の設置に先立って行う立地条件の適否を判断するための立地安全審査の際に用いる「原子炉立地審査指針」の中で定義された区域の1つ。同指針によれば、立地条件の適否を判断する際に必要な3条件は、①原子炉の周囲は、原子炉からある距離の範囲内は非居住区域であり、原則として一般人が居住しないこと（非居住区域）、②原子炉からある距離の範囲内であって、非居住区域の外側は低人口地帯であること（低人口地帯）、③原子炉敷地は、人口密集地帯からある距離だけ離れていること、である。非居住区域にいう「ある距離の範囲内」とは、重大事故の場合、もしその距離だけ離れた地点に人が居続けるならば、その人に放射線障害を与えるかもしれないと判断される距離までの範囲である。また、低人口地帯でいう「ある距離の範囲内」とは、仮想事故の場合、何らかの措置を講じなければ、範囲内にいる一般人に著しい放射線災害を与えるかもしれないと判断される距離までの範囲であるという。その定義から、低人口地帯は避難などの措置を考慮した概念であることは明らかであるが、日本の原子力発電所では、低人口地帯は原子炉から600-800mの原発敷地で代用されており、防災計画において必要な距離とされる8-10kmと比較するとあまりに小さいという批判がある。〔野口邦和〕

☞重大事故、仮想事故、立地基準

## 低レベル廃棄物 [low-level waste（LLW）]
▶てい れ べる はい き ぶつ

放射性廃棄物の分類は国により異なる。日本の場合は、放射能濃度レベルというより発生過程で分類しており、使用済み燃料を再処理した結果発生する放射性廃棄物を高レベル廃棄物、核燃料サイクルのその他のすべての過程で発生する放射性廃棄物を低レベル廃棄物という。したがって、低レベル廃棄物の中には高レベルに近いもの、中レベルのもの、超ウラン元素を含むTRU廃棄物、ウラン廃棄物なども含まれるので注意を要する。

気体状の低レベル廃棄物と液体状の低レベル廃棄物の一部は、希釈・拡散の原理により、法令で定められた排出限度以下であることを確認したうえで環境に排出される。その他の液体状の低レベル廃棄物はセメント固化、アスファルト固化またはプラスチック固化などの固化法により固化され、ドラム缶に詰められ不燃性の低レベル固体廃棄物として取り扱われる。低レベル固体廃棄物のうち可燃性のものは焼却減容後、ドラム缶に詰められる。難燃性と不燃性のものは圧縮減容され、ドラム缶に詰められる。これらの

廃棄物は核燃料サイクル各施設内にある廃棄物貯蔵施設内で一定期間貯蔵した後、地表からあまり深くない浅地中に埋設処分されることになっている。原子力発電所などの核燃料サイクルの各施設から発生した低レベル廃棄物の処分は現在、日本原燃の低レベル放射性廃棄物埋設センターで浅地中埋設処分が行われている。段階的な管理を300年間行えば、管理不要な安全上問題のない放射能レベルになると考えられている。　　　〔野口邦和〕

☞放射性廃棄物、高レベル廃棄物、使用済み燃料、中間貯蔵、放射性廃棄物の地中処分

## デコミッショニング　▶でこみっしょにんぐ

→原子炉の廃止措置

## 転換 [conversion]
▶てんかん

中性子を親物質に照射することにより、核分裂性物質を生成すること。また、これとは別に、物質の物理化学的形態を変えることを転換ということもある。たとえば、核燃料サイクルにおいてウラン濃縮を行う前段で八酸化三ウラン（$U_3O_8$）を六フッ化ウラン（$UF_6$）に変えたり（転換）、ウラン濃縮後に六フッ化ウラン（$UF_6$）を二酸化ウランに変えたり（再転換）することを転換という。〔野口邦和〕

☞親物質、転換工場、核燃料サイクル

## 転換工場 [conversion plant]
▶てんかんこうじょう

核燃料サイクルの各施設のうち、物質の物理化学的形態を変える施設を転換工場という。実際にはウランの濃縮を行うために、その前段で八酸化三ウラン（$U_3O_8$）などのイエローケーキを六フッ化ウラン（$UF_6$）に変える工場を転換工場、ウラン濃縮後に六フッ化ウラン（$UF_6$）を二酸化ウランに変えることを再転換工場と呼んでいる。「再転換工場」と呼ぶのは、「転換工場」と区別するためであり、物質の物理化学的形態を変化させる点においてなんら変わりはない。日本には転換工場はなく、再転換工場（三菱原子燃料）だけがある。1999年9月に茨城県東海村で臨界事故をおこしたJCOは三菱原子燃料と同じ再転換工場であったが、事故後に加工事業許可取り消し処分を受け、現在は再転換事業を行っていない。　〔野口邦和〕

☞核燃料サイクル、転換、東海村JCO臨界事故

## 転換炉 [conversion reactor]
▶てんかんろ

天然ウランの0.7200％を占めるウラン235は、中性子を吸収させると核分裂をおこしやすい。一方、99.2745％を占めるウラン238は、そのままでは核分裂をおこしにくいが、中性子を吸収させると2回の$\beta$壊変をへて核分裂性のプルトニウム239を生成する。核分裂反応の際には数個の中性子が放出されるが、この核分裂中性子を、そのままでは核分裂をおこしにくいウラン238などに吸収させて核分裂性物質に転換する原子炉のうち、消費される核分裂性物質の原子数に対する新たに作り出される核分裂性物質の原子数の比率を転換率といい、転換率が1より大きい原子炉を増殖炉、

転換率が1より小さい原子炉を転換炉と呼んでいる。　　　　　〔野口邦和〕
☞新型転換炉

## 電気出力 [electric output]
▶でんきしゆつりよく

　発電所において単位時間あたりに発生する電気量をいい、キロワット（kW）またはメガワット（MW）などの単位で表す。原子力発電所の場合、通常は定格熱出力における認可出力を電気出力という。たとえば、東京電力の柏崎刈羽原子力発電所1号機の電気出力は110万kWまたは1100MWといった具合である。　　　　　　　　　　〔野口邦和〕
☞定格出力、原子力発電

## 電源開発調整審議会（電調審）
▶でんげんかいはつちょうせいしんぎかい（でんちょうしん）
➡電源開発分科会

## 電源開発分科会
▶でんげんかいはつぶんかかい

　電源開発分科会の根拠法令は経済産業省設置法第18条、その所掌事務は、①電源開発に関する重要事項について調査審議すること、②電源開発促進法の規定に基づきその権限に属せられた事項を調査審議すること、である。電力会社が原子炉を設置しようとする場合、まず、その作成した発電所設置計画が電源開発促進法に基づいて国土の総合的な開発、利用および保全、電力の供給、その他電源開発の円滑な実施を図る目的で策定される電源開発基本計画に組み入れられ決定されなければならないことになっている。

この電源開発基本計画を審議するのが総合資源エネルギー調査会の電源開発分科会であり、審議をへた後、電源開発基本計画は経済産業大臣により決定される。電源開発基本計画の審議は、かつては旧経済企画庁所掌の電源開発調整審議会（電調審）が行っていたが、2001年1月の省庁再編後、電源開発分科会と名称変更し、経済産業省総合資源エネルギー調査会に移管された。　　〔野口邦和〕

## 電源三法交付金
▶でんげんさんぽうこうふきん

　原子力開発促進に関する法律である電源三法によって、原子力発電所などの立地促進を図るために定められている交付金が電源三法交付金である。同交付金は、原則として発電の種類別に定められた単価・係数に基づいて算出された額が、地元市町村および周辺市町村に公布される。電源三法とは、①電源開発促進税法、②電源開発促進対策特別会計法、③発電用施設周辺地域整備法、をいう。

　電源三法システムは、端的にいって電源立地に伴う地元自治体への振興策である。すなわち、まず①の電源開発促進税法により、電力会社に電力販売量に応じた税金を納めさせ、これを②の電源開発推進対策特別会計に繰り入れ、③の発電用施設周辺地域整備法に基づいて電源立地市町村および周辺地域の公共施設の整備に充当すべく交付金として配分するしくみである。電力会社の収める税金分は電気料金に加算されるわけで、結局のところそれを負担するのは電気の消費者で

# てんしほると

ある。

電源三法交付金の交付期間は、発電用施設設置のための工事開始年度から運転開始5年後までで、実際には十数年間であり、またその使途が公共用施設に限定され地元自治体が自由に使うことができず、さらに国庫補助のついた事業に充てれば、その分、国庫補助金が削られるしくみになっている。しかも同交付金が切れれば、あとは同交付金により建設された公共用施設の維持管理費のみが毎年かさむことになり、長期的には地元自治体の財政を圧迫しているとの批判もある。もともと電源三法は、1974年に旧来の地域振興策に代わるものとして導入された。しかし、電源三法システムによって電源立地が促進されたかと問われれば、その実効性は乏しかったといわざるをえない。それゆえに電源立地に伴う地元自治体への新たな振興策を導入するために、2000年12月に制定されたのが原発立地地域振興特別措置法である。なお、電源三法交付金の他に電源開発促進税は、原子力発電施設等周辺地域交付金と電力移出県等交付金からなる電源立地特別交付金など、さまざまな名称の補助金として地方公共団体に支給されている。

〔野口邦和〕

☞原発立地地域振興特措法

## 電子ボルト [electron volt (eV)]
▶でんしぼると

エネルギーの単位。電気素量を有する荷電粒子（たとえば電子など）が真空中で電位差1ボルト（V）の2点間で加速される時に得るエネルギーを1電子ボルト（eV）という。エネルギーのSI単位はジュール（J）であるが、

$1eV = 1.602176462 \times 10^{-19}$ J

の関係にある。

〔野口邦和〕

## 電離放射線 [ionizing radiation]
▶でんりほうしゃせん

物質に入射した際に直接・間接的に電離をする放射線。厳密には、物質に入射した放射線により生じた二次荷電粒子（たとえば電子）が周囲の原子を電離することができる時、もとの放射線を電離放射線という。電離放射線は、直接電離放射線と間接電離放射線に大別される。直接電離放射線は、電子やα線のような電荷をもった粒子（荷電粒子）で、クーロン力によって直接原子を電離する。一方、間接電離放射線は、X線やγ線、中性子線などの電荷をもたない放射線で、原子と何らかの相互作用を通して二次荷電粒子を発生させ、この二次荷電粒子が主に電離を行う。

〔野口邦和〕

☞エックス線、ガンマ線

## 電離放射線障害防止規則
▶でんりほうしゃせんしょうがいぼうしきそく

電離放射線防止の安全基準を定めた厚生労働省令（昭和47年9月30日労働省令第41号）。労働安全衛生法に基づき定められた。放射線業務従事者の被ばく限度について以下のように定められている。実効線量は5年間につき100ミリシーベルトを超えず、かつ1年間につき50ミリシーベルトを超えないよう

にしなければならない。妊娠可能な女性の放射線業務従事者の受ける実効線量は3ヶ月間につき5ミリシーベルトを超えないようにしなければならない。眼の水晶体に受ける等価線量は1年間につき150ミリシーベルト、皮膚に受けるものについては1年間につき500ミリシーベルトをそれぞれ超えないようにしなければならない。緊急作業時における被ばく限度については、実効線量100ミリシーベルト、眼の水晶体に受ける等価線量300ミリシーベルト、皮膚における等価線量1シーベルト。しかし、東北地方太平洋沖地震に起因して生じた事態に対応するための電離放射線障害防止規則の特例に関する省令(平成23年厚生労働省令第23号)によって、緊急作業に従事する労働者の線量の上限が、100ミリシーベルトから250ミリシーベルトに引き上げられた。　　　〔野口邦和〕

# と

## 同位体 [isotope]

▶どういたい

　原子番号が等しく中性子数の異なる核種を相互に同位体という。アイソトープと呼ばれることもある。同位体のうち安定なものを安定同位体、放射性のものを放射性同位体またはラジオアイソトープ(RI)という。たとえば、ウラン238、ウラン235、ウラン234はいずれもウランの放射性同位体である。原子番号の等しい核種を元素と呼ぶことからすれば、同位体は元素とは明らかに異なる概念のものであるから、本来の同位体を同位元素と呼ぶのは正しくなく避けるべきである。また、本来の核種(原子核内の陽子数、中性子数で区別される原子種)を同位体(原子核内の陽子数が等しく中性子数の異なる核種)と呼ぶのも避けるべきである。放射線障害防止法など日本の関係法律では、本来なら放射性核種と呼ぶべき用語をすべて放射性同位元素と呼んでおり、早急に改められるべきであろう。

〔野口邦和〕

## 同位体効果 [isotope effect]

▶どういたいこうか

　原子番号が等しく質量数の異なる核種を同位体というが、質量数の違いにより、ごくわずかであるが物理・化学的性質にも差異が認められることがある。この現象を同位体効果といい、同位体分離(同位体濃縮)などに利用されている。同位体効果は原子番号の小さい元素の同位体であるほど、また質量数の差が大きい同位体であるほど大きい。たとえば、原子番号1番の元素である水素の同位体は水素1($^1H$)、水素2($^2H$、重水素)、水素3($^3H$、トリチウム)が知られている。質量数1の違いといえども原子質量(原子1個の質量)は、水素2は水素1の約2倍、水素3は水素1の約3倍もあるので、同位体効果は非常に大きい。これに対して、原子番号92番の元素であるウランの同位体として知られるウラン235($^{235}U$)とウラン238($^{238}U$)の

場合、質量数差は3もあるが、ウラン235の原子質量はウラン238の約98.7％でごくわずかな差異しかないため、同位体効果は非常に小さい。〔野口邦和〕

☞同位体

## 同位体存在度　　▶どういたいそんざいど
➡同位体存在比

## 同位体存在比
[isotopic abundance ratio]
▶どういたいそんざいひ

　ある元素を構成する各同位体の構成比を、その元素の全原子数に対する相対的割合で表したもの。同位体存在度ともいう。たとえば、天然に存在するウランの同位体存在比はウラン238（$^{238}$U）が99.2745％、ウラン235（$^{235}$U）が0.7200％、ウラン234（$^{234}$U）が0.0055％である。これはウランの全原子数の中で占める各同位体の原子数の比率を意味する。ある元素を構成する各同位体の構成比を質量の相対的割合で表したものではない。なお、同位体分離（同位体濃縮）を行っていない、天然のままの同位体存在比を天然同位体存在比という。〔野口邦和〕

☞同位体、ウラン

## 同位体濃縮　　▶どういたいのうしゅく
➡同位体分離

## 同位体分離 [isotope separation]
▶どういたいぶんり

　同位体効果を利用して、ある特定の同位体の天然同位体存在比を人工的に変化させること。同位体間の分離であるから、物理・化学的性質の異なる物質間の分離とは異なり、完全に分離できるわけではなく、目的とする特定の同位体の同位体存在比を高くすること。同位体濃縮ということもある。同位体分離の方法としては電磁的方法、熱拡散法、ガス拡散法、遠心分離法、化学交換法などが知られている。ウラン濃縮ではガス拡散法が実用化されている。〔野口邦和〕

☞同位体、同位体効果

## 東海村 JCO 臨界事故
[JCO criticality accident]
▶とうかいむらじぇーしーおーりんかいじこ

　1999年9月30日、茨城県東海村のウラン加工会社ジェー・シー・オー（JCO）東海事業所で臨界事故が発生し、大量被曝をした3人の作業員のうち2人が同年12月と2000年4月に急性放射線障害により死亡した。事故は、高速増殖実験炉「常陽」用のMOX燃料を製造するため、濃縮度18.8％のウラン溶液を取り扱う作業中に発生した。作業効率をあげるため、同事業所では許可を受けた製造工程を無視した裏マニュアルで長年作業を行っており、さらに事故当日の3人の作業員が裏マニュアルからも逸脱して、臨界安全形状をしていない容器に取り扱い限度量をはるかに超えるウラン溶液を注入したため、臨界事故にいたったものである。

　事故発生5時間後に半径350m圏内の住民に対する避難勧告、同12時間後に10km圏内の住民に対する屋内退避

勧告が、わが国で初めて出された。また、同19.7時間後に臨界状態は終息したが、主として排気筒を通して放射性希ガスと放射性ヨウ素が周辺環境に排出された。その量は日本でおきた原子力施設の事故の中で最大であったが、多くは短半減期の核分裂生成物であったため、事業所境界の最も線量レベルの高い場所でも2ヵ月ほどで事故前の線量レベルに戻った。

事故後の同年12月、原子炉等規制法が改正されるとともに新たに原子力災害対策特別措置法が制定された。2000年11月、水戸地検は事故当時のJCO東海事業所長ら6人を業務上過失致死罪、法人としてのJCOおよび同事業所長ら3人を原子炉等規制法違反の罪、JCOと同事業所長を労働安全衛生法違反の罪で水戸地裁に起訴した。2003年3月、起訴された全員に執行猶予つきの有罪判決、法人としてのJCOに罰金100万円の判決が言い渡された。〔野口邦和〕

☞ MOX燃料、臨界事故、原子力災害対策特別措置法

### 東京電力の原発損傷隠し
▶とうきょうでんりょくのげんぱつそんしょうかくし

2002年8月、東京電力福島第一原子力発電所、同第二原子力発電所、柏崎刈羽原子力発電所の原子炉17基のうち13基で、1980年代後半から90年代前半にかけて自主点検記録をごまかし、ひび割れなど計29件の損傷を隠していたことが発覚した。損傷のほとんどは原子炉内の機器で、冷却水を調節する円筒形のシュラウド（炉心隔壁）やその周囲にあるジェットポンプ、炉内の核分裂連鎖反応の状況をチェックする中性子測定装置を通すための圧力容器の底を貫通している案内管である炉心モニタハウジングなど7種類であった。8基の原発では修理もされず、損傷のあるままの状態で運転していた。

損傷隠しが発覚したきっかけは、2000年7月に届いた1通の告発の手紙で、告発者は原発の補修、点検を請け負ったゼネラル・エレクトリック（GE）社の関連会社GEⅡの元社員で、東京電力内部からの告発ではなかった。損傷隠しに関与した疑いのある東京電力社員の中には、当時の原発所長や本社の原子力管理部門の幹部が含まれており、会社ぐるみの組織的な損傷隠しの疑いもあった。東京電力の南社長は同年10月に荒木会長と榎本副社長（原子力本部長）、平岩、那須の両相談役は同年9月末にそれぞれ引責辞任した。その後、上記29件以外にも東京電力、中部電力、東北電力、日本原子力発電、四国電力と、損傷隠しが次々に明らかになった。損傷隠し問題の調査過程で、原子力安全・保安院が告発者の保護を怠って実名を東京電力に知らせたり、調査中にもかかわらず「傷は安全上問題はない」「法的な責任は問わない」などと表明して、原子力安全規制機関としての機能を喪失していることも判明し、国民に原子力発電に対する大きな不信を招いた。〔野口邦和〕

## とうりょくろ

### 動力炉 [power reactor]
▶どうりょくろ

動力の生産を目的とした原子炉。通常は核分裂エネルギーを電気エネルギーに変換する発電用原子炉（発電炉）をいうが、船舶推進用原子炉（舶用炉）や人工衛星の動力源として用いられている原子炉なども動力炉の一種である。〔野口邦和〕
☞原子炉、舶用炉

### 特定放射性廃棄物処分法
▶とくていほうしゃせいはいきぶつしょぶんほう

高レベル放射性廃棄物の処分事業の実施に必要な枠組みを制度化した法律で、2000年6月に制定された。正式名称は、「特定放射性廃棄物の最終処分に関する法律」という。

法律のいう「特定放射性廃棄物」とは、使用済み燃料の再処理後に残存する高レベル廃液を固化したものである。ただし、現在の法律では、等価交換された外国産の高レベル廃棄物は特定放射性廃棄物には含まれない。等価交換する場合は、法改正が必要になるはずである。「最終処分」とは、地下300m以上の政令で定める深さの地中に、特定放射性廃棄物が飛散・流出または地下に浸透することのないように必要な措置を講じて、安全かつ確実に埋設することにより特定放射性廃棄物を最終的に処分することである。

法律は、高レベル廃棄物の処分を計画的かつ確実に実施するため、処分費用の拠出制度、処分を実施する主体の設立、拠出金の管理を行う法人の指定などの関係規定の整備を行ったものである。最終処分の安全規制については別の法律で定めることにしており、07年4月に原子力安全委員会特定放射性廃棄物処分安全調査会が「特定放射性廃棄物処分に係る安全規制の許認可手続と原子力安全委員会等の関与のあり方について（中間報告）」をまとめた。

なお、2000年10月、高レベル廃棄物の実施主体となる認可法人原子力発電環境整備機構（原環機構、NUMO）が設立され、02年12月以降、同機構が最終処分候補地点の公募を行っている。しかし、08年3月現在にいたるも応募する自治体は現れず、最終処分地選定のための第一段階である「概要調査地区」選定の前段である「文献調査」にさえ入れない厳しい状態にある。今後は、安全規制に関する法律が制定されるとともに、国と原環機構が最終処分地を選定し、同機構が処分施設の建設や処分の実施、拠出金の徴収などを行うことになる。なお、特定放射性廃棄物処分法によれば、不測の事態によって処分の実施主体が業務困難となった場合には、業務の引き継ぎなど必要な措置について別途法律に定めることとし、さらに当該措置がとられるまでの間は、経済産業大臣が業務を引き受けることとなっている。〔野口邦和〕
☞高レベル廃液、放射性廃棄物の地中処分

### 突然変異 [mutation]
▶とつぜんへんい

生物の遺伝的性質が突発的に不連続に変化すること。突然変異は遺伝子の量的

または質的変化であると考えられ、遺伝子突然変異と染色体異常（染色体突然変異）に大別される。遺伝子突然変異は、遺伝子の構造的な変化によっておこる突然変異で、遺伝子の本体であるDNA（デオキシリボ核酸）の複製の段階で誤りがおこり、親と異なる塩基配列をもつようになる現象である。これに対して染色体異常は、染色体の数または構造が変化する現象である。自然状態で見られる突然変異を自然突然変異、人為的に引きおこされた突然変異を人為突然変異という。人為突然変異を引きおこすものには種々の薬剤、紫外線、電離放射線（放射線）、気温などがある。〔野口邦和〕

☞染色体異常

## トリウム [thorium (Th)]

▶とりうむ

原子番号90、元素記号Th、周期表の3属の元素の1つで、原子量は232.03806である。アクチノイドの2番目の元素として知られる。金属トリウムの密度は11.78 g／cm$^3$、融点は1750℃、沸点は4850℃である。銀白色を呈する金属。粉末状のトリウムは加熱しなくとも空気中で燃えるため、その取り扱いには注意を要する。天然に存在するトリウムはトリウム232（$^{232}$Th）のみで、1.405×10$^{10}$年の半減期でα壊変してラジウム228になる。トリウム232に中性子を照射すると、中性子捕獲反応によりトリウム233（$^{233}$Th）が生成する。トリウム233は22.3分の半減期でβ壊変してプロトアクチニウム233（$^{233}$Pa）になり、プロトアクチニウム233も26.97日の半減期でβ壊変してウラン233（$^{233}$U）を生成する。ウラン233はウラン235（$^{235}$U）やプルトニウム239（$^{239}$Pu）と同じ核分裂性核種であり、トリウム232はウラン233の親物質として知られている。地殻上部のトリウム濃度は10.3-10.7ppmでウラン濃度（2.5-2.8ppm）よりも高いと推定されている。〔野口邦和〕

☞アクチノイド、トリウム系列

## トリウム系列 [thorium series]

▶とりうむけいれつ

トリウム232は、半減期1.405×10$^{10}$年（140億5000万年）でα壊変して娘核種ラジウム228になる。ラジウム228も放射性で、半減期5.75年でβ壊変（詳しくはβマイナス壊変）して孫核種アクチニウム228になる。アクチニウム228もまた放射性でβ壊変（詳しくはβマイナス壊変）するという具合に、次々に壊変を繰り返し、最後は鉛208になる。このようにトリウム232を始祖核種とし、総計6回のα壊変と4回のβ壊変を行って最終的に鉛208で終わる放射性系列をトリウム系列という。トリウム系列を構成する核種の質量数はすべて4n（nは自然数）で表現できるため、4n系列ということもある。この系列の中で最も重要な核種は、核分裂性核種ウラン233の親物質となるトリウム232である。この系列には半減期の長い子孫核種が存在しないため、トリウム232を純粋に分離しても短期間で

## とりうむ・さい

子孫核種が次々に生成し、かつそれらの子孫核種が高エネルギーのγ線を放出するため、取り扱いには注意を要する。

〔野口邦和〕

☞トリウム

## トリウム・サイクル [thorium cycle]
▶とりうむ・さいくる

ウランを中性子照射すると、ウラン238が中性子を吸収し、β壊変を繰り返して核分裂性のプルトニウム239を生成する。ウランの使用済み燃料を再処理してプルトニウムを分離し、これを再利用するプルトニウム・リサイクル方式をウラン・プルトニウム系核燃料サイクルと呼ぶ。

この核燃料サイクルの最大の短所は、核兵器に転用可能なプルトニウム239を分離・利用することにある。これに対して、トリウムを中性子照射すると、トリウム232が中性子を吸収し、β壊変を繰り返して核分裂性のウラン233を生成する。ウラン233を核燃料として利用できれば、原子炉内にトリウムとウラン233を配置することにより、ウラン233の核分裂連鎖反応によりエネルギーを取り出しつつ、トリウム232からウラン233を新たに生成することができ、将来の有望なエネルギー資源にトリウムを加えることができる。しかも、ウラン233は熱中性子に対する$\eta$値（中性子再生率といい、1個の中性子が核燃料に吸収されて核分裂をおこした時、放出される中性子数の平均値）が2.28と大きいため、消費したウラン233を上回るウラン233をトリウム232から新たに生成できる、すなわち増殖できる可能性がある。

このような核燃料サイクルがトリウム・サイクル（Thサイクル）で、トリウム・ウラン系核燃料サイクルと呼ぶこともある。しかし、ウラン235と異なり、トリウム232を熱中性子照射しても核分裂しないので、大量のウラン233を確保してトリウム・サイクルを自立させるためには、当初は濃縮ウランかプルトニウムを核燃料とする原子炉を一定期間運転しなければならない。また、トリウム232の子孫核種に鉛212やタリウム208などの強いγ線を放出するものがあり、しかもこれらの子孫核種が短期間で生成するため、輸送、再処理、燃料加工などの際にウラン・プルトニウム系核燃料サイクルとは格段に異なる遮へいや遠隔操作を必要とする問題もある。トリウム・サイクルの最大の長所は、核分裂性のウラン233をウランと混ぜると分離しにくく、トリウム系列に起因するγ線が強いために核兵器に転用しにくいことである。トリウム・サイクルの可能な原子炉として高温ガス炉、重水炉、溶融塩炉などが構想されている。

〔野口邦和〕

☞濃縮ウラン、プルトニウム、遮へい、トリウム系列

## トリチウム [tritium ($^3$H、T)]
▶とりちうむ

原子番号1の元素である水素の同位体の一種。質量数は3で、トリチウム

または三重水素と呼ばれている。本来の核種記号は $^3$H であるが、英名の頭文字をとってTと記すことも多い。トリチウムは半減期 12.33 年で $\beta$ 壊変（詳しくは $\beta$ マイナス壊変）して安定核種であるヘリウム 3（$^3$He）になる。トリチウムの放出する $\beta$ 線の最大エネルギーは 18.6keV と非常に小さい。宇宙線中性子が大気中の窒素原子核と核反応をおこすことにより、超微少量生成する。大気圏内核実験でも生成する。その 99％以上は水（THO）として地球表面付近に存在している。自然界におけるトリチウム濃度はトリチウム単位（TU、tritium unit の頭文字をとったもの）で表されることもある。$^1$H に対する $^3$H 原子数比が $10^{-18}$ である時、これを 1TU とする単位である。トリチウムの製造方法としては、原子炉でリチウムを中性子照射して（n, $\alpha$）反応を利用することである。

〔野口邦和〕

# な行

## な

### 内部被曝　　　　　　▶ないぶひばく
➡体内被曝

### ナトリウム [sodium (Na)]
　　　　　　　　　　　　▶なとりうむ

　元素の一種であるナトリウムは、原子番号11、質量数23（すなわち中性子数12）の安定核種からなる単核種元素である。周期表の1族に属し、アルカリ金属の一種である。銀白色のやわらかい金属で、ナイフで容易に切ることができる。空気中では酸化光沢を失う。湿気があると、表面に水酸化ナトリウム（NaOH）が生成される。また、二酸化炭素によって炭酸ナトリウム（$Na_2CO_3$）も生成される。そのため、石油に漬けて貯蔵する。

　ナトリウムは水と激しく反応して、水素を発生させる。ナトリウムの融点は97.8℃、沸点は881.4℃である。密度は0.968 g／$cm^{-3}$で水より軽い。原子力分野では、液体金属ナトリウムは高速炉の冷却材として利用されている。冷却材としての液体金属ナトリウムの長所は、①放射線損傷の心配がない、②高い熱伝導度を有し、優れた熱伝導効果が得られる、③比重は1以下で水より軽く、ポンプ動力が少なくて済む、④150℃-700℃の範囲で常圧冷却材として使用できるなど、非常に優れている。短所としては、①化学的に活性で、水、空気、ハロゲンなどと反応する、特に水とは激しく反応する、②中性子照射によりナトリウム24（半減期14.96時間）などの誘導放射性核種を生成する、③比熱は水の3分の1で、熱伝導度が非常に高いため、構造材に強い熱衝撃を与える危険があるなどである。

〔野口邦和〕
☞冷媒材

## に

### 日米原子力協定
　　　　　　　　▶にちべいげんしりょくきょうてい

　1982年8月から87年1月までの16回の交渉をへて日米両国政府が合意し、88年7月に発効した、核エネルギーの平和利用分野における日米間の協力協定で、正式名称を「原子力の平和的利用に関する協力のための日本国政府とアメリカ合衆国政府との間の協定」という。しばしば日米原子力協定または日米原子力平和利用協定と略称されている。また、現協定が締結される以前、68年に日米間で締結された協定を旧日米原子力協定という。

　現協定は、①核エネルギーの平和利用のため日米両国政府間で協力を行ううえでの条件を定めた本協定（第1条-16条）、②附属書A、附属書B、③本協定第11条に基づく包括事前同意の実施取り決め、④包括事前同意に関する施設リストや回収プルトニウムの国際輸送のための指針を記した附属書1-5からなる。

　米国から受領した核燃料の形状や内容

などに変更を加える場合には、米国政府の同意が必要であるとする旧協定第8条C項を根拠として、かつて完成したばかりの東海再処理工場の運転に注文をつけられたことがあった。この時に露呈したわが国の対米従属の原子力開発の弱点は、包括事前同意が現協定の附属書に盛り込まれることにより少しは改善された。包括事前同意とは、再処理の際の事前同意など核物質に関する供給国（米国）政府の規制権を個別に行使するのではなく、あらかじめ一定の条件を定め、その枠内であれば、再処理などの活動を一括して承認する方式である。また、旧協定が濃縮ウランなどの特殊核物質の量あるいは供給枠を定めた点に特徴があったのに対し、現協定は、米国の核不拡散法に基づくプルトニウム貯蔵やウラン濃縮に対する規制、あるいは防護措置の詳細な規定などが厳しく盛り込まれた点に特徴がある。　　　　　　　　　　　〔野口邦和〕

☞ウラン濃縮、プルトニウム

## 日本原子力研究開発機構

[Japan Atomic Energy Agency（JAEA）]
▶にほんげんしりょくけんきゅうかいはつきこう

　2001年12月に閣議決定された特殊法人等整理合理化計画に基づき、05年10月に特殊法人日本原子力研究所（JAERI）と核燃料サイクル開発機構（JNC、旧動力炉・核燃料開発事業団）を統合して発足した原子力に関する研究と技術開発を行う独立行政法人。04年12月に制定された独立行政法人日本原子力研究開発機構法によれば、同機構の目的は、「原子力基本法第二条に規定する基本方針に基づき、原子力に関する基礎的研究及び応用の研究並びに核燃料サイクルを確立するための高速増殖炉及びこれに必要な核燃料物質の開発並びに核燃料物質の再処理に関する技術及び高レベル放射性廃棄物の処分等に関する技術の開発を総合的、計画的かつ効率的に行うとともに、これらの成果の普及等を行い、もって人類社会の福祉及び国民生活の水準向上に資する原子力の研究、開発及び利用の促進に寄与すること」である。
　　　　　　　　　　　〔野口邦和〕

## 日本原子力産業協会

[Japan Atomic Industrial Forum（JAIF）]
▶にほんげんしりょくさんぎょうきょうかい

　日本原子力産業協会（原産協会）は、原子力に関する総合的な調査研究、知識の交流、意見の調整統一を図るとともに、政府が行う原子力開発利用計画の樹立に協力して、原子力の平和利用を促進し、国民経済と福祉社会の健全な発展向上に資することを目的として、2006年4月に発足した公益法人（社団法人）である。その前身は1956年3月に創立された原子力産業会議（原産会議）であり、原産会議を改組・改革して新たに発足したのが原産協会である。日本の原子力産業の基盤強化と再活性化を通じて社会へ貢献することを目的として、「政策提言」、「規制対応」、「情報発信」、「社会との対話における理解促進」等の活動を展開している。原産協会には、関西、中部、東北、北陸の各地域の原子力懇談会と茨城

## にほんけんしり

### 日本原子力文化振興財団
[Japan Atomic Energy Relations Organization (JAERO)]
▶にほんげんしりょくぶんかしんこうざいだん

　日本原子力文化振興財団（原文振）は、原子力の平和利用についての知識の普及・啓発を行い、一般市民が原子力についての認識を深め、原子力への正しい理解と認識が得られるよう努力することを目的として、1969年7月に設立された財団法人である。各種広報調査活動、市民層への対応、学校教育への協力、報道関係者への協力、地域への協力、国際協力活動、広報素材の作成などの各種の活動を行っている。81年3月の敦賀原発事故の際、事故隠しに関連して同振興財団が作成・配布した文書の中に「すべてのトラブルを細大洩らさず公表してゆけば、たぶん日本全国の原子力発電所の運転は不可能になるだろう」などと記載したため、国会内外で物議をかもしたことがある。　　　　　　　　　〔安部恒三〕

### 日本分析化学研究所のデータねつ造事件
▶にほんぶんせきかがくけんきゅうしょのでーたねつぞうじけん

　1974年1月に発覚した、米国の原子力潜水艦などの日本寄港に伴う環境試料の放射能分析データが、分析業務を行っていた財団法人日本分析化学研究所によりねつ造されていた事件。ねつ造の内容は、海底土などの環境試料の放射能分析データをコピーして試料名を変え繰り返し使用していたり、故障・修理中のはずの放射線測定器で放射能分析を行ったことになっていたり、あるいは$\gamma$線スペクトルを示すグラフの横軸と縦軸の縮尺を変えて、一見別のグラフであるかのごとく細工するなど、極めて悪質なものであった。原子力潜水艦の入港日から測定実施までに5ヵ月も経過している分析データも見つかり、「重大な異常事態を未然に防ぎ機敏な防護対策を講ずるための異常の早期発見」という環境放射能モニタリングの目的・役割を放棄しているといわざるをえないものもあった。しかし、専門家でなくとも環境モニタリングを少しでもまじめにやる意思さえあれば、だれでもすぐ気づくようなねつ造や欠陥を、科学技術庁（現文部科学省）は気づくことができなかった。この事件の発覚後、日本分析化学研究所は廃止され、同年5月、財団法人日本分析センターが設立された。　　　　　　　　　〔野口邦和〕
☞環境モニタリング

## ね

### 熱出力 [thermal output]
▶ねつしゅつりょく

　単位時間あたりに放出される熱エネルギーをいい、単位はワット（W）、キロワット（kW）、メガワット（MW）などが用いられている。定格熱出力とは、設置許可で認められた原子炉の熱出力の

運転限度のことである。原子力発電所など商業用発電炉は、経済的および安全上の理由から出力調整を行わず、通常は定格熱出力で運転している。しかし、原子力潜水艦や原子力空母などの軍艦に搭載されている軍用炉の場合は、通常は定格熱出力よりもかなり低い熱出力（平均15％くらいといわれている）で運転しているが、戦闘出撃その他の理由により極めて短時間で熱出力を定格出力に上げることもあり、核燃料や原子炉圧力容器などに生ずる熱応力（温度変化によって生じるはずの物体の自由な膨張や収縮が、外部からの拘束や物体内部の膨張・収縮の不均一によって制限された結果として生ずる応力）が大きいとされている。

〔安部恒三〕

☞定格出力

## 熱中性子炉 [thermal neutron reactor]
▶ねつちゅうせいしろ

周囲の媒質と熱平衡状態、またはそれに近い状態にある中性子を熱中性子という。すなわち、低速中性子の中で最も遅い中性子が熱中性子である。熱中性子炉とは、主として熱中性子によって核分裂連鎖反応を維持する原子炉のことで、その代表的な原子炉が軽水炉である。軽水炉は軽水（ふつうの水）を冷却材と減速材（中性子の速度を落として核分裂をおこしやすくする）に使い、低濃縮ウランを核燃料とする原子炉で沸騰水型と加圧水型があり、世界中で多用されている発電炉である。一方、主として高速中性子によって核分裂連鎖反応を維持する原子炉は、高速中性子炉または高速炉と呼ばれている。

〔安部恒三〕

☞軽水炉、冷却材、減速材

## ネプツニウム系列 [neptunium series]
▶ねぷつにうむけいれつ

ネプツニウム237（半減期$2.14 \times 10^6$年）から始まり、次々に放射性壊変を繰り返しながら、最後はビスマス209で終わる放射性系列。ネプツニウム系列を構成する核種の質量数はすべて$4n+1$（nは自然数）で表現できるため、（$4n+1$）系列ということもある。ネプツニウム系列は天然には存在しない人工放射性系列と呼ばれているが、ネプツニウム237はウラン鉱石の中でおこっている天然の核反応によりごくわずかながら生成し存在している。自然界に存在する放射性系列としてはウラン系列、トリウム系列、アクチニウム系列が知られている。

〔安部恒三〕

☞放射性壊変、ウラン系列、トリウム系列、アクチニウム系列

## 燃焼度 [burn up]
▶ねんしょうど

核分裂連鎖反応の結果として核燃料から得られたエネルギー量をいう。炉心に装荷された核燃料が原子炉から取り出されるまでの間に、中性子との反応により消費された割合を表す尺度である。その単位には通常、メガワット日／トン（MWd／t）が用いられている。日本の軽水型原発の核燃料の場合、原子炉から取り出される際の設計燃焼度は、当初

# ねんせつしゆけ

は最大 3 万 9000-4 万 MWd ／ t ほどであったが、現在では 4 万 8000MWd ／ t に引き上げられており、さらに 5 万 5000MWd ／ t にまで引き上げることが計画されている。　〔安部恒三〕

## 年摂取限度 [annual limits of intake (ALI)]
▶ねんせつしゆげんど

放射線職業人の線量限度に相当する放射性核種の年間摂取量。通常 ALI と略称され、その単位はベクレル（Bq）である。線量限度は年線量で表され、その単位はシーベルト（Sv）である。体外被曝の管理の場合、体外被曝線量を直接測定することは容易にできる。しかし、体内被曝の管理の場合、体内被曝線量を直接測定することはできない。そこで放射線職業人の体内被曝の管理にあたっては、体内被曝について年摂取限度により評価することになる。ALI の算出は、体内摂取した放射性核種によって将来受ける体内被曝線量の積分値（預託線量といい、積分期間は成人の場合は 50 年、子どもの場合は摂取した年齢から 70 歳までの期間）を評価して、これを摂取した年にさかのぼってまとめて被曝したものとみなし（すなわち預託線量を線量限度とみなし）、線量限度（実効線量限度なら年 20mSv）に相当する当該放射性核種の放射能を求めればよい。ALI の実際的な算出法としては、たとえばプルトニウム 239 の不溶性酸化物を吸入摂取する場合、放射線障害防止法によればその実効線量係数は $8.3 \times 10^{-3}$ mSv ／ Bq（実効線量係数は 1Bq 摂取した場合の預託実効線量を mSv で表した値）であるから、

20 (mSv) [$8.3 \times 10^{-3}$ (mSv ／ Bq)]

= $2.4 \times 10^3$ (Bq) となり、ALI は $2.4 \times 10^3$ ベクレル（Bq）である。
〔安部恒三〕

☞被曝線量、体内被曝、体外被曝

## 燃料親物質　　▶ねんりょうおやぶっしつ
➡親物質

## 燃料集合体 [fuel assembly]
▶ねんりょうしゅうごうたい

燃料棒を格子状に束ねたものを燃料集合体と呼ぶ。本数は炉のタイプによって異なるが、加圧水型軽水炉（PWR）が 14 × 14、15 × 15、17 × 17、沸騰水型軽水炉（BWR）が 7 × 7、8 × 8 などである。炉心内の集合体の数は電気出力 110 万 kW 級の PWR で 193 個、同じく BWR で 764 個である。したがって、炉心には 5 万本程度の燃料棒がある。PWR の場合、制御棒は燃料集合体の中に挿入されるが、BWR の場合、十字型の断面をもつ制御棒は集合体と集合体の間に挿入される。　〔舘野 淳〕

☞燃料棒、制御材

## 燃料棒 [fuel rod]
▶ねんりょうぼう

棒状の原子炉燃料。軽水炉の場合は、ウランの酸化物をペレット状に固め、このペレットをジルカロイ（ジルコニウム合金）の被覆管に封入している。外径は加圧水型軽水炉（PWR）が 11mm、

のうしゅく

## 燃料集合体の構造と制御棒

**沸騰水型炉 (BWR) の燃料集合体**

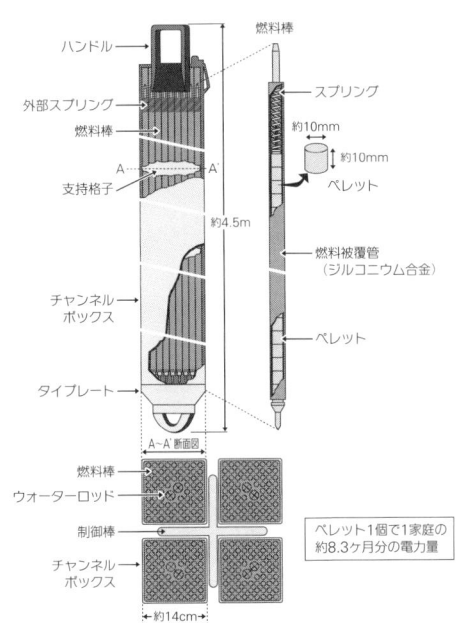

- ハンドル
- 外部スプリング
- 燃料棒
- 支持格子
- チャンネルボックス
- タイプレート
- 約4.5m
- 燃料棒
- スプリング
- 約10mm
- ペレット
- 約10mm
- 燃料被覆管（ジルコニウム合金）
- ペレット

A～A'断面図
- 燃料棒
- ウォーターロッド
- 制御棒
- チャンネルボックス
- 約14cm

ペレット1個で1家庭の約8.3ヶ月分の電力量

**加圧水型炉 (PWR) の燃料集合体**

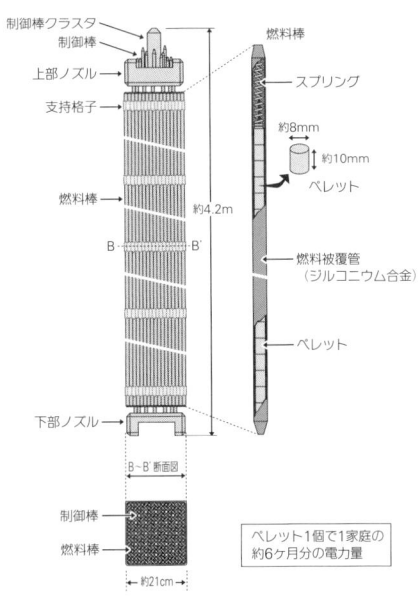

- 制御棒クラスタ
- 制御棒
- 上部ノズル
- 支持格子
- 燃料棒
- 約4.2m
- 下部ノズル
- 燃料棒
- スプリング
- 約8mm
- ペレット
- 約10mm
- 燃料被覆管（ジルコニウム合金）
- ペレット

B～B'断面図
- 制御棒
- 燃料棒
- 約21cm

ペレット1個で1家庭の約6ヶ月分の電力量

9.5mm、沸騰水型軽水炉（BWR）が1.43mm、1.25mm、長さはPWRが3m、3.7m、BWRが3.7mである。燃料棒を格子状に束ねたものを燃料集合体と呼び、燃料集合体が集まって炉心を形成する。被覆管が応力腐食割れなどで破損する燃料棒破損事故がおこると、冷却水中に放射能がもれて環境汚染につながる。　　　　　　　　〔舘野 淳〕

☞燃料集合体

# の

## 濃縮 [enrichment]

▶のうしゅく

2種以上の同位体で構成される元素で、特定の同位体の存在比を高めること。たとえば、天然ウランにおいてウラン238に対するウラン235の同位体存在比を高めることをウラン濃縮という。天然ウラン中ではウラン238が99.2745

## のうしゅくうら

%であるのに対してウラン235は0.7200%しかないため、核分裂連鎖反応を効率よくおこさせるためにはウラン235の同位体存在比を高める、つまり濃縮する必要がある。濃縮法としては拡散法、電磁法、遠心法などがある。

〔安部恒三〕

☞ウラン、濃縮ウラン、同位体存在比

### 濃縮ウラン [enriched uranium (EU)]
▶のうしゅくうらん

天然に存在するウラン（天然ウラン）の同位体存在比はウラン238が99.2745%、ウラン235が0.7200%、ウラン234が0.0055%である。このうち中性子照射によって核分裂するのはウラン235である。核分裂連鎖反応を効率よく行うためには、ウラン235の同位体存在比を天然ウランのそれよりも高くする必要がある。この過程がウラン濃縮であり、ウラン濃縮によって生成した製品を濃縮ウランという。ウラン燃料としては軽水炉のように低濃縮ウランを核燃料として用いる原子炉が圧倒的に多いが、CANDU炉のように天然ウランを核燃料として用いる原子炉もある。軽水炉の場合、3-5%の低濃縮ウランが核燃料として用いられている。

〔安部恒三〕

# は行

## は

### バイスタンダー効果 [bystander effect]
▶ばいすたんだーこうか

　細胞に放射線を照射する際、その影響が放射線を照射した細胞だけではなく、照射された細胞に近接する細胞にも現れることをいう。細胞は単独で孤立無援の状態で存在するのではなく、近接する細胞と相互作用しながら存在している。そのため、相互作用を通じて、照射された細胞が受けた負荷（ストレス）がその細胞にのみ影響が現れるだけでなく、近接する細胞との相互作用を通じて伝達されている。この細胞間の放射線影響の伝達がバイスタンダー効果である。〔安部恒三〕

### 廃炉 [decommissioning of reactor]
▶はいろ

　寿命に達した原子炉、あるいは事故などにより使用不能になった原子炉の機能を停止させ、廃止措置を講ずること。わが国の原子炉の廃止措置の考え方の基本は、安全の確保を前提に、地域社会との協調を図りつつ、敷地を原子力発電用地として再利用することで、原子炉の運転終了後できるだけ早い時期に解体撤去することを原則としている。わが国では、日本原子力研究所（現日本原子力研究開発機構：JAEA）の動力試験炉（JPDR）の解体撤去が1987年12月から96年3月まで行われ、解体手順、工法、解体中に発生する放射性廃棄物の管理、解体に従事する労働者の被曝低減など、軽水炉の解体撤去技術のノウハウが蓄積されている。しかし、熱出力4万5000kWの動力試験炉の解体作業では2万4400トンの廃棄物が発生したのに対し、電気出力110万kW級の原発の解体作業では約50-55万トンの廃棄物が発生するものと予想されている。このうち放射性廃棄物として適切に処理・処分する必要のあるものは、3％以下であると考えられている。そのため、放射性廃棄物と放射性廃棄物として取り扱う必要のない廃棄物を区分するクリアランス・レベルに関する制度が整備され、2005年5月の原子炉等規制法の改正によりクリアランス制度が導入された。〔安部恒三〕

☞放射性廃棄物、原子炉の廃止措置、クリアランス

### 廃炉処分
▶はいろしょぶん

➡原子炉の廃止措置

### 舶用炉 [marine reactor]
▶はくようろ

　船舶用原子炉。現在、運航中の平和目的の舶用炉はロシアの原子力砕氷船のみで、その他はすべて原子力潜水艦や原子力空母などの軍艦である。炉型式としては加圧水型軽水炉（PWR）が大部分を占めるが、高速増殖炉を用いているものも少数ある。いずれにせよ軍艦は軍事機密の厚い壁に覆われており、どのような運転実績があるか、どのような事故や損傷、不具合がおきているかなど、詳細はいっさい不明である。また、同じ加圧水型軽水炉といえども、軍用炉と商業用発

# はつくエント

**廃止措置に伴って発生する廃棄物の量と種類**

110万kW級の沸騰水型原子炉（BWR）の場合、発生する廃棄物の総量は約53.6万トン

放射性廃棄物でない廃棄物
（建物のコンクリート、ガラス、きんぞく等）

約93%　（大部分が**コンクリート廃棄物**：約49.5万トン）

クリアランス物
約5%
（金属・コンクリート廃棄物：2.8万トン）

低レベル放射性廃棄物
（金属・コンクリート・ガラス等、解体用資材等）

約2%
（大部分が**金属廃棄物**：約1.3万トン）

---

電炉では核燃料の濃縮度、物理化学的形態、制御システム、圧力容器、格納容器、遮へいなど、かなり異なるものと推定されている。

　ロシアの原子力砕氷船以外の平和目的の舶用炉については、かつてアメリカでサバンナ（加圧水型軽水炉、熱出力8万kW、1962年5月完成、貨客船）、ドイツでオットー・ハーン（加圧水型軽水炉、熱出力3万8000kW、68年12月完成、鉱石運搬船）、日本でむつ（加圧水型軽水炉、熱出力3万6000kW、91年2月完成、実験船）が研究開発されたが、現在はすべて運転停止となり、後続の舶用炉の研究開発はない。平和目的の舶用炉については安全性、経済性、信頼性に問題があると指摘せざるをえない。　　　　　　　　　〔安部恒三〕

☞軽水炉、高速増殖炉

## バックエンド　　　　　▶ばっくエンド
➡ダウンストリーム

## バックグラウンド放射線
[background radiation]

▶ばっくぐらうんどほうしゃせん

　宇宙空間からはエネルギーの高い銀河宇宙線や、それよりエネルギーの低い太陽からの宇宙線が地上にふりそそいでいる。また、地球上に存在する天然放射性核種から放出される放射線もあり、これらの一部は人体内にもある。これらの自然界に存在する放射線を総称してバックグラウンド放射線と呼んでいる。

〔安部恒三〕

☞宇宙線

## 白血病 [leukemia]

▶はっけつびょう

白血病は「血液のがん」とも呼ばれる疾病であり、ウイルス、化学物質、放射線などによっておこる。がん化した造血細胞が骨髄、リンパ節などで異常に増加し、臓器内に侵入し、そこで増殖する。急性骨髄性白血病が多く、次いで急性リンパ性白血病が多い。放射線被曝により誘発される白血病は、慢性リンパ性白血病を除く、その他の白血病であるとされている。急性白血病では発熱、貧血、脾臓の腫れなどが認められることが多い。

〔安部恒三〕

## 発電コスト

[cost of electric power generation]

▶はつでんこすと

原子力発電を推進する有力な根拠の1つに、原発の発電コストが安いということがいわれている。2004年1月にまとめられた総合エネルギー調査会の報告書によれば、運転年数を全電源種ともに40年、設備利用率を70%と仮定した場合、各電源の1kWhあたりの発電コストは次のようになる。原子力5.4円、石炭火力5.3円、LNG火力6.0円、石油火力10.4円、水力8.2円（水力のみ設備利用率45%）。運転年数を法定耐用年数として発電コストを試算すると、設備利用率70%の場合、原子力8.2円（運転年数16年）、石炭火力7.3円（同15年）、LNG火力7.1円（同15年）、石油火力12.3円（同15年）、水力8.2円（同40年、水力のみ設備利用率45%）となる。法定耐用年数で運転を停止することはないだろうから運転年数を40年と仮定すると、原子力の発電コストは石炭火力より少し高いが、LNG火力、石油火力、水力より安いということになる。

しかし、発電コストの試算結果は、算定の前提を変えればいかようにも変えることができる。算定根拠が明らかにされないかぎり、安い、高いなどといってみたところであまり意味のあることではない。また、原子力118万-136万kW、石炭火力60万-105万kW、LNG火力144万-152万kW、石油35万-50万kW、水力1万-2万kWと出力規模が各電源種で異なり、単純に比較できるか否か疑問のあるところである。原子炉の廃炉費用や放射性廃棄物の処分費用などの核燃料サイクルのコストは含まれているというが、どう含まれているか詳細は不明である。

原発の設備稼働率を運転期間中70%で維持するという想定は、非現実的であり楽観的すぎると思われるが、総合エネルギー調査会の報告書では、原子力の設備利用率は85%、80%、70%の3段階しか想定していない。さらに、この発電コストはあくまでも電力会社の負担する費用だけであり、政府などが原発の研究開発のために支出してきた膨大な費用は、まったく入っていない。日本は世界有数の国土狭小・人口過密、原発過密、地震国であるから、東海巨大地震など近い将来おこると予想されている巨大地震が静岡県の浜岡原発などをおそった場合、

# はんけんき

想像を絶する被害になる可能性がある。原発以外の電源種も被害を受けるにしても、原子炉の場合は格段に大きな災害に発展する可能性がある。こうした費用も発電コストには含まれていない。こうした現状においては、発電コストの試算は原子力推進のための道具立てにすぎないといえる。〔安部恒三〕

## 半減期 [half life]
▶はんげんき

放射性核種の原子数がはじめの半分に減少する時間をいう。放射性核種は自発的に壊変して別の種類の核種に変化する性質、すなわち放射能をもっており、放射性核種の原子数は、時間経過にともなってしだいに減少していく。その減少の仕方と速さを表わす量が半減期で、放射性核種の原子数と放射能の強さとのあいだには厳密に正比例の関係があるので、放射能の強さがはじめの半分に減衰する時間を半減期といっても本質的に同じことである。

つまり、半減期の2倍および3倍の時間が経つと、放射性核種の原子数はそれぞれはじめの4分の1および8分の1に減衰する。また、半減期の10倍の時間が経つと、放射性核種の原子数ははじめの約1000分の1に減衰する。「半減期の10倍の時間が経つと放射能の強さは無視できるくらい弱くなる」などと言われることがよくあるが、それは放射能の強さがはじめの約1000分の1に減衰することからきている。しかし、はじめの放射能がとてつもなく強い場合には、たとえ約1000分の1に減衰したとしても必ずしも無視できるくらい弱くなっているとは言い切れない。なお、半減期の20倍の時間が経つと、放射性核種の原子数ははじめの約100万分の1に減衰する。半減期の30倍の時間が経つと、放射性核種の原子数ははじめの約10億分の1に減衰する。〔野口邦和〕

## 反射材 [reflector]
▶はんしゃざい

中性子が炉心から漏れ出るのを防ぎ、核分裂連鎖反応を維持する目的で炉心の周囲に配置される物質（反射体ともいう）。反射材としては重水、黒鉛、ベリリウムなどの中性子を吸収する能力（すなわち吸収断面積）が小さく、中性子を散乱させる能力（すなわち散乱断面積）が大きい物質が適している。反射材は原子炉のみに使われているわけではなく、核兵器でも使われている。〔安部恒三〕

## 反応度事故
[reactivity insertion accident、reactivity initiated accident]
▶はんのうどじこ

核分裂連鎖反応が一定レベルで維持されている状態を臨界状態、原子炉が臨界状態からずれている程度を反応度という。式で表すと以下のようになる。

$$\rho = (\kappa_{eff} - 1) / \kappa_{eff} = \kappa_{ex} / \kappa_{eff}$$

ここで$\kappa_{eff}$は実効増倍率、$\kappa_{ex}$は過剰増倍率である。反応度事故とは、何らかの原因により制御棒が引き抜かれることなどによって反応度が異常に増加し、原子炉の出力が急上昇して核燃料の破損に

いたる事故をいい、原子炉の暴走事故ということも多い。軍事用原子炉の反応度事故としては、1961年1月の米国アイダホ原子炉試験場のSL-1事故が有名である。SL-1は陸軍の基地内の200kWの電力と電力換算400kWの暖房用の熱を供給する自然循環式の沸騰水型軽水炉で、事故により3人の運転員（職業軍人）が全員死亡したため事故原因はよくわかっていないが、運転員の一人が恋愛問題を苦に1本の制御棒を引き抜いて自殺を図ったことが原因であるとされている。しかし、軍用炉とはいえ、1本の制御棒を引き抜くことで暴走するような原子炉の設計に問題があったといわなければならない。商業用原子炉の反応度事故としては、86年4月の旧ソ連ウクライナ共和国のチェルノブイリ原子力発電所4号炉の事故が有名である。

〔野口邦和〕

☞チェルノブイリ原発事故、制御材

## 晩発障害 [late effect]

▶ばんぱつしょうがい

放射線被曝した本人に発症する身体的影響のうち、数ヵ月以内に発症する放射線障害を急性障害または早期障害といい、数ヵ月以上の潜伏期間をへた後に発症する放射線障害を晩発障害という。晩発障害の典型例は発がん（白血病を含む）、白内障、寿命短縮（老化促進）などである。胎児が母親の胎内で放射線被ばくし、障害を負って生まれてくる場合、特殊な事例ではあるが晩発障害の一種である。潜伏期間が比較的短い急性障害の場合、

障害と放射線被曝との因果関係を証明するのは難しいことではない。しかし、潜伏期間が比較的長い（場合によっては数年、十数年、数十年後に発症することもある）晩発障害の場合、障害と放射線被曝との因果関係を証明するのは、放射線被曝に特有の症状がない（これを症状の非特異性という）こともあって非常に難しい。原爆被爆者の原爆症認定訴訟で問題になるのも、被爆者に発症した障害のうち、いかなる事実が立証されれば放射線起因性があると認定すべきかという点である。

〔安部恒三〕

☞白血病

## ひ

### 非常用炉心冷却装置
[emergency core cooling system (ECCS)]

▶ひじょうようろしんれいきゃくそうち

冷却材喪失事故が発生した場合に、緊急に圧力容器内に水を注入して炉心が高温になり破損・溶融するのを防止する装置。緊急炉心冷却装置ともいう。タイプは炉の形式などにより異なるが、沸騰水型軽水炉（BWR）では低圧および高圧の炉心スプレイ系、大量に注水する低圧注水系、炉内圧力を下げるための圧力逃し弁よりなり、加圧水型軽水炉（PWR）では窒素ガスで加圧してホウ酸水（中性子を吸収して核反応を止める）を注水する蓄圧注入系、低圧および高圧の安全注入系などよりなっている。

〔舘野 淳〕

# ひと

## 人・シーベルト [man·Sv, person Sv]
▶ひと・しーべると

ある集団を構成する構成員（一般人の場合もあるし、放射線業務従事者の場合もある）、一人ひとりが受けた被曝線量をその集団全体について合計したものを集団線量（または集合線量）といい、その単位が人・シーベルト（人・Sv）である。当該集団全体で将来受ける放射線影響を評価する尺度として用いられている。
〔安部恒三〕

☞被曝線量

## 被曝 [radiation exposure]
▶ひばく

人間が放射線を浴びること。体の外から放射線を浴びることを外部被曝または体外被曝という。外部被曝からの防護は、遮へい物を置き、放射線源からなるべく距離を取り、被曝時間をできるだけ少なくすることが原則である。一方、体の中に放射性物質を取り込み、体内から被曝することを内部被曝または体内被曝という。内部被曝では放射性物質が体外に排出されるまで被曝が続くことになるので、可能なかぎり放射性物質を体内に取り込まないようにすることが原則である。
〔安部恒三〕

☞体内被曝、体外被曝

## 被曝線量 [exposure dose]
▶ひばくせんりょう

人体が放射線により被曝した量。単に線量ということも多い。被曝線量を表すものとしては、吸収線量（単位はGy）、等価線量や実効線量（いずれも単位はSv）などがある。吸収線量は人体だけでなく、すべての物質に適用でき、単位質量あたりの物質に放射線により付与されたエネルギー量のことで、物質1kgあたりに1ジュール（J）のエネルギーが付与される時、吸収線量は1グレイ（Gy）であるという。等価線量と実効線量は放射線防護の目的で人間に適用するために考案されたもので、ある臓器・組織の等価線量は、当該臓器・組織の平均吸収線量と当該放射線の放射線荷重係数の積で与えられる。また、実効線量は、当該臓器・組織の等価線量と当該臓器・組織の組織荷重係数の積を、すべての臓器・組織について加算した量である。等価線量と実効線量の単位はいずれもシーベルト（Sv）である。
〔野口邦和〕

☞シーベルト、被曝、グレイ、ジュール

## 100%致死線量
▶ひゃくぱーせんとちしせんりょう

➡致死線量

## ヒューマンカウンタ
▶ひゅーまんかうんた

➡ホールボディカウンタ

# ふ

## 風評被害 [damage by rumors]
▶ふうひょうひがい

たとえば、ある食品で食中毒が出た場合、無関係であるはずの同種の食品が忌

避されて売れなくなるといった、報道やうわさだけでおこる被害をいう。たとえば、原子力関係では東海村JCO臨界事故の際、茨城県産の農作物がまったく売れなくなるばかりか、深海魚のあんこうまでも売れなくなるということがおこった。社会心理学者オルポートとポストマンによれば、流言飛語の量は、事柄の重大性と状況のあいまい性の積に比例するという。流言飛語は、事柄が重大であればあるほど、また状況があいまいであればあるほど、広く伝播するのである。臨界事故にかぎらず重大な事故はおこすべきではないが、仮に不幸にして重大な事故がおこった場合には、的確な情報を適宜、国民に発信することが行政機関やマス・メディアには求められる。〔安部恆三〕

☞東海村JCO臨界事故

## フェイルセイフ [fail-safe]
▶ふぇいるせいふ

ある装置やシステムで誤操作や誤作動があった場合でも、その装置やシステム全体で常に安全な方向に向かうように設計されていること。複雑なシステムであればあるほど、何らかの不具合がおこることが予想されるのでフェイルセイフは必要不可欠な設計思想である。原子力発電所など核燃料サイクルの各施設でも、各種の設備・装置の設計にフェイルセイフの思想が採り入れられている。鉄道車両や航空機などでは、特にこのことが強調されているが、それだけそれを超える事故があるということでもある。

〔安部恆三〕

## フォールアウト
▶ふぉーるあうと
➡放射性降下物

## ふき取り試験
▶ふきとりしけん
➡スミヤ法

## 福島第一原発事故
[Fukushima I Nuclear Power Plant Accident]
▶ふくしまだいいちげんぱつじこ

2011年3月11日に福島県双葉郡大熊町の東京電力福島第一原子力発電所(沸騰水型軽水炉、電気出力1号機46.0万kW、2～5号機78.4万kW、6号機110.0万kW、3号機はプルサーマル運転)で発生した炉心溶融事故。東北地方太平洋沖地震が発生したとき、地震感知器が地震の揺れを感知し、原子炉内に制御棒が一斉に挿入され、運転中であった6基中の3基と同第2原子力発電所の4基すべての原子炉は緊急停止した。しかし、地震動と地盤の液状化で送電鉄塔が倒れ、外部から原発に電力供給する手段が断たれ、炉心冷却系が作動しなかった。さらに非常用ディーゼル発電機も津波によって機能しなくなり、備えのバッテリーもダウンし、全電源喪失の事態にいたり、原子炉の冷却ができなくなってしまった。

冷却機能を失ったことによって1～3号機は核燃料の温度が上がり、燃料被覆管のジルコニウム合金と水が反応して発生した水素ガスによって原子炉の圧力が高まり、1800度でジルコニウム合金が溶融し、2800度になるとウラン燃料自体が溶融して原子炉圧力容器の底に落ち、

さらにその一部は格納容器にまで漏れ出るメルトダウン状態になった。1〜3号機は、高まった圧力によって格納容器が破壊され、放射性物質が放出されるのを避けるため、ベント（弁開放による排気）を行ったが、水素爆発によって1、3号機は原子炉建屋上部が吹き飛び、2号機では圧力抑制室が損傷した。これらの結果、放射性物質の大気への大量放出が起こった。定期検査中であった4号機では、使用済燃料貯蔵プールの水温が上昇しつづけ、原子炉建屋内で火災が起こるなど、米国もロシアも未経験の、国際原子力事象尺度（INES）のレベル7に相当する大事故となった。　〔野口邦和〕

## ふげん [Fugen]
▶ふげん

　福井県敦賀市にある純国産といわれる重水減速沸騰軽水冷却型の原子炉で、新型転換炉（ATR）の原型炉に相当するのが「ふげん」である。熱出力は55.7万kW、電気出力は16.5万kWで、核燃料には1.5%濃縮ウランと天然ウランおよび0.5%プルトニウム混合酸化物（MOX、$PuO_2 / UO_2$）、いわゆるプルトニウム富化天然ウラン燃料を用いている。1978年5月に初臨界となり、79年3月から運転を開始した。「ふげん」の名称は仏教の普賢菩薩に因む。青森県大間に新型転換炉の実証炉計画があり準備を進めていたが、95年7月に電気事業連合会から経済性を理由に開発見直しの要望が出され、十分に検討することなく同年8月、原子力委員会が実証炉計画の中止を決定した。これを受けて、「ふげん」は2003年3月に運転を終了した。今後は約10年の準備期間をへて廃止措置に入り、30年以内をめどに廃止措置を完了するとされている。
〔安部恒三〕

## フッ化ウラン [uranium fluoride (UF$_6$)]
▶ふっかうらん

　フッ化ウランはウランのフッ化物という意味であるが、実際にはウラン濃縮などで用いられているウランの六フッ化物をさすことが多い。六フッ化ウラン（UF$_6$）は常温では無色の結晶で、1気圧の下では56.5℃で昇華して気体になる。酸素や空気とは反応しないが、水と激しく反応してフッ化水素（HF）となる。フッ化水素は強い腐食性を有し、生体に対する毒性も非常に強いことで知られる。UF$_6$の製造方法は、まずウラン精鉱（イエローケーキ）を硝酸に溶解し、硝酸ウラニル溶液をつくり、これを脱硝して三酸化ウラン（UO$_3$）を得る。三酸化ウランを粉砕後、水素を吹き込んで反応させ二酸化ウラン（UO$_2$）に還元する。ここにフッ化水素ガスを吹き込んで四フッ化ウラン（UF$_4$）をつくる。さらにフッ素を反応させてUF$_6$とする。UF$_6$は20℃、1気圧の下では固体であるが、温度と圧力により固体、液体、気体に変化する。三形態が共存する三重点は64.02℃、1137.5mmHgである。
〔安部恒三〕

☞ウラン濃縮、イエローケーキ

## 沸騰水型炉 [boiling water reactor(BWR)]
▶ふっとうすいがたろ

米国のゼネラル・エレクトリック（GE）社が開発した軽水炉の一種。炉心で発生した熱を受け取る原子炉冷却水が原子炉容器内で沸騰して蒸気となり、それが直接蒸気タービンを回して発電するのが沸騰水型炉（BWR）である。熱交換器（蒸気発生器）を用いず、炉心で発生した蒸気をそのまま蒸気タービンに送るのがBWRの特徴である。システムとしては火力発電と同じで単純であることのよさもあるが、炉心を通過した放射能を帯びた原子炉冷却水が蒸気になって蒸気タービンに送られるため、蒸気タービンが汚染しタービン建屋内の放射線量率が高く、タービン建屋内の労働者の被曝線量が高いという欠点もある。最近では経済性を追求して大型化された、改良沸騰水型炉（ABWR）が盛んに建設・運転されるようになっている。〔安部恒三〕

☞労働者被曝

## 不溶性残渣
[insoluble residual substance]
▶ふようせいざんさ

使用済み核燃料の再処理法として、現在最も広く利用されているのは湿式再処理法のピューレックス法である。軽水炉燃料をピューレックス法で再処理する場合には、燃料棒のせん断、硝酸による溶解、清澄、溶媒抽出による共除染（ウランとプルトニウムを核分裂生成物から分離）、溶媒抽出によるウランとプルトニウムの分離・精製、ウランの脱硝、プルトニウム溶液の蒸発濃縮などの工程からなる。このうち清澄工程は、①核分裂生成物の不溶解微粒子、②せん断時に発生する被覆材の細片、③クラッドと呼ばれる被覆材に付着したさび（水垢）の不溶解部分が燃料の溶解液中に含まれることから、後段の処理工程に悪影響を及ぼさないようにするため必要である。これらの不溶解部分のうち、核分裂生成物の不溶解微粒子を不溶性残渣という。不溶性残渣の量は、核燃料の燃焼度の増大に伴って増加し、燃焼度3万MWd／tの使用済み燃料でウラン1tあたり約3kgあるとされている。燃焼度がさらに増加すると、それに比例して不溶性残渣も増加する。不溶性残渣はルテニウム（Ru）、ロジウム（Rh）、パラジウム（Pd）などの白金族元素やテクネチウム（Tc）などを含み、フィルターの目詰まり、発火（不溶性残渣中の核分裂生成物の崩壊熱で残渣が高温となり、可燃性有機溶媒と接触することに起因）などの原因となりうる。〔野口邦和〕

## プルサーマル
[plutonium utilization in thermal reactor]
▶ぷるさーまる

現在の発電炉の主流となっている軽水炉（LWR）を運転すると、核燃料中のウラン238が中性子を吸収してウラン239になる。ウラン239は半減期23.45分でβ壊変してネプツニウム239になり、ネプツニウム239は半減期2.357日でβ壊変して核分裂性のプ

# ふるさーまる

ルトニウム239になる。使用済み燃料を再処理し、こうして生成したプルトニウムを分離して再利用するプルトニウム・リサイクル方式は、プルトニウムの再利用を軽水炉などの熱中性子炉で行う方式と高速増殖炉で行う方式とがある。このうち前者の方式をプルサーマル方式という。

プルサーマルなる用語は、「プルトニウムの熱中性子炉（サーマル・リアクター）での利用」に由来する和製英語である。プルトニウム・リサイクル方式の本命は、後者の高速増殖炉の炉心燃料として使うことであり、その実用化をめざして欧米各国は開発を進めてきた。プルサーマルは、高速増殖炉が実用化されるまでの間に合わせと位置づけられていた。なぜならウラン238とウラン235の天然同位体存在比は、それぞれ99.2745％と0.7200％であり、ウラン238は約138倍もウラン235より多く存在する。軽水炉が天然ウランの中にわずか0.7200％しか含まれていないウラン235を消費するのに対し、高速増殖炉はウラン235とプルトニウム239を消費しつつ、消費した以上のプルトニウム239を生成する。高速増殖炉は、原理的には軽水炉よりも60-100倍もウランを有効利用できると考えられているからである。これこそが「夢の原子炉」といわれるゆえんである。

しかし、すでに実用化されている軽水炉、黒鉛炉、重水炉などの商業用熱中性子炉と比較すると、高速増殖炉の開発・実用化は未だに実現していない。その理由は、高速中性子による核分裂連鎖反応の制御が難しく、冷却材に用いている金属ナトリウムが蒸気タービンを回す水と反応して火災を引きおこす危険があるからである。そのため、高速増殖炉の開発は多くの失敗と挫折の歴史であり、米国、英国、ドイツなどの原子力先進国は実証炉以前の段階で開発を中断または放棄している。唯一、フランスだけが実証炉の段階までこぎつけたが、この段階でやはり開発を放棄している。わが国も1977年から実験炉「常陽」を稼働し、94年からは原型炉「もんじゅ」を稼働させたが、95年12月にナトリウム漏れによる火災事故をおこして以来、「もんじゅ」は運転停止状態にある（12年1月現在）。

高速増殖炉は、残念ながら迷走する「夢の原子炉」といった現状である。にもかかわらず、政府は使用済み燃料の全量再処理という核燃料政策に固執し、核兵器への転用を疑われないために余剰プルトニウムをもたないなどという無意味な国際公約を掲げているために、もちださざるをえなかったのがプルサーマルなのである。いわばプルサーマル計画は、羊頭狗肉の愚策といわれている。その証拠に経済産業省総合資源エネルギー調査会が06年8月にまとめた「原子力立国計画」でさえ、プルサーマル計画の導入によるウラン資源節約効果は約1-2割であることを認めている。

現在、推定されているウランの可採年数（確認可採埋蔵量を年生産量で除した年数）は約74年である。高速増殖炉のように可採年数が60-100倍も増加する

ならともかく、プルサーマルでこれが約1-2割増加したとしても可採年数が約7-15年のびるにすぎず、ウラン資源の節約効果としての意味はほとんどないに等しい。むしろプルサーマルの実施により、熱中性子によりプルトニウム239が中性子を吸収してプルトニウム240になるといった具合に、質量数の大きな核分裂性ではないプルトニウムの同位体が次第に増え（すなわち高次化したプルトニウムが増え）、またウラン燃料よりも多くの超ウラン元素が生成し、プルサーマルの使用済み燃料の再処理における技術的困難の増大、放射性廃棄物の中の超ウラン元素の増大など、核燃料サイクルを進めるうえでさまざまな技術的困難をいっそう抱え込むことになる。

しかもプルトニウムは、非常に放射線毒性の強い物質であると同時に、核兵器に転用可能な物質でもある。すでに政府は、97年2月に異例の閣議了解までしてプルサーマルの実施を決めている。これを受けて電気事業連合会は、2010年度までに合計16-18基でプルサーマルを実施することを決め、その実現をめざしたが4基（福島第一原発3号機は事故により停止）に止まっている。この計画が実現されると、日本はフランスと並ぶ世界有数のプルサーマル実施国となるが、それだけではない。政府と電力会社は、炉心の3分の1をMOX燃料に入れ替える計画だけでなく、炉心すべてをMOX燃料とする（フルモックスという）、世界でも例のない実施計画を立てている。政府と原子力安全委員会は、ウラン燃料を使用する軽水炉の従来の基本的な安全設計を大幅に変更する必要はないという前提で、プルサーマルの実施を進めようとしている。しかし、大量のプルトニウムを含むMOX燃料を使用するプルサーマルに対しては、制御棒の利きが悪くなるなどの炉工学的問題点、燃料破損時や苛酷事故発生時の機器の汚染、作業者の被曝問題、環境への放射能放出問題など、さまざまな点で慎重な検討が必要であると指摘する研究者も多い。

〔野口邦和〕

☞プルトニウムリサイクル、軽水炉、高速増殖炉、同位体存在比、使用済み燃料、再処理、MOX燃料

## プルサーマル計画　　▶ぷるさーまるけいかく

➡プルサーマル

## ブルックヘブン・レポート
　　　　　　　　　　▶ぶるっくへぶん・れぽーと

➡WASH-740

## プルトニウム [plutonium]
　　　　　　　　　　▶ぷるとにうむ

原子番号94、元素記号Pu、周期表の3属の元素の1つ。米国の化学者グレン・シーボーグ（Seaborg,G.T.）らによって1940年12月に発見（合成）されたアクチノイドの5番目の元素として知られ、天然には存在しない元素といわれることもあるが、自然界におこっている核反応によりウラン鉱石中にウランの$10^{-13}$～$10^{-12}$の重量割合で存在する。金属プルトニウムの密度は19.84 g／$cm^3$（20℃）、融点は639.5℃、沸点は

# ふるとにうむし

### ウランの核分裂とプルトニウムの生成・核分裂

●軽水炉の核分裂とプルトニウムの生成

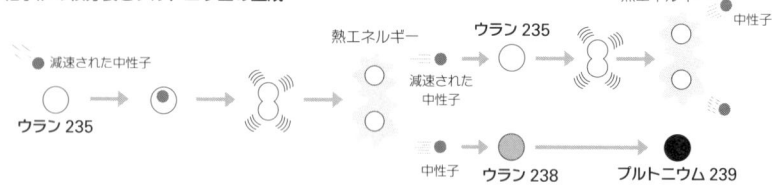

●高速増殖炉の核分裂とプルトニウムの生成（増殖）

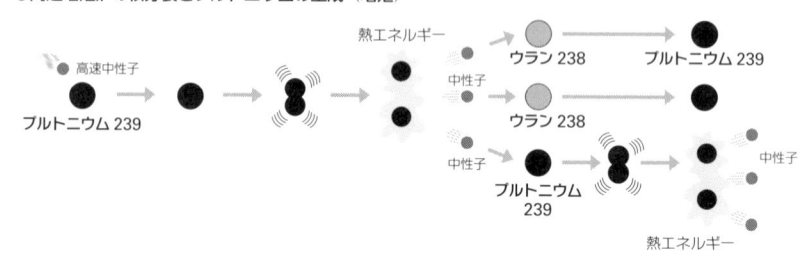

3235℃である。金属プルトニウムは銀白色を呈するが、加熱しなくとも空気中ですぐに酸化し、黒色の酸化プルトニウムになる。粉末状の金属プルトニウムは、加熱しなくとも空気中でまばゆい光を発して燃えるため、その取り扱いには注意を要する。現在までに約20同位体が合成されているが、原子炉でウランを中性子照射する際に生成するプルトニウム同位体は主に5つあり、$\beta$放射体のプルトニウム241以外は$\alpha$放射体である。このうちプルトニウム239は、中性子を吸収して核分裂をおこすことで知られる。高速増殖炉は、ウランとプルトニウムの混合酸化物を核燃料として用いる。ウラン同様にプルトニウムも重金属としての化学毒性を有するが、比放射能（単位質量あたりの放射能の強さ）がウランより数万倍以上も大きく非常に強い放射線毒性を有するため、化学毒性については実際上問題にならないとされている。

〔野口邦和〕

☞アクチノイド、高速増殖炉

## プルトニウム循環方式

▶ぷるとにうむじゅんかんほうしき

➡プルトニウム・リサイクル

## プルトニウム人体実験

[plutonium experiment on human beings]
▶ぷるとにうむじんたいじっけん

1945年から47年、米国でマンハッタン計画（核兵器開発計画）の一環として、余命10年以下と診断された18人の末期疾患患者にプルトニウムが注射さ

れ、人体残留量が測定された人体実験。実験の背景には、40年12月に初めて発見（合成）されたプルトニウムの物理化学的性質が十分に明らかになっていないにもかかわらず、プルトニウム原爆を増産しなければならない米国の事情があった。この実験はテネシー州オークリッジのマンハッタン地区病院、ニューヨーク州ロチェスターのストロング・メモリアル病院、シカゴ大学、カリフォルニア大学サンフランシスコ校で行われたが、当初の診断にもかかわらず、これらの患者のうち7人は10年以上、5人は20年以上生存した。また、その後の調査により、患者の何人かは誤診、あるいは末期疾患患者でもなく健康体の者もいたことがわかっている。18人の患者のうち最高年齢は68歳、大部分は45歳以上であったが、5歳と18歳の未成年患者もいた。インフォームド・コンセント（告知同意）は行われず、患者はプルトニウムを注射されたことさえ知らされなかった。余命10年以下の末期疾患患者を選んだのは、この種の人体実験にありがちな良心の呵責に悩まされることなく、実験者が患者を「消耗品」として無情に取り扱うことができたうえ、患者は早期に死亡することが期待でき、死亡した後の遺体解剖と臓器入手が容易であったからだとされている。まさに非人道的で残虐かつ悪魔的な所業といえる。

この人体実験はずっと秘密にされていたが、86年10月に米国下院小委員会報告書「核のモルモットになった米国人——米国市民に対する放射線実験の30年——」が公表されたことにより、一般の知るところとなった。その後、同報告書の存在を知ったニューメキシコ州アルバカーキ・トリビューン紙のアイリーン・ウェルサム記者が「情報の自由法」に基づいて放射線人体実験に関する資料の公表をエネルギー省（DOE）に請求するとともに、18人の身元調査を行い、5人の身元を突き止めた。ウェルサム記者の調査結果はトリビューン紙に連続特集記事として掲載され、大きな反響を呼んだ。この記事が契機となって旧米国原子力委員会（AEC）が過去にさまざまな人体実験を行っていたことをヘイゼル・オリアリーDOE長官（当時）が認め、大統領直属の放射線人体実験調査委員会が設置された。同調査委員会の報告書は95年10月に公表され、ビル・クリントン大統領（当時）は米国政府が放射線人体実験を行ったことを謝罪した。〔野口邦和〕

## プルトニウム・リサイクル
[plutonium recycle]

▶ぷるとにうむ・りさいくる

発電炉で生成したプルトニウムを再処理により分離し、再び核燃料として利用する方式。プルトニウム循環方式ともいう。軽水炉などの熱中性子炉でプルトニウムを利用することをプルサーマルという和製英語で呼ぶこともある。

日本政府は原子力開発の当初からプルトニウムを高速増殖炉で利用することを核燃料政策とし、使用済み燃料の全量再処理を方針として掲げていた。しかし、高速増殖炉開発が技術的・経済的困難か

## ふろんとえんと

ら世界的に停滞し、わが国でも原型炉「もんじゅ」が1995年12月にナトリウム漏れ・火災事故をおこして運転停止状態にあり、プルトニウム・リサイクルをめぐる状況はなかなか厳しい。こうして使用済み燃料の全量再処理を維持するために持ち出されたのがプルサーマルである。

仮にプルトニウムの資源的価値を一応認めたとしても、その有効利用は高速増殖炉で達成可能であり、軽水炉ではないはずである。なぜなら、使用済み燃料を再処理してプルサーマルでプルトニウム・リサイクルを行ったとしても、ウラン資源の節約はせいぜい1-2割にすぎないからである。プルトニウムを将来の貴重なエネルギー資源と考える立場から、プルサーマルでプルトニウム・リサイクルを行うのはムダであるという意見もある。また、プルトニウム・リサイクルに対しては、それを行う前提として核兵器を廃絶して軍事利用転用の可能性を断ち、そのうえで軽水炉などの高燃焼度の使用済み燃料からプルトニウムを安全に分離する再処理技術の研究・開発とプルトニウムを有効利用できる高速増殖炉の研究・開発をしっかり行うべきであり、それまでは使用済み燃料のまま貯蔵すべきであるという意見もある。　〔野口邦和〕

☞プルサーマル、高速増殖炉

### フロントエンド　▶ふろんとえんど
➡アップストリーム

## へ

### 米国原子力規制委員会
[Nuclear Regulatory Commission：NRC]
　　　　　　▶べいこくげんしりょくきせいいいんかい

原子力の利用について国民の生活の安全、環境の保全、および国の防衛と保安の観点から、1974年に制定された「エネルギー再生法」(Energy Reorganization Act of 1974) に基づいて75年に独立機関として設立された機関。業務の多くは許認可と規制であり、国内の原子炉の許認可、放射線防護、施設の核的安全、放射性物質利用の安全と保安に責任がある。また、放射性物質の輸出入の許認可、国際的な原子力の平和利用活動と国際協力による安全と保安も担当する。〔野口邦和〕

### ベータ線　[beta rays ($\beta$)]
　　　　　　▶べーたせん

放射性核種が壊変する際に放出される放射線の一種。放射性壊変に伴って放出される放射線には$\alpha$壊変の際に放出される$\alpha$線、$\beta$壊変の際に放出される$\beta$線、$\gamma$転移の際に放出される$\gamma$線などがある。$\beta$線は高速度の電子（$\beta$粒子という）の流れで、$\beta$線を放出する放射性核種を$\beta$放射体と呼ぶこともある。$\beta$線には2種類あり、通常の電子すなわち陰電子の流れである$\beta$マイナス（$\beta^-$）線と、プラスの電気を帯びた電子すなわち陽電子の流れである$\beta$プラス（$\beta^+$）線である。$\beta^-$線を放出する$\beta$壊変を$\beta^-$壊変、$\beta^+$

線を放出するβ壊変をβ⁺壊変と呼ぶこともある。β線の透過力は弱く、数mmの厚さのアルミニウム板や約1cmのアクリル樹脂板などにより十分に遮へいできる。したがって、β線による体外被曝で問題になるのは、皮膚や眼の水晶体の被曝である。　　　〔安部恒三〕

☞ガンマ線

## ベクレル [becquerel (Bq)]
▶べくれる

　放射能の強さの単位で、その名称は放射能を発見したフランスの物理学者ベクレル（Becquerel,A.H.）に由来する。1ベクレル（Bq）は、1秒間に1個の原子核が放射性壊変する時の放射能の強さと定義されている。すなわち、1ベクレルは1壊変毎秒である。

$$1 \text{ (Bq)} \equiv 1 \text{ (s}^{-1}\text{)}$$

SI単位で表すと周波数と同じ単位（$s^{-1}$）となるため、特別な名称であるベクレルが放射能の強さに与えられている。放射能の強さを表す旧単位はキュリー（Ci）で、1Ciは370億Bqに等しい。すなわち、

$$1 \text{ (Ci)} = 3.7 \times 10^{10} \text{ (Bq)}$$

である。いうまでもなくキュリーの名称は、「放射能」の命名者であり、かつ放射能の現象に基づいて1898年に未発見の新元素ポロニウム（元素記号Po）とラジウム（同Ra）を発見したキュリー夫人（マリー・キュリー、Curie,M.）に由来する。　　〔野口邦和〕

## 返還固化体 [returned solidified wastes]
▶へんかんこかたい

　日本原燃の六ヶ所再処理工場が運転を開始する（当初は1995年に操業の予定）までの間の経過措置として、日本の電力会社は82年から約10年間にわたって発生する軽水型原発の使用済み燃料3200トンの再処理を、フランスの再処理業者COGEMA（コジェマ、フランス核燃料公社）と英国の再処理業者BNFL（イギリス核燃料公社）に委託する契約を、それぞれ77年9月と78年5月に締結した。その後、追加契約分などを含めた海外再処理委託量は約5600トン（COGEMA約2900トン、BNFL約2700トン）に増加した。東海発電所の改良型コールダーホール炉の使用済み燃料は、日本原子力発電がBNFLと1500トンの再処理委託契約を締結している。再処理により分離された放射性廃棄物は、核燃料として再利用する予定の回収ウランやプルトニウムとともに電力会社に返還されることになっている。返還される放射性廃棄物（返還廃棄物）はほとんどが固形化されているため、返還固化体と呼ばれている。

　返還廃棄物は再処理工程で発生するすべての放射性廃棄物を含み、高レベル廃棄物はガラス固化処理されたガラス固化体としてステンレス製容器（キャニスター）に密封された状態で返還される。ガラス固化体の返還は95年4月から始まり、2009年3月までに計13回、累積で1338本が返還され、青森県六ヶ所村

## へんかんはいき

にある日本原燃の高レベル放射性廃棄物貯蔵管理センターに貯蔵されている。同センターの貯蔵容量はガラス固化体1440本分であり、将来的には2880本分に増設する予定である。なお、日本に返還される予定の低レベル廃棄物（TRU廃棄物を含む）のセメント固化体や雑固体を放射線影響が等しい英国産高レベル廃棄物（ガラス固化体）と等価交換して返還したい旨の提案がBNFLからあり、ガラス固化体であれば返還廃棄物の量と輸送回数が低減し、かつ貯蔵管理施設の規模を縮小できることから、等価交換できるようにするための制度上の検討が総合資源エネルギー調査会電気事業分科会原子力部会などで行われている。

〔野口邦和〕

☞高レベル廃棄物、ガラス固化、キャニスター

### 返還廃棄物　　▶へんかんはいきぶつ
➡返還固化体

### ベント [vent]

格納容器内の気圧を下げるために開放弁による排気を行うこと。1979年3月の米国スリーマイル島原発事故後、シビアアクシデント対策として欧米や日本で採用された。格納容器圧力が高くなり過ぎて破壊すると、格納容器内に存在する大量の放射性物質が放出されてしまう。この最悪の事態を防止するため、ベントをすれば放射性希ガス、放射性セシウム、放射性ヨウ素などの気体または揮発性の放射性物質が放出されるだけですむという考え方に基づく。福島第一原発事故でも第1～3号機で行われた。〔野口邦和〕

# ほ

### 放医研　　▶ほういけん
➡放射線医学総合研究所

### 放影研　　▶ほうえいけん
➡放射線影響研究所

### 崩壊　　▶ほうかい
➡放射線崩壊

### 崩壊熱　　▶ほうかいねつ

放射性核種が自発的に他の核種に変化する放射性崩壊にともなって発生する熱のこと。ウラン235が核分裂すると、100種ほどの核分裂生成物と呼ばれる物質ができる。ほとんどが不安定な放射性物質であり、安定な状態になるまで、ベータ線などの放射線を出しながら崩壊を繰り返し、熱を出し続ける。その熱は核分裂を止めた直後で臨界状態のときの数％であり、したがって核分裂生成物を多く含む使用済み核燃料は、平常時でもプールに入れて数年間、水で冷やし続ける必要がある。〔野口邦和〕

### 防護係数 [protection factor]　　▶ほうごけいすう

原子力発電所などの放射能放出事故や核実験などによって屋外が汚染された時、建物内における線量率に対する建物外における線量率の比をいう。防護係数が大

きくなるほど、建物による放射線の遮へい効果が大きくなる。防護係数にはもうひとつの意味があり、放射線防護用の機材（マスク、手袋、衣服、遮へい板など）を使用しない場合における被曝線量に対する防護機材を使用した場合の被曝線量の比をいう。この場合は、防護係数が大きくなるほど、放射線防護用機材の防護効果（有効性）が大きくなる。たとえば、防護マスクの防護係数が 50 であるとすれば、マスクを使用しない場合に比べてマスクを使用することにより放射性物質の吸入摂取量が 50 分の 1 に低減すること、すなわち体内被曝線量が 50 分の 1 に低減することを意味する。

〔安部恒三〕

☞ 被曝線量、遮へい

## 防災訓練 [disaster prevention training]
▶ぼうさいくんれん

原子力発電所などの原子力施設で大規模な放射能放出事故などが発生した場合を想定し、周辺住民の安全確保を目的として、当該都道府県などの地方自治体が中心となって国（経済産業省、文部科学省、国土交通省）、電力会社、自衛隊、日本赤十字社などが参加して行う大規模な訓練。1999 年 12 月に制定された原子力災害対策特別措置法（原災法）第 13 条に基づいて実施される原子力総合防災訓練で、2000 年から毎年 1 回実施されている。訓練内容には緊急時通信連絡訓練、緊急時モニタリング訓練、住民への情報伝達訓練、住民の退避・避難訓練、緊急時医療活動訓練、交通規制訓練、国の支援を含む外部への対応訓練などが含まれる。全国 21 ヵ所の原子力事業所の近郊に設置されたオフサイトセンター（緊急事態応急対策拠点施設）を対策本部として上記訓練が行われている。

〔安部恒三〕

☞ オフサイトセンター

## 放射化学分析 [radiochemical analysis]
▶ほうしゃかがくぶんせき

環境試料などに含まれる放射性核種の種類や放射能の強さを求めるため、その核種または子孫核種の放出する放射線を測定して行うこと。

たとえば、原子力施設周辺で採取した環境試料中に含まれるストロンチウム 90 の放射化学分析では、試料を財団法人日本分析センターの推奨する環境試料採取法に従って採取・前処理した後、ストロンチウム 90（$^{90}$Sr、半減期 28.74 年）を担体である非放射性ストロンチウムとともにその他の元素と分離する。放射平衡が成り立つまで放置（17-18 日間）し、娘核種であるイットリウム 90（$^{90}$Y、同 64.10 時間）を生成させ、これをストロンチウム 90 から分離してイットリウム 90 の $\beta$ 線を測定し、その放射能の強さからストロンチウム 90 の放射能の強さを求める。このような化学分析を放射化学分析と呼んでいる。日本分析センターの推奨する環境試料採取法に従う理由は、試料採取、前処理の仕方が分析者により異なることによる分析値のばらつきを小さくするためである。

〔安部恒三〕

# ほうしやせいか

☞ベータ線

## 放射性壊変 [radioactive disintegration]
▶ほうしゃせいかいへん

不安定な核種（放射性核種という）が自発的に他の核種に変化すること。放射性崩壊、また単に壊変または崩壊ということもある。α壊変はα線を放出する放射性壊変、β壊変はβ線を放出する放射性壊変、γ転移（γ壊変と呼ぶ場合もある）はγ線を放出する放射性壊変である。
〔安部恒三〕

## 放射性核種
▶ほうしゃせいかくしゅ

核種のうち、放射性壊変する核種をいう。なお、永久的に壊変しない安定な核種を安定核種という。核種とは、原子核の陽子数と中性子数とエネルギー状態によって区別される原子の種類である。壊変（または放射性壊変）とは、ある種の原子核が自発的に別の種類の原子核に変化する性質である。壊変には、アルファ壊変（α壊変）、ベータ壊変（β壊変）、ガンマ壊変（γ壊変）、自発核分裂（SF）の4つがある。壊変の際に、アルファ線を放出する放射性核種を「アルファ放射体」、ベータ線を出す核種を「ベータ放射体」、ガンマ線を出す核種を「ガンマ放射体」と呼ぶ。放射能の強さは、1秒間に何個の放射性核種が別の種類の核種に壊変するかにより表現する。1秒間に1個の放射性核種が別の種類の核種に壊変するとき、放射能の強さは1ベクレルであるという。
〔野口邦和〕

## 放射性希ガス [radioactive noble gas]
▶ほうしゃせいきがす

希ガスとは周期表の第18族元素の総称で、ヘリウム（He）、ネオン（Ne）、アルゴン（Ar）、クリプトン（Kr）、キセノン（Xe）、ラドン（Rn）をさす。そのうち放射性の希ガス核種を便宜的に放射性希ガスと総称している。たとえば、クリプトン85（$^{85}$Kr、半減期10.76年）、キセノン133m（$^{133m}$Xe、同2.19日）、キセノン133（$^{133}$Xe、同5.243日）などが放射性希ガスで、これらの核種は原子力発電所の炉心損傷事故の際に大量に環境に放出されると考えられている。自然界に存在する放射性希ガスとしてはラドン222（$^{222}$Rn、同3.824日）、ラドン220（$^{220}$Rn、同55.6秒）などがある。
〔安部恒三〕

## 放射性降下物 [radioactive fallout]
▶ほうしゃせいこうかぶつ

大気圏内核実験や原子力発電所の炉心損傷事故などにより環境中に放出された放射性核種が地表面に降下したものを、放射性降下物またはフォールアウトという。たとえば、地表近くで行われた核実験の場合、大量の土壌が火球内に取り込まれて上昇し、冷却時に放射性核種を含んだ大きな粒子を形成しやすい。大きな粒子は爆心地から数百km以内の地域に約1日以内に降下することが多く、これを局地的フォールアウト（初期フォールアウト）と呼んでいる。空中爆発の場合、放射性核種は火球とともに対流圏

や成層圏にまで運ばれ、冷却時に小さな粒子を形成しやすい。対流圏に運ばれた放射性核種は、爆心地から数百から数千km以内の地域に数日から数週間ほどで降下することが多く、これを対流圏フォールアウトと呼んでいる。成層圏にまで運ばれた放射性核種は、地球を周回し、数ヵ月、数年から数十年かかってゆっくりと降下する。これを成層圏フォールアウト、または全地球的フォールアウト（グローバル・フォールアウト）と呼んでいる。チェルノブイリ原発事故でも気流に乗った放射性核種が、対流圏フォールアウトとして北半球の全域に降下した。

〔安部恒三〕

## 放射性廃棄物 [radioactive waste]
▶ほうしゃせいはいきぶつ

放射性核種およびその化合物ならびにこれらの含有物を含む廃棄物の総称。核兵器開発など軍事利用分野でも大量の放射性廃棄物を発生するが、核燃料サイクルの各工程や大学などの教育研究機関の放射性核種使用施設からも放射性廃棄物は発生する。放射性廃棄物は、放射能濃度により高レベル廃棄物と低レベル廃棄物に大別される。高レベル廃棄物は崩壊熱が大きいため、強制的に冷却するなど発熱に対する配慮が必要であるのに対し、低レベル廃棄物は崩壊熱が小さいため、発熱に対する配慮は不要である。発生工程で区分し、使用済み燃料の再処理工程で発生する廃棄物を高レベル廃棄物、その他の核燃料サイクルの各工程で発生する廃棄物を低レベル廃棄物と呼ぶ場合もある。使用済み燃料を再処理する場合、使用済み燃料は高レベル廃棄物ではないが、再処理せずに廃棄する場合、使用済み燃料は高レベル廃棄物となる。日本では、高レベル廃棄物はガラス固化体として30-50年ほど冷却貯蔵後、地下300mより深い地中に埋設処分（深地中処分）、低レベル廃棄物は減容、固化（液体の場合）してドラム缶に詰め、浅い地中に埋設処分（浅地中処分）することが計画されている。

〔安部恒三〕

☞使用済み燃料、再処理、ガラス固化、放射性廃棄物の地中処分

## 放射性廃棄物等安全条約
[Joint Convention on the Safety of Spent Fuel Management and on the Safety of Radioactive Waste Management]
▶ほうしゃせいはいきぶつとうあんぜんじょうやく

正式名称は、使用済燃料管理および放射性廃棄物管理の安全に関する条約。1997年9月にIAEA総会で採択され、2001年6月に発効し、2008年6月現在、締約国は日本を含む46ヶ国。使用済燃料や放射性廃棄物の管理の安全を規律する法令上の枠組みを定め、これを締約国に義務づけることにより、使用済燃料および放射性廃棄物の高い水準の管理を世界的に達成・維持することを目的としている。

〔野口邦和〕

## 放射性廃棄物の海洋投棄
▶ほうしゃせいはいきぶつのかいようとうき
➡海洋処分（放射性廃棄物の）

# ほうしゃせいは

## 放射性廃棄物の地層処分
▶ほうしゃせいはいきぶつのちそうしょぶん
➡地中処分（放射性廃棄物の）

## 放射性物質の生物的半減期
[biological half-life]
▶ほうしゃせいぶっしつのせいぶつてきはんげんき

　放射性物質などの特定の物質が人体内に取り込まれる経路には、①飲食物を通して取り込まれる（経口摂取）、②呼吸を通して取り込まれる（吸入摂取）、③皮膚などに傷がある場合は、傷口を通して取り込まれることが考えられる。人体内に取り込まれた特定の物質は、代謝作用によりやがて排泄される。代謝作用により排泄される過程は、経過時間の指数関数で近似的に表すことができる。人体内に取り込まれた特定の物質の量が、代謝作用によりはじめの2分の1に減少する時間を生物的半減期または生物学的半減期という。人体内に取り込まれた放射性物質は、放射性壊変により減少するとともに代謝作用によっても減少する。放射性壊変と代謝作用により全体として人体内で半減する時間を実効半減期または有効半減期という。実効半減期を$T_{eff}$、物理的半減期を$T_p$、生物的半減期を$T_b$とすると、

$$1/T_{eff} = 1/T_p + 1/T_b$$

の関係が成り立つ。　　　　〔野口邦和〕
☞放射性壊変

## 放射性崩壊
▶ほうしゃせいほうかい
➡放射性壊変

## 放射性ヨウ素 [radioiodine]
▶ほうしゃせいようそ

　原子番号53番の元素であるヨウ素の放射性同位体の総称。ただ1つの安定核種からなる元素を単核種元素というが、ヨウ素も単核種元素の仲間である。天然に存在するヨウ素の安定同位体はヨウ素127で、その他のヨウ素の同位体はすべて放射性ヨウ素である。原子力発電所の炉心損傷事故などで環境に放出されやすい放射性ヨウ素は、ヨウ素131（半減期8.021日）、ヨウ素132（同2.295時間）、ヨウ素133（同20.8時間）、ヨウ素129（$1.57 \times 10^7$年）などで、いずれも核分裂生成物である。ヨウ素は、常温では暗紫色の金属光沢をもつ結晶であるが、揮発性であり常温で昇華して気体となる。甲状腺ホルモンにはヨウ素が含まれるため、体内摂取された放射性ヨウ素の20-30％は甲状腺に移行して沈着する。そのため、甲状腺の被曝線量は全身の被曝線量よりもはるかに高くなる可能性がある。これを防ぐため、安定ヨウ素の化合物（ヨウ化カリウムなど）からなるヨウ素剤を、放射性ヨウ素を体内に摂取する直前または直後に服用すると、放射性ヨウ素による甲状腺の被曝線量を低減できるとされている。　　〔安部恒三〕
☞被曝線量

## 放射線
▶ほうしゃせん
➡電離放射線

## 放射線医学総合研究所
[National Institute of Radiological Sciences (NIRS)]
▶ほうしゃせんいがくそうごうけんきゅうじょ

　放射線の人体への影響、放射線による人体の障害の予防、診断および治療ならびに放射線の医学的利用に関する研究開発（研究および開発をいう、以下同じ）などの業務を総合的に行うことにより、放射線にかかわる医学に関する科学技術の水準の向上を図ることを目的に、1957年に科学技術庁所管の国立研究所として設立された。2001年に文部科学省の所管となり、06年から独立行政法人となった。略称は放医研。基盤技術センター、重粒子医科学センター、分子イメージング研究センター、放射線防護研究センター、緊急被ばく医療研究センターを擁し、職員数は11年4月現在で約800人。
〔野口邦和〕

## 放射線影響研究所
[Radiation Effects Research Foundation (RERF)]
▶ほうしゃせんえいきょうけんきゅうしょ

　1975年4月に日米両国政府が共同で管理運営する公益法人（財団法人）として発足し、日本の外務省と厚生労働省が所管する研究所。略称は放影研。放射線影響研究所の前身は、原爆傷害調査委員会（Atomic Bomb Casualty Commission：ABCC）である。1945年9月、広島と長崎で投下された原爆による急性障害について詳しく調査・観察する目的で、米国と日本の専門家による日米合同調査団が発足した。調査団は原爆被爆者の急性障害について調査・観察を行いつつ、原爆放射線の影響に関する長期的な調査・観察が必要であると米国のトルーマン大統領に進言した。この結果、47年3月に米国原子力委員会（AEC）の資金により米国学士院（NAS）が設立したのが原爆傷害調査委員会（ABCC）である。ABCCの目的は、原爆放射線による被爆者の健康影響を長期的に調査することにある。放射線影響研究所（RERF）の設立目的は、同研究所の寄附行為によれば、平和目的の下に放射線の人体に及ぼす医学的影響および疾病を調査・研究し、被爆者の健康維持および福祉に貢献するとともに、人類の保健・福祉の向上に寄与することとされている。
〔安部恒三〕

## 放射線荷重係数
[radiation weighting factor ($W_R$)]
▶ほうしゃせんかじゅうけいすう

　国際放射線防護委員会（ICRP）の1990年勧告で導入された係数で、当該臓器・組織の平均吸収線量（$D_T$、単位Gy）から当該臓器・組織の等価線量（$H_T$、単位Sv）を算出する際に用いられる。すなわち、

　　$H_T = \Sigma\ D_{T,\ R} \times W_R$

である。放射線荷重係数は低線量における確率的影響の生物学的効果比（RBE）を考慮して定められているとされている。放射線荷重係数は、光子（γ線やX線）、電子、ミュー粒子は1、中性子はエネルギーにより細分化され、10keV未満または20MeVを超えるものは5、

# ほうしやせんか

10keV-100keV は 10、100keV-2MeV は 20、2MeV-20MeV は 10、反跳陽子以外の陽子でエネルギーが 2MeV をこえるもの 5、α粒子、核分裂片、重粒子核は 20 などと決められている。

〔安部恒三〕

☞国際放射線防護委員会

## 放射線感受性 [radiosensitivity]
▶ほうしゃせんかんじゅせい

細胞、臓器・組織、生体が放射線を浴びた時、放射線による影響の受け方の度合いを放射線感受性という。例外はあるが一般的な法則としては、細胞分裂の頻度の高いものほど、放射線感受性が高い。将来行う細胞分裂の回数の多いものほど、放射線感受性が高い。形態および機能において未分化のものほど、放射線感受性が高い。臓器・組織ではリンパ組織、造血組織（骨髄、胸腺、脾臓）、生殖腺（卵巣、精巣）、粘膜（腸粘膜など）は非常に放射線感受性が高く、筋肉、脂肪組織、骨、神経組織は放射線感受性が低い。胎児や乳児も放射線感受性が非常に高いことで知られている。

〔安部恒三〕

## 放射線障害 [radiation injury]
▶ほうしゃせんしょうがい

放射線を被曝することによって生体におこる障害の総称。放射線障害の分類としては、被曝した本人に発症する身体的影響、被曝した人の子孫に発症する遺伝的影響に大別される。身体的影響は、障害が発症するまでの期間（潜伏期間という）により急性障害（早期障害）と晩発障害に大別される。被曝後数ヵ月以内に発症するのが急性障害（早期障害）であり、それ以降に発症するのが晩発障害である。急性障害には頭痛、めまい、知覚異常、発熱、興奮、悪心、嘔吐、下痢、食欲不振、不整脈、血圧異常、血球数の減少、皮膚の脱毛・紅斑、不妊などがある。晩発障害には発がん、白内障、悪性貧血、白血病、寿命短縮（老化促進）などがある。

放射線防護分野では、放射線障害を確定的影響と確率的影響に大別している。確定的影響はしきい値があり、被曝線量が高いほど障害の重篤度が重くなる。確率的影響はしきい値がないと考えられ、被曝線量が高くなるほど障害の発生確率が高くなる。確定的影響のしきい値は個人により、同じ個人でも生理学的な状態によりかなり異なり、ある一定の被曝線量を超えないかぎり確定的影響は発症しないとするのはあまりに単純化した考え方であるとする批判もある。

〔安部恒三〕

☞閾値（放射線被曝）、急性障害、晩発障害、被曝

## 放射線障害防止法
▶ほうしゃせんしょうがいぼうしほう

正式名称は、放射性同位元素等による放射線障害の防止に関する法律。1957年制定。放射線同位元素の障害防止のための法律で、放射性同位元素の使用、販売、賃貸、廃棄等の取り扱いと、放射線発生装置の使用および放射性同位元素による汚染物の廃棄その他の取り扱いについて規制する。放射性同位元素の使用者には各種の許可や届出が義務づけられて

# ほうしゃのう

いる他、安全管理のため施設検査や放射線取扱主任者の設置等の定めがおかれている。

## 放射線の遮へい [radiation shield]
▶ほうしゃせんのしゃへい

放射線をさえぎること。放射線の生体遮へいともいう。ひと口に放射線といっても、アルファ線（α線）、ベータ線（β線）、ガンマ線（γ線）、エックス線（X線）、中性子線など多くの種類がある。当然、遮へい材も放射線の種類、すなわち性質に応じて使い分ける必要がある。α線は非常に飛程が短く、紙などの非常に薄い物質で完全に吸収される。β線は最大エネルギーによって異なるが、高エネルギーのβ線といえども約1cmのアクリル樹脂板で完全に吸収される。β線は物質に入射すると、エネルギーの一部を電磁波（X線の一種で制動放射線と呼ばれる）の形で放出する。制動放射線の発生は物質の原子番号が大きくなるほど増大するため、β線の遮へい材にはアクリル樹脂板など低原子番号のプラスチック板が適している。γ線やX線は非常に透過力があるため、鉛、鉄、コンリートなどの物質を遮へい材に用いる。一般に、原子番号が大きく、密度の大きい物質がγ線やX線の生体遮へいに適している。中性子線にはパラフィン、水、ホウ素水などが生体遮へいに適している。金属元素は中性子と核反応して放射性核種を生成するため、中性子線の遮へい材としては適さない。〔野口邦和〕

## 放射線防護 [radiation protection]
▶ほうしゃせんぼうご

放射被曝によって生じうる被害から個人とその子孫、ひいては人類全体および生態系を保護する活動。人間の放射線被曝に限った場合、放射線防護の目的は確定的な有害な影響を防止し、確率的影響の発生確率を容認できると思われるレベルにまで制限することである。また、放射線被曝を伴う行為が確実に正当であるとされるようにすることである、と国際放射線防護委員会（ICRP）は勧告している。放射線防護の理論と実践についての科学分野を放射線防護学または保健物理学（health physics）と呼んでいる。

〔安部恒三〕

☞被曝、国際放射線防護委員会

## 放射能 [radioactivity]
▶ほうしゃのう

本来の放射能の定義は、放射性核種が自発的に放射性壊変を行う性質や現象のことである。放射能の強さを表す単位がベクレル（Bq）で、1ベクレルは1壊変毎秒と定義されている。また、放射能という用語は、本来の放射能の強さという意味で用いられることもある。たとえば、「コバルト60線源の放射能は10万Bqである」という場合の放射能は、放射能の強さという意味で用いられている。一方、マス・メディアでは放射性核種、放射性物質という意味で放射能という用語が用いられることが多い。たとえば、「チェルノブイリ原発事故で放射能が飛

# ほうしゃのうお

来して降下した」という場合の放射能は、放射性核種や放射性物質という意味で用いられているはずである。放射能という用語を、本来的な定義どおり使うのは当然である。また、放射能という用語を、放射能の強さの意味で使うことも許される。しかし、放射性核種や放射性物質という意味での放射能の使い方は混乱を招きやすいので、可能ならば避けるほうがよい。なお、放射線の意味で放射能という用語が用いられることもある。たとえば、「放射線を浴びる」という意味で「放射能を浴びる」という場合である。放射線と放射能は本来的に異なる概念であり、この使用方法は避けるほうがよいというより間違いであり、避けなければならない。　　　　　　　　　〔安部恒三〕

☞放射性壊変、ベクレル

## 放射能汚染 [radioactive contamination]
▶ほうしゃのうおせん

放射性核種、その化合物ならびにこれらの含有物が人体内外面、衣服、機材などの表面に付着している状態。放射能汚染に限らず、外面付着した物質は時間をおかずに洗浄すれば除去できる。放射能汚染についても同様で、汚染を除去(除染という)したければ、汚染後直ちに水で洗うこと、水よりもお湯を用いて洗うほうが除染できること、さらに中性洗剤、せっけんなどの洗剤を用いれば、より一層除染できる。人の皮膚には使うことはできないが、ガラス製品などの除染には、中性洗剤、せっけんの他に、濃塩酸、濃硝酸、リン酸、クエン酸、クエン酸アンモニウム、EDTAなどの錯形成剤も用いられている。　　　　　　　　　〔野口邦和〕

☞除染

## 放射平衡 [radioactive equilibrium]
▶ほうしゃへいこう

地球環境的な放射平衡とは太陽熱の地球への入射量と地球の宇宙空間への放熱量が等しい状態をいう。放射化学的な意味での放射平衡とは、長半減期の親核種が放射性壊変して短半減期の娘核種が生成する場合、親核種と娘核種の半減期をそれぞれ $T_1$ および $T_2$ とする時、時間が十分に経過すると、娘核種が見かけ上、親核種と同じ半減期で壊変するようになることをいう。放射平衡には過渡平衡と永続平衡があり、前者の場合は $T_1$ が $T_2$ より大の時、後者の場合は $T_1$ が $T_2$ よりはるかに大の時に成り立つ。永続平衡状態では、娘核種の放射能が親核種の放射能と等しくなり、親核種と同じ半減期で壊変するようになる。なお、永続平衡状態が成り立つまでに要する時間は娘核種の約6.64倍である。たとえば、ストロンチウム90($^{90}$Sr、半減期28.74年)が $\beta$ 壊変してイットリウム90($^{90}$Y、同64.10時間)が生成する場合、たとえ初めストロンチウム90($^{90}$Sr)しか存在していなかったとしても、やがてはイットリウム90($^{90}$Y)が生成し、約426時間(64.10×6.64)経過すると、イットリウム90($^{90}$Y)はストロンチウム90($^{90}$Sr)の放射能と等しくなり、ストロンチウム90($^{90}$Sr)の半減期で壊変するようになる。　　〔安部恒三〕

☞放射性壊変

## ホールボディカウンタ
[whole body counter]
▶ほーるぼでぃかうんた

体内に沈着している放射性核種や放射性物質から放出されるγ線を人体の外側から計測する装置。ホールボディカウンタ（全身カウンタ）またはヒューマンカウンタと呼ばれている。人体を透過して体外に出てくる放射線としてはγ線しかないため、α放射体やβ放射体で体内が汚染されている場合には、ホールボディカウンタを利用することができない。ただし、α壊変やβ壊変に伴ってγ線が放出される場合には、ホールボディカウンタを利用することができる。体内被曝の度合い、体内被曝線量を評価する際に用いられている。 〔安部恒三〕

☞ガンマ線、体内被曝、被曝線量

## 保健物理学
▶ほけんぶつりがく
➡放射線防護

## 保障措置（国際原子力機関）
[safeguards]
▶ほしょうそち（こくさいげんしりょくきかん）

国際原子力機関（IAEA）の保障措置とは、核兵器不拡散条約（NPT）、IAEA憲章などの核兵器不拡散に関する枠組みの中で、非核兵器国の原子力が平和利用から核兵器開発などの軍事利用に転用されることを防止する目的で、IAEAがその国の原子力活動に適用する検証制度のことである。保障措置の目標は、「有意量の核物質が平和的な原子力活動から核兵器その他の核爆発装置の製造のため又は不明な目的のために転用されることを適時に探知すること及び早期探知の危惧を与えることによりこのような転用を抑止すること」とされている。 〔安部恒三〕

☞国際原子力機関

## ホットパーティクル [hot particle]
▶ほっとぱーてぃくる

直訳すれば放射能を有する微粒子という意味であるが、通常はα放射体からなる微粒子。1965年10月、米国コロラド州にあるロッキーフラッツ核施設のプルトニウム製造工場でプルトニウムの火災事故があり、25人の労働者が二酸化プルトニウム（$PuO_2$）のエアロゾル粒子を吸入摂取した。ロッキーフラッツ核施設の労働者のプルトニウム微粒子による肺がんの危険性を重視し、74年に米国のタンプリン（Tampline、A.T.）らが唱えたのがホットパーティクル説である。直径 0.7 μmで周辺細胞に年10シーベルト（Sv）の被曝を与えるようなα放射体からなる微粒子をホットパーティクルとタンプリンは定義し、プルトニウムの吸入摂取限度を11万5000分の1に低減するよう提唱した。タンプリンの提唱に対してはベアー、ヒーリーらによる反論が発表され、ホットパーティクル論争として知られている。ロッキーフラッツ核施設の労働者に加え、ロスアラモス研究所の労働者らについてもプルトニウムと肺がん発生について因果関係が調査されているが、タンプリンらのホットパーティクル説に対しては否定的な見

## ほつとはーてい

解が多い。また、例数が少なくて統計解析が難しいという問題もある。なお、国際放射線防護委員会（ICRP）は、ホットパーティクルによる不均等被曝よりも多数の細胞が放射線照射を受ける均等被曝のほうがより危険であると考え、均等被曝について考察している。　〔安部恒三〕

# ま行

## マグノックス炉 [magnox reactor]
▶まぐのっくすろ

核燃料の被覆材にマグネシウム合金の一種であるマグノックスを用いたガス冷却炉。マグノックスは、マグネシウムにごく少量のアルミニウムやベリリウムなどを加えた合金である。英国で研究開発された改良型コールダーホール炉（天然ウラン燃料・黒鉛減速・炭酸ガス冷却型の原子炉）の核燃料の被覆材に使われているのがマグノックスで、マグノックス炉といえば改良型コールダーホール炉と考えてよい。1998年3月に営業運転を終了し、現在、原子炉の廃止措置工事を行っている日本原子力発電東海発電所の原子炉も改良コールダーホール炉である。なお、マグノックスの名称は、酸化しないマグネシウム（Magnesium non-oxidising）という英名に由来する。

〔安部恒三〕

☞コールダーホール炉

## マンガン54 [manganese-54 ($^{54}$Mn)]
▶まんがん54

元素の一種であるマンガンは、原子番号25、質量数55（すなわち中性子数30）の安定核種からなる単核種元素である。マンガンの放射性同位体であるマンガン54は、原子番号25、質量数54（すなわち中性子数29）の核種で、半減期312.1日で$\beta$壊変の一種である軌道電子捕獲をして安定核種クロム54（$^{54}$Cr）になる。マンガン54は鉄54（$^{54}$Fe）の中性子反応、すなわち

$$^{54}Fe\,(n,p)\,^{54}Mn$$

により生成する。原子力発電所でも、配管などから一次冷却水中にわずかながら溶出した鉄が炉心を通過する時に中性子照射され、マンガン54が生成する。沸騰水型軽水炉（BWR）では、かつてはコバルト60とともにマンガン54が水垢となって冷却水の配管を通じて発電所内の広範な系統に沈着し、近傍で作業を行う労働者に$\gamma$線の被曝を与えた。しかし、一次冷却水から不純物を除去する水質管理が徹底されるようになった現在では、コバルト60やマンガン54による被曝は少なくなっている。

〔安部恒三〕

## 慢性被曝 [chronic exposure]
▶まんせいひばく

放射線被曝は、被曝する時間の長さによって急性被曝と慢性被曝に大別される。短期間に被曝するのが急性被曝で、事故などによる被曝はその例である。一方、長期間にわたって被曝するのが慢性被曝で、放射線職業人の被曝がその例である。慢性被曝は、比較的低い線量を連続して繰り返し被曝する場合と言い換えてもよい。一般的に、同じ線量の被曝であれば、慢性被曝のほうが急性被曝よりも影響の程度が小さいと考えられ、これを線量率効果という。線量率効果があるのは、長期間にわたる被曝の間に、細胞内に生じた放射線損傷の修復がおこるからであると考えられている。

〔安部恒三〕

☞被曝

# もつくすねんりょ

## 世界のMOX燃料加工施設

(2010年10月現在)

| 国名 | 設置者 | 設置場所（施設名） | 設備能力（トン・HM*/年） | 操業開始年 | 製品 |
|---|---|---|---|---|---|
| フランス | AREVA NC | マルクール（MELOX） | 195 | 1995 | LWR燃料 |
| ベルギー | FBFC | デッセル（FBFC MOX工場） | 100 | 1997 | PWR、BWR燃料 |
| イギリス | NDA | セラフィールド（SMP） | 72 | 性能確認中 | LWR燃料 |
| 日本 | (独)日本原子力研究開発機構（JAEA） | 東海村（プルトニウム燃料第三開発室） | 5 | 1988 | FBR燃料 |
| 日本 | 日本原燃株式会社（JNFL） | 六ヶ所村（JMOX 燃料工場） | 130 | 2016 | PWR、BWR燃料 |
| ロシア | VI Lenin Research Institute of Nuclear Reactors(Niiar) | ディミドログラード | 1 | 1975 | FBR燃料 |
| ロシア | Mayak Production Association | チェリアビンスク（PAKET） | 0.5 | 1980 | FBR燃料 |

＊ HM:MOX中のプルトニウムとウランの金属成分の重量

## メルトダウン

➡炉心溶融

## MOX燃料 [MOX fuel]

▶もっくすねんりょう

Mixed-Oxide fuelに由来する用語で、混合酸化物燃料ともいう。2種類以上の核分裂性物質の酸化物からなる核燃料で、通常は二酸化ウラン（$UO_2$）と二酸化プルトニウム（$P_uO_2$）を混合・焼結したペレット状の核燃料をいう。そのため、MOX燃料をウラン・プルトニウム混合酸化物燃料ということもある。MOX燃料は通常、高速増殖炉用の核燃料（炉心燃料）として用いられる。天然ウランの有効利用のためには再処理によって回収したプルトニウムを高速増殖炉で使うほうが望ましいが、フランスや日本を中心に進められてきた高速増殖炉開発は技術的困難に突きあたり、その実用化は2050年以降になる見通し（2005年10月決定の原子力政策大綱による）である。そのため現在、高速増殖炉の実用化までの「つなぎ」として軽水炉でMOX燃料を使うことが日本政府および電力会社により進められている。　　〔野口邦和〕

☞高速増殖炉，原子力政策大綱

## モナザイト [monazite]

▶もなざいと

トリウム（Th）鉱石の一種。モナズ石ともいう。トリウムとともに希土類元素のセリウム（Ce）、ランタン（La）、ネオジム（Nd）を主成分とするリン酸塩鉱物。トリウムは原子番号90、質量

数 232（すなわち中性子数 142）の放射性核種からなる単核種元素である。トリウム 232 は半減期 $1.405 \times 10^{10}$ 年でアルファ（α）壊変し、トリウム系列を構成する親核種（始祖核種）である。そのため、モナザイトにはトリウム 232 をはじめ、多数のトリウム系列の放射性核種が存在する。モナザイトが水や風により浸食されて砂状になり、海浜や河床などに堆積したものをモナズ砂（monazite sand）という。自然放射線が非常に高いことで知られるブラジルのガラパリ（Guarapari）はモナザイト鉱石地帯、インド南西部のケララ州の海岸はモナズ砂地帯である。〔安部恒三〕

☞トリウム、トリウム系列

## モナズ石　　　　　　　　▶もなずいし

➡モナザイト

## もんじゅ　　　　　　　　▶もんじゅ

　福井県敦賀市にある独立行政法人日本原子力研究開発機構の高速増殖炉（FBR）の原型炉。熱出力は 71 万 4000kW、電気出力は約 28 万 kW で、冷却剤は金属ナトリウム、核燃料は MOX 燃料を用いている。「もんじゅ」の名称は仏教の文殊菩薩に由来する。高速中性子を利用して消費した核燃料以上のプルトニウムを新たに生成し、増殖比は約 1.2 とされている。「夢の原子炉」のふれ込みで開発が進められたが、高速増殖炉の研究開発で最も進んでいると考えられたフランスも技術的経済的な理由により現在は開発をやめており、高速増殖炉開発をめぐる見通しは国際的にも決して明るいものではない。「もんじゅ」は、1994 年 6 月に初臨界を達成した。95 年 12 月に二次冷却系ナトリウム主配管に設置されていた温度計のさや管が破損（原因は設計ミス）し、冷却材のナトリウム漏れ火災事故をおこした。事故後、「もんじゅ」を所有していた動力炉・核燃料開発事業団（当時）が情報の意図的な改ざんを組織的に行ったために国民の信頼を失い、2011 年 8 月現在にいたるまで運転停止状態にある。1979-95 年までの「もんじゅ」建設費の総額は約 5734 億円、同期間中の高速増殖炉開発関連の予算を加えると、総額で約 8480 億円となる。その後も、毎年約 100 億円の費用を消費している。日本原子力研究開発機構（JAEA）は 09 年春に「もんじゅ」の運転再開を予定している。なお、85 年 9 月、周辺住民 40 人が動燃を相手取り、「もんじゅ」の設置許可処分の無効確認と建設・運転差し止めを求める行政訴訟をおこした。05 年 5 月、最高裁は「もんじゅ」の設置許可を有効とする判決を下し、国が勝訴した。

〔安部恒三〕

☞高速増殖炉

# や行

## 有意量 [significant quantity (SQ)]
▶ゆういりょう

　有意量とは、国際原子力機関（IAEA）の保障措置に定義されている用語で、1個の核爆発装置の製造の可能性を排除できないと考えられる保障措置上の核物質のおおよその量をいう。有意量を例示すると、プルトニウム（元素全体で）8kg、ウラン233（同位体全体で）は8kg、濃縮度20％以上の濃縮ウランはウラン235として25kg、濃縮度20％未満のウラン（天然ウランおよび劣化ウランを含む）はウラン235として75kg、トリウム（元素全体で）は20トンと定められている。IAEAの査察目標の主なものは、報告されない中性子照射によって生成したプルトニウムのような特殊核分裂物質および有意量（SQ）の核物質の転用を、混合酸化物の新燃料については3ヵ月以内、低濃縮の新燃料については12ヵ月以内、使用済み燃料については12ヵ月以内に探知できることであるとされている。　　　　　　〔安部恒三〕

☞保障措置、国際原子力機関

## ユーラトム
[european atomic energy communities (EURATOM)]
▶ゆーらとむ

　「原子力産業の迅速な確立及び成長に必要な条件を創出することにより、加盟国における生活水準の向上及び他の国との関係の発展に貢献すること」を目的に設立された欧州連合の一機関。欧州原子力共同体と訳されている。加盟国は15ヵ国。1958年1月に当初の加盟国であったフランス、西ドイツ、イタリア、ベルギー、オランダ、ルクセンブルクの6ヵ国が調印したローマ条約（ユーラトム設立条約）によって設立された。73年にユーラトムは国際原子力機関と核兵器不拡散条約（NPT）に基づく保障措置協定を締結した。ユーラトム共同研究センターにはイタリアのイスプラ研究所、オランダのペテン新素材研究所、ベルギーのゲール標準物質・測定研究所、ドイツのカールスルーエ超ウラン元素研究所などの研究施設がある。　　〔安部恒三〕

## 溶解残渣 [hull]
▶ようかいざんさ

　使用済み燃料の再処理法として、現在最も広く利用されているのは湿式再処理法のピューレックス法である。軽水炉燃料をピューレックス法で再処理する場合には、燃料棒のせん断、硝酸による溶解、清澄、溶媒抽出による共除染（ウランとプルトニウムを核分裂生成物から分離）、溶媒抽出によるウランとプルトニウムの分離・精製、ウランの脱硝、プルトニウム溶液の蒸発濃縮などの工程からなる。せん断した燃料を硝酸で溶解した後に残る不溶解性の被覆材残渣が溶解残渣で、ハルと呼ばれることもある。軽水炉の場合、使用済み燃料1トンあたり約$0.24m^3$（約270kg）の溶解残渣が生成する。溶解残渣には非常に強い誘導放射能があり、高レベル廃棄物として取り扱われている。　　　　　　　〔安部恒三〕

☞高レベル廃棄物、使用済み燃料、再処理

## 溶解槽 [dissolver]

▶ようかいそう

化学薬品を使って物質を溶解する容器を意味する。再処理工程ではせん断した使用済み燃料を硝酸で溶解する容器をいう。溶解槽は、沸騰する熱硝酸に対する腐食抵抗性の強い材料（高ニッケル・クロム不銹鋼、ジルコニウムなど）が使われている。溶解槽には回分式と連続式があり、連続式にはフランスで開発された水車型、米国で開発された回転ドラム型、英国で開発されたパルス型があり、六ヶ所再処理工場ではフランスで開発された水車型が採用されている。〔安部恒三〕

☞使用済み燃料、再処理

## ヨウ素131 [iodine-131 ($^{131}$I)]

▶ようそ131

元素の一種であるヨウ素は、原子番号53、質量数127（すなわち中性子数74）の安定核種からなる単核種元素である。ヨウ素の放射性同位体であるヨウ素131は、原子番号53、質量数131（すなわち中性子数78）の核種で、半減期8.021日で$\beta$壊変（詳しくは$\beta$マイナス壊変）して安定核種キセノン131になる。ヨウ素131はウランの核分裂によって生成し、核分裂収率（核分裂により生成する割合）が高く、揮発性であるため、原子炉の炉心損傷事故の際には環境に放出されやすい核種として知られている。また、体内に摂取すると、摂取量の約20-30％が選択的に甲状腺に移行して濃縮されるため、甲状腺被曝との関係で非常に重要な放射性核種であることでも知られている。原子炉の炉心損傷事故で問題となる放射性ヨウ素は、ヨウ素131の他にはヨウ素132（半減期2.295時間、ただし親核種である半減期3.204日のテルル132と放射平衡となっていることが多い）、ヨウ素133（半減期20.8時間）などであり、再処理工場の放射能放出事故で問題になるのは、主にヨウ素129（同 $1.57 \times 10^7$ 年）である。〔安部恒三〕

## ヨウ素剤 [stable iodine pill]

▶ようそざい

安定ヨウ素からなる錠剤。原子力発電所の炉心損傷事故などで大量の放射性ヨウ素が環境に放出された場合、ヨウ素131などの放射性ヨウ素は体内に摂取されると約20-30％が甲状腺に移行して蓄積されるため、甲状腺に非常に高い被ばく線量を与えることがわかっている。放射性ヨウ素による甲状腺の被曝線量を低減させるためには、あらかじめ放射性ヨウ素を体内摂取する直前または直後にヨウ素剤を服用すると放射性ヨウ素の甲状腺への移行が抑えられ、有効であると考えられている。ヨウ素剤としてはヨウ化カリウム（KI）やヨウ素酸カリウム（KIO$^3$）があるが、日本では薬事法でヨウ化カリウムが認められている。

ヨウ素剤投与の判断基準としては、予測全身被ばく線量が5mSv以下または予測甲状腺被ばく線量が50mSv以下ではヨウ素剤投与の必要はなく、予測全身被曝線量が50mSv以上または予測甲状

腺被曝線量が 500mSv 以上ではヨウ素剤投与が必要である。これらの中間の被曝線量では、状況により判断するものとされている。

投与量は、乳児は初回 50mg、その後は 1 日ごとに 50mg 服用する。その他の者は初回 100mg、その後は 1 日ごとに 100mg 服用する。なお、放射性ヨウ素の摂取が予想される直前または数時間前から直後までが最も有効と考えられ、国際放射線防護委員会（ICRP）によれば、「ヨウ素 131 の単一摂取の後 6 時間目の投与でさえ、潜在的な甲状腺線量を約 2 分の 1 に減らすことができる」が、「投与が遅れて摂取の 1 日後になると、減少はほとんど期待できない」という。

ヨウ素剤を効果的に服用できるか否かは、事故発生者側が必要な事故情報をいかに迅速に公表するか、政府の原子力災害現地対策本部や地方自治体の災害対策本部などが連携していかに迅速に指示するか、ヨウ素剤投与を必要とする住民がいかに迅速に服用できるかにかかっているといえる。〔安部恒三〕

☞ ヨウ素 131、被曝線量、シーベルト

## 溶融塩炉 [molten salt reactor]
▶ようゆうえんろ

溶融塩は溶融して液体になった塩類、溶融塩炉は溶融塩にウランやプルトニウムなどの核燃料物質を溶解させて液体燃料とし、ポンプで溶融塩を原子炉と一次系熱交換器の間を循環させ、原子炉内で発生した核分裂エネルギーに起因する熱エネルギーを発電などに利用する原子炉である。核燃料は冷却材としての溶融塩と一体となって循環するので、運転しながら新しい燃料の補給が可能で、燃料処理系を設ければ核分裂生成物の連続的除去ができる。核分裂性物質ウラン 233 の親物質であるトリウムをウランなどといっしょに溶融塩とすれば、核燃料を消費しつつ、新たに核燃料物質ウラン 233 を生成させることができ、かつ核兵器に転用可能なプルトニウムを生成しないことから、トリウム・サイクルを利用する溶融塩炉は将来の有望な原子炉の 1 つと考えられている。〔安部恒三〕

☞ 原子炉、冷却材、トリウム・サイクル

# ら行

## ラ・アーグ再処理工場
[La Hague reprocessing plant]
▶ら・あーぐさいしょりこうじょう

　フランスの巨大原子力企業グループであるアレバ社の所有するラ・アーグ再処理工場は、ノルマンディー地方コタンタン半島にある。ラ・アーグ再処理工場は、軽水炉用の低濃縮ウラン燃料の再処理を行っており、UP2-800（1994年に操業）とUP3（1989年に操業）からなる。UP2-800とUP3はそれぞれ年間800トンUと1000トンUの処理能力で設計されているが、両工場を合わせた処理能力は公称年間1700トンU以下とされている。このうちUP3は海外からの再処理受託用で、主として日本とドイツから委託されていたが、日本との契約はすでに終了している。ラ・アーグ再処理工場は、かつてフランス核燃料公社コジェマ（COGEMA）社が所有していた。フランスの原子力事業は、かつては発電所の建設などをフラマトムANP社、発電をフランス電力（EDF）、再処理事業など核燃料サイクルをコジェマ社が行っていた。しかし、2001年に国際競争力の強化を目的としてフランス原子力庁を主要株主とした持ち株会社であるアレバ社が設立され、フラマトムANP社とコジェマ社はその傘下に入り、現在にいたっている。　　　　　　　〔安部恒三〕

☞再処理工場

## ラジウム [radium (Ra)]
▶らじうむ

　原子番号88、元素記号Ra、周期表の2族の元素の1つ。周期表の2族の元素のうちカルシウム（元素記号Ca）、ストロンチウム（Sr）、バリウム（Ba）、ラジウム（Ra）の4元素をアルカリ土類金属というが、ラジウムはアルカリ土類金属元素の1つでもある。ラジウムは銀白色の金属で、融点は700℃、沸点は1140℃である。バリウムと化学的性質がよく似ており、原子価は2価で、水と反応して水素を発生し、水酸化ラジウム（$Ra(OH)_2$）となる。空気中で容易に酸化され酸化ラジウム（RaO）となる。密度は5 g／$cm^3$とされている。安定同位体はなく、放射性同位体からなる元素である。

　ラジウムは、1898年12月にピエール・キュリー（Curie,P.）、マリ＝キュリー（Curie,M.S.）の夫妻らによってウラン鉱石の中から分離・発見された。キュリー夫妻らが実際に分離・発見したのは半減期$1.60 \times 10^3$年のラジウム226であり、計算上はウラン鉱石中のウラン1kgあたりにラジウム226が0.34mg含まれる勘定になる。放射能が非常に強く、つねに多数の放射線を放出していたため、放射線を意味するラテン語のレイディウス（radius）にちなんで命名された。ラジウム226はα壊変して半減期3.824日のラドン222になる。現在の放射能の強さの単位はベクレル（Bq）であるが、かつては1gのラジウ

# らすむっせん

ム226の有する放射能の強さを基準にしていた。通常ラジウムというと、元素としてのラジウムをさすほかに、ラジウム226をさす場合もある。放射線照射装置や人工放射線源がない時代には医療用照射線源として利用されていたが、現在では放射線測定器の校正用線源以外の用途はほとんどない。〔安部愷三〕

☞ベクレル

## ラスムッセン・レポート

▶らすむっせん・れぽーと

➡ WASH-1400

## ラドン [radon (Rn)]

▶らどん

原子番号86、元素記号Rn、周期表の18族(希ガス)の元素の1つ。無色無臭の気体で、1900年にドイツのドルン(Dorn,F.E.)によってラジウム226の壊変生成物の中から発見された。安定同位体はなく、放射性同位体からなる元素である。ラドンの融点は-71℃、沸点は-61.7℃で、密度は$9.73 \text{ g}/\text{cm}^3$とされている。ラドンの同位体の中で最も長い半減期を有するのはラドン222で、その半減期は3.824日である。通常ラドンというと、元素としてのラドンをさす他に、ラドン222をさす場合もある。ラドン222はウラン系列に所属する放射性核種であり、深井戸水中のラドン222濃度の変化は大地震を予知できる可能性があるとして、大地震のおこることが予想されている東海地方などでラドン222の測定・監視が行われている。〔安部愷三〕

## リスク係数 [risk factor]

▶りすくけいすう

国際放射線防護委員会(ICRP)が1977年勧告の中で提示した考え方で、放射線による確率的影響に対して、1シーベルト(Sv)あたりに発生する各臓器・組織の致死がんおよび子孫に現れる重篤な遺伝的障害の誘発の推定見込み数をいう。リスク係数は、厳密な放射線生物学的な数値という性格のものではなく、放射線防護の目的のために単一の数値として概括的に示されたものであり、本来は人種、性、年齢および個人の生理学的状態などによりかなり異なり、大きな幅をもったものであることを忘れるべきではない。

なお、国際放射線防護委員会(ICRP)の90年勧告の中でリスク係数は確率係数(probability coefficient)と名称変更された。90年勧告では、全年齢からなる集団と放射線職業人の集団についてそれぞれ確率係数が与えられているが、全年齢集団の致死がんの確率係数(単位$Sv^{-1}$)を記すと、膀胱$30 \times 10^{-4}$、骨髄$50 \times 10^{-4}$、骨表面$5 \times 10^{-4}$、乳房$20 \times 10^{-4}$、結腸$85 \times 10^{-4}$、肝臓$15 \times 10^{-4}$、肺$85 \times 10^{-4}$、食道$30 \times 10^{-4}$、卵巣$10 \times 10^{-4}$、皮膚$2 \times 10^{-4}$、胃$110 \times 10^{-4}$、甲状腺$8 \times 10^{-4}$、残りの臓器・組織$50 \times 10^{-4}$、合計$500 \times 10^{-4}$、全年齢集団の重篤な遺伝的障害の確率係数(単位$Sv^{-1}$)は$100 \times 10^{-4}$である。

〔安部愷三〕

☞シーベルト、放射線防護

## 立地基準 [siting criterion]
▶りっちきじゅん

　原子力発電所の立地基準としては、原子炉立地審査指針がある。この指針は、電力会社による原子炉設置許可申請後に、陸上に定地する原子炉の設置に先だって原子力安全委員会が行う安全審査の際に、万一の事故を想定して、立地条件の適否を判断するためのものである。指針によれば基本的目標は、重大事故の発生を仮定しても周辺住民に放射線障害を与えないこと、仮想事故の発生を仮定しても周辺住民に著しい放射線災害を与えないこと、仮想事故の場合にも国民全体の遺伝線量（生殖腺線量に、被曝した個人が将来つくる子どもの数を乗じた線量を遺伝線量という）に対する影響が十分小さいこと、である。具体的には、①重大事故の場合、全身0.25シーベルト（Sv）、甲状腺（小児）1.5Svの被曝を受ける距離までを非居住区域（exclusion area）とすること、②仮想事故の場合、全身0.25Sv、甲状腺（成人）3Svの被曝を受ける距離までを低人口地帯（low population zone）とすること、③人口密集地から一定の距離だけ離れていること、である。③については、外国の例として、指針は「たとえば2万人・Sv」というめやす線量を示している。

〔野口邦和〕

☞仮想事故、原子炉の重大事故

## 粒子加速器
▶りゅうしかそくき

→加速器

## 臨界 [criticality]
▶りんかい

　核分裂による連鎖反応が継続している状態を臨界状態という。核燃料物質は、核分裂性物質の量、形状、中性子に対する条件が整うと、核分裂の連鎖反応が起こる。この核燃料物質は中性子が当たると核分裂を起こす性質があり、核分裂に伴って2～3個の新たな中性子が発生する。この中性子が別の核燃料物質に当たり、次々に核分裂を起こすが、臨界状態では核分裂によって発生する中性子数と核燃料物質などに吸収されたりして消失する中性子数が均衡状態となる。一方、核燃料施設では、臨界が起こらないように、核燃料物質の取扱い量を制限したり、容器などの形状を工夫し臨界管理を行っている。

〔野口邦和〕

## 臨界事故 [criticality accident]
▶りんかいじこ

　ウランやプルトニウムなどの核分裂物質が、予期しない原因で核分裂連鎖反応をおこし、制御不能の状態になること。もともと核分裂連鎖反応がおこることを計画していない臨界事故では、十分な遮へいがないため、核分裂連鎖反応の結果として生ずる中性子線やγ線が事故現場にいる労働者に致死的な被曝線量を与える可能性がある。また、核分裂生成物などを閉じ込める構造がないため、核分裂生成物などの放射性物質が環境に漏れ出る可能性もある。臨界事故のおこる可能性のある施設としては、濃縮ウランやプ

# りんかいりょう

ルトニウムなどを大量に取り扱っている核燃料施設、特に濃縮ウランやプルトニウムを溶液状態で取り扱う再処理工場があげられる。溶液状態の下で速中性子は効率よく減速して核分裂をおこしやすい熱中性子になるため、濃縮ウランやプルトニウムの臨界量は固体状態の場合よりずっと小さくなるからである。

日本でおこった臨界事故としては1999年9月末に茨城県東海村JCO臨界事故がある。この事故では3人の労働者が急性障害となる被曝をし、このうち2人が亡くなった。世界全体では1945年以降22件の臨界事故が発生していると報告されている。この他、北陸電力志賀原子力発電所1号機など沸騰水型軽水炉でも定期点検中に制御棒が脱落し、想定外の臨界状態になる事故がおこっている。　　　　　　〔安部恒三〕

☞被曝線量、再処理工場、東海村JCO臨界事故

## 臨界量 [critical mass]
▶りんかいりょう

核分裂連鎖反応を持続するために必要な核分裂物質の最小質量。臨界質量ともいう。臨界量は、核分裂性物質の種類や純度、密度、幾何学的配置、材料構成などの条件により大きく異なる。たとえば核分裂性物質の純度が高いほど、中性子が核分裂をおこさずに不純物と反応する確率が小さくなり、臨界量は小さくなる。また、核分裂性物質の密度が大きいほど、中性子が次の核分裂をおこすまでに走る平均距離が短くなり、臨界量は小さくなる。爆縮により技術的に密度を大きくすることをしない、通常の密度における臨界量を例示すると、反射体なしのウラン235は49kg、反射体として厚さ10cmのベリリウムを配置したウラン235は14kg、反射体として厚さ10cmの天然ウランを配置したウラン235は18kg、反射体なしのプルトニウム239は12.5kg、反射体として厚さ5.2cmのベリリウムを配置したプルトニウム239は5.4kg、反射体として厚さ5cmの天然ウランを配置したプルトニウム239は6.4kgとされている。
〔安部恒三〕

## ルテニウム [ruthenium (Ru)]
▶るてにうむ

原子番号44番の元素で、元素記号はRu。白金族元素の1つで、灰白色の硬くてもろい金属である。1844年にロシアのクラウス（Claus,K.）によってウラル産の白金砂の中から発見され、ルテニウムの名称はラテン語でロシアを表すルテニア（Ruthenia）に由来する。ルテニウムの同位体の中でよく知られているのは、核分裂生成物のルテニウム103（半減期39.26日）とルテニウム106（同373.6日）である。ピューレックス法による使用済み燃料の再処理工程におけるやっかいな不溶性残渣の中に含まれるルテニウムは、ルテニウム106である。　　　　　　〔安部恒三〕

## 冷却材 [coolant]
▶れいきゃくざい

原子炉構成材料の1つで、核分裂連鎖反応によって発生した炉心部の熱を炉

外に取り出す役割を担っているのが冷却材である。発電用原子炉ではこの取り出した熱が蒸気タービンを回すエネルギー源となる。冷却材は、原子炉の炉型によって異なる。冷却材に軽水（高純度の普通の水）を用いた軽水炉（軽水は減速材も兼ねている）、重水を用いた重水炉（新型転換原型炉の「ふげん」など）、炭酸ガスを用いた黒鉛炉（改良型コールダーホール炉など）、金属ナトリウムを用いた高速増殖炉（高速増殖原型炉「もんじゅ」など）などが知られている。

〔安部恒三〕

☞原子炉、軽水炉、重水炉、ふげん、もんじゅ

### 冷却材喪失事故
[loss of coolant accident (LOCA)]
▶れいきゃくざいそうしつじこ

配管破断などの原因によって、原子炉内の冷却材が漏れ出した結果生ずる一連の事故をいう。最悪の場合には、冷却材喪失事故→炉心損傷（severe core damage）→炉心溶融（melt down）に発展する。炉心溶融事故は、軽水炉にとって最もおそろしい事故と考えられている。

冷却材喪失事故がおこると、原子炉は緊急停止し、核分裂連鎖反応は止まる。しかし、核分裂連鎖反応によって生成した核分裂生成物などの放射性壊変に伴う発熱、いわゆる崩壊熱によって炉心の温度は上昇し、放置すれば炉心損傷、炉心溶融にいたり、大量の放射性物質が環境に放出され大災害が発生する。こうした事態を防止するために設置されているのが非常用炉心冷却系（emergency core cooling system：ECCS）である。緊急炉心冷却系は、冷却材喪失事故時に冷却材を炉心に注入し、炉心の冷却を行う安全装置である。また、圧力容器から格納容器内に漏れ出した高温高圧の水蒸気を凝縮させ、環境への漏出を防ぐために、サプレッション・プールなどの圧力抑制機構が備えられている。

冷却材喪失事故は大口径配管のギロチン破断などによる大規模 LOCA と中小の LOCA に分類され、大規模 LOCA（炉内の圧力が急激に低下し、冷却水が大量に流出する）に対しては低圧注水系 ECCS が、小規模 LOCA（炉内の圧力が急激に低下せず炉心冷却水が入りにくい）に対しては高圧注水系 ECCS が設置されている。しかし、ECCS が冷却材事故時に有効に機能するか否かについては、議論のあるところである。また、スリーマイル島原発事故の場合のように、制御室で 100 以上の警報が鳴るなど大混乱状況の中で運転員の誤判断により有効に機能していた ECCS を手動で停止することさえある。

〔安部恒三〕

☞冷却材、スリーマイル島原発事故

### 劣化ウラン [depleted uranium (DU)]
▶れっかうらん

ウラン 235 の天然同位体存在比（原子数比）は 0.7200％であるが、ウラン 235 の同位体存在比が天然同位体存在比より低いウランを劣化ウランという。劣化ウランはウラン濃縮の工程で発生するもので、160 t の天然ウランから濃

## れつかうらんた

縮度約3.4％の軽水型原発用の低濃縮ウランを23 t 製造すると、濃縮度約0.26％の劣化ウランが副産物として約6倍の137 t 発生する。ウラン235の濃縮度が高くなるほど、副産物として発生する劣化ウラン重量割合は大きくなる。一方、減損ウランは使用済み核燃料の再処理工程で発生するもので、回収ウランと呼ばれることもある。回収ウランの中のウラン235の同位体存在比は約1％で天然ウランよりウラン235が多く含まれるため、ウラン濃縮工場で濃縮して軽水型原発で再利用することも検討されている。しかし、回収ウランの中には中性子吸収断面積の非常に大きいウラン236が約0.6％含まれ燃料設計が複雑になるため、再処理を行っているほとんどの国は回収ウランを貯蔵しており、当面は再利用する計画をもっていない。

湾岸戦争（1991年）、ボスニア・ヘルツェゴビナ紛争（94-95年）やコソボ紛争（99年）で米英軍、NATO軍が使用した劣化ウラン弾の中にウラン236（約0.0028％）や微少量のプルトニウム239などが検出されたことから、劣化ウラン弾に利用されているウランは回収ウランではないかと一部で指摘されているが、それは完全な誤認である。米国ではかつて回収ウランをウラン濃縮工場で濃縮して再利用していたため、濃縮工場はどこもウラン236やプルトニウム239などで汚染している。そのため、米国の濃縮工場で生産された濃縮ウランも劣化ウランも、ウラン236やプルトニウム239などで汚染している。これが、劣化ウラン弾に利用されているウランにウラン236やプルトニウム239がわずかながら含まれる理由である。

〔野口邦和〕

☞ウラン濃縮、劣化ウラン弾、再処理

## 劣化ウラン弾

[depleted uranium ammunition：DU]
▶れっかうらんだん

　劣化ウランを使用した砲弾。劣化ウランは原子炉の燃料となる濃縮ウランを作る過程で必然的に生み出される。その比重は19.0と鉛の1.7倍もあり、モリブデンやチタンを少量混ぜて合金とすれば、比重が大きくて強度の高い金属として貫通弾に利用できる。従来は徹甲弾にはタングステン弾が使用されていたが、劣化ウラン弾は安価であり、貫通時に自然発火して戦車内部を燃焼させる焼夷効果も期待できることから、主として1990年代以降、対戦車徹甲弾として大量に使用されるようになった。湾岸戦争、ボスニア・ヘルツェゴビナ紛争やコソボ紛争でも使用された。また、95年12月と96年1月には、沖縄・鳥島射爆撃場で米海兵隊戦闘機が25mm砲弾の劣化ウラン弾1520発を誤射したことが知られている。発射された劣化ウラン弾は、目標に命中すると瞬時に燃焼し、堅固な標的に対する発射実験に関する米国陸軍環境政策研究所の報告書によると、約70％が劣化ウラン酸化物を含むエアロゾルとなる。発生したエアロゾルは、燃え上がる戦車などからの熱上昇気流や風、砂嵐により上空に持ち上げられ、広範囲に散

乱する。散乱したエアロゾルは、主に吸入により体内に取り込まれる。湾岸戦争後、米兵やイラク住民の間でさまざまな被害が拡大していることが伝えられているが、劣化ウラン弾と疾病との因果関係は不明である。
〔野口邦和〕

### 労働者被曝 [exposure of workers]
▶ろうどうしゃひばく

　原子力発電所で働く労働者には、当該原子力発電所の所有者である電力会社の労働者と当該電力会社と契約関係にある請負会社（元請、下請、孫請などの多重構造をなす）の労働者がおり、人数では後者が全体の約87％を占める。この傾向は過去30年以上変わらない。

　日本の原発労働者の総数は2007年3月末現在で約6万7000人、年間の集団線量は67.4人・シーベルト（Sv）である。最近10年間の年間集団線量は67.0-96.3人・Svの範囲で推移している。1970年以来の積算集団線量は2920人・Svに達している。労働者1人あたりの平均被曝線量は、74年までは電力会社の労働者のほうが1.3-2倍高かったが、75年で肩を並べて以来この傾向は逆転し、最近10年間では請負労働者のほうが約3倍も高い被曝線量を示している。原子炉1基あたりで比較すると、沸騰水型軽水炉（BWR）のほうが加圧水型軽水炉（PWR）より1.4-1.5倍も多い労働者を必要としている。労働者1人あたりの平均被曝線量は、かつてはBWRのほうがPWRよりも高かったが、近年ではその差は完全になくなり、むしろBWRのほうがPWRの約80％と低くなっている。

　かつては労働者被曝の原因として最も大きなものは、原子炉材料に含まれるニッケル、コバルト、鉄などが冷却水中に溶け出し、炉心部を通過する際に中性子反応によってコバルト60（半減期5.271年）やマンガン54（同312.1日）などの放射性核種を生じることであった。これらの放射性核種は冷却水の配管を通じて発電所内の広範な系統に沈着し、近傍で作業する労働者、とりわけ請負労働者に$\gamma$線の被曝を与えたからである。それゆえ、労働者1人あたりの平均被曝線量がBWRとPWRで差がなくなったということは、冷却水に溶け出した不純物を除去するなど水質管理が徹底されるようになったことが一因であることは間違いない。しかし、前述のごとく原子炉1基あたりの労働者数はBWRのほうがPWRより1.4-1.5倍も多いことを考えると、BWRでは労働者を大量投入して人海戦術により労働者1人あたりの平均被曝線量を下げているとみることもできる。
〔野口邦和〕

☞被曝線量

### 炉心スプレイ系 [core spray (CS)]
▶ろしんすぷれいけい

　沸騰水型軽水炉（BWR）において、冷却材喪失事故時などに作動して炉心を冷却する非常用炉心冷却系（ECCS）の1つ。炉心スプレイ系は炉心の上部に環状に備えられており、冷却材喪失事故時に格納容器内に備えられているサプレッ

# ろしんようゆう

ション・プールの水をポンプで送水し、シュラウド（炉心隔壁）内の炉心上部にノズルからスプレイして冷却するものである。　　　　　　　　　　〔安部恒三〕

☞冷却材喪失事故

## 炉心溶融 [meltdown]

▶ろしんようゆう

　配管破断などの原因により原子炉内の冷却水が流出した結果生じる一連の事故を冷却材喪失事故というが、冷却材が喪失した結果、いわゆる原子炉が空焚き状態になり、炉心が損傷し、最悪の溶融に至ることをいう。炉心溶融事故が起こると、大量の放射性物質が環境に放出されて大災害が発生する。炉心溶融事故に至った原発事故は、1979年3月の米国スリーマイル島原発事故と2011年3月の福島第一原発事故がある。　〔野口邦和〕

## ロンドン条約
[Convention on the Prevention on Marine Pollution By Dumping of Wastes and Other Matter]

▶ろんどんじょうやく

　正式名称は、廃棄物その他の物の投棄による海洋汚染の防止に関する条約。廃棄物等の船舶・航空機・海洋構築物からの投棄、洋上焼却による海洋汚染を防止することを目的とする。ロンドン海洋投棄条約ともいう。1972年採択、75年発効。日本は80年に批准し、国内法としては「海洋汚染等及び海上災害の防止に関する法律」改正や廃棄物処理法改正により対応してきた。96年採択の議定書は条約内容を強化し、海洋投棄の原則禁止に改めた。　〔野口邦和〕

## わ行

### ワンス・スルー方式
[once through method]

▶わんす・するーほうしき

　使用済み燃料を再処理せず、ある一定期間冷却保管した後に高レベル廃棄物として処分する方式、すなわち使用済み燃料を1回限りで使い捨てにする方式。これに対して、使用済み燃料を再処理し、生成したプルトニウムを分離して再利用する方式をプルトニウム・リサイクル方式という。プルトニウム・リサイクル方式には、プルトニウムの再利用を軽水炉などの熱中性子炉で行うプルサーマル方式と高速増殖炉で行う方式とがある。原子力委員会のコスト計算によれば、フロントエンドおよびバックエンドを含めた1kWhあたりの発電コストは、ワンス・スルー方式が約4.5-4.7円、使用済み燃料を全量再処理するプルトニウム・リサイクル方式が約5.2円となり、ワンス・スルー方式のほうが安価である。しかし、現在の全量再処理という政府の核燃料政策を変更することに伴う費用がワンス・スルー方式では1kWhあたり約0.9-1.5円必要となる。そのため総合的に判断すると、ワンス・スルー方式は1kWhあたり約5.4-6.2円となり、プルトニウム・リサイクル方式のほうが安価であるという。原子力委員会のコスト計算の問題点は、十分な議論もなく使用済み燃料の全量再処理という核燃料政策を先に決め、それを推進しておきながら、今になって全量再処理政策を変更すると費用が余分にかかるから政策変更はできない、と手前勝手な理屈を展開していることである。また、政策変更に伴う費用の中身も、六ヶ所再処理工場を廃止する費用分は理解できるとしても、使用済み燃料を各原子力発電所から六ヶ所再処理工場に搬出できなくなった場合、各発電所の使用済み燃料貯蔵プールはやがて満杯になるから発電所の操業を順次やめて火力発電に代替しなければならないとして、その費用分が含まれていることはまったく理解できない。各発電所で使用済み燃料貯蔵プールを増設するなり、別の場所に使用済み燃料貯蔵施設を建設して各発電所から使用済み燃料を搬出するなり、いくらでも打つ手はあるはずで、このような非現実的で極論的なコスト計算しかできないところに、原子力委員会のコスト計算の問題点が垣間見える。　〔安部恒三〕

☞プルトニウム・リサイクル、プルサーマル、高レベル廃棄物

◉編著者
**野口邦和**（のぐち・くにかず）
日本大学歯学部准教授。1952年生まれ。東京教育大学大学院理学研究科修士課程修了。専攻は放射化学・放射線防護学・環境放射線学。理学博士。日本科学者会議エネルギー・原子力問題研究委員長。核・エネルギー問題情報センター常任理事。編著書に、『地球核汚染』（リベルタ出版、共著）、『放射能事件ファイル』、『放射能のはなし』、『震災復興の論点』（以上、新日本出版社）、『放射能汚染から家族を守る 食べ方の安全マニュアル』（青春出版）、『放射能からママと子どもを守る本』（法研）、『原発・放射能図解データ』、『大地震と原発事故 カラー図解 ストップ原発1』、『放射能汚染と人体 カラー図解 ストップ原発2』（以上、大月書店）など多数。

◉著者（第Ⅱ部）
**舘野 淳**（たての・じゅん）
元中央大学教授、核・エネルギー問題情報センター事務局長

**安部恒三**（あべ・けんぞう）
原発問題住民運動全国センター代表委員

## 原発・放射能キーワード事典
2012年3月5日 初版第1刷発行

| | |
|---|---|
| 編者 | 野口邦和 |
| 装丁 | 坂野公一（welle design） |
| 図版作成 | 岩堀将吾（a-ism design） |
| 発行者 | 木内洋育 |
| 発行所 | 株式会社 旬報社 |
| | 〒112-0015 東京都文京区目白台2-14-13 |
| | TEL 03-3943-9911 |
| | FAX 03-3943-8396 |
| | ホームページ http://www.junposha.com/ |
| 印刷製本 | 株式会社 光陽メディア |

© Kunikazu Noguchi 2012, Printed in Japan
ISBN978-4-8451-1228-9 C0036